Werkstofftechnische Berichte | Reports of Materials Science and Engineering

Reihe herausgegeben von

Frank Walther, Mess- und Prüftechnik (WPT), TU Dortmund, Dortmund, Nordrhein-Westfalen, Deutschland

In den Werkstofftechnischen Berichten werden Ergebnisse aus Forschungsprojekten veröffentlicht, die am Fachgebiet Werkstoffprüftechnik (WPT) der Technischen Universität Dortmund in den Bereichen Materialwissenschaft und Werkstofftechnik sowie Mess- und Prüftechnik bearbeitet wurden. Die Forschungsergebnisse bilden eine zuverlässige Datenbasis für die Konstruktion, Fertigung und Überwachung von Hochleistungsprodukten für unterschiedliche wirtschaftliche Branchen. Die Arbeiten geben Einblick in wissenschaftliche und anwendungsorientierte Fragestellungen, mit dem Ziel, strukturelle Integrität durch Werkstoffverständnis unter Berücksichtigung von Ressourceneffizienz zu gewährleisten.

Optimierte Analyse-, Auswerte- und Inspektionsverfahren werden als Entscheidungshilfe bei der Werkstoffauswahl und -charakterisierung, Qualitätskontrolle und Bauteilüberwachung sowie Schadensanalyse genutzt. Neben der Werkstoffqualifizierung und Fertigungsprozessoptimierung gewinnen Maßnahmen des Structural Health Monitorings und der Lebensdauervorhersage an Bedeutung. Bewährte Techniken der Werkstoff- und Bauteilcharakterisierung werden weiterentwickelt und ergänzt, um den hohen Ansprüchen neuentwickelter Produktionsprozesse und Werkstoffsysteme gerecht zu werden.

Reports of Materials Science and Engineering aims at the publication of results of research projects carried out at the Department of Materials Test Engineering (WPT) at TU Dortmund University in the fields of materials science and engineering as well as measurement and testing technologies. The research results contribute to a reliable database for the design, production and monitoring of high-performance products for different industries. The findings provide an insight to scientific and applied issues, targeted to achieve structural integrity based on materials understanding while considering resource efficiency.

Optimized analysis, evaluation and inspection techniques serve as decision guidance for material selection and characterization, quality control and component monitoring, and damage analysis. Apart from material qualification and production process optimization, activities concerning structural health monitoring and service life prediction are in focus. Established techniques for material and component characterization are aimed to be improved and completed, to match the high demands of novel production processes and material systems.

Weitere Bände in der Reihe http://www.springer.com/series/16102

Daniel Hülsbusch

Charakterisierung des temperaturabhängigen Ermüdungs- und Schädigungsverhaltens von glasfaserverstärktem Polyurethan und Epoxid im LCF- bis VHCF-Bereich

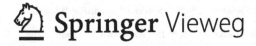 Springer Vieweg

Daniel Hülsbusch
Dortmund, Deutschland

Veröffentlichung als Dissertation in der Fakultät für Maschinenbau der Technischen Universität Dortmund.
Promotionsort: Dortmund
Tag der mündlichen Prüfung: 29.06.2020
Vorsitzender: Priv.-Doz. Dr.-Ing. Dipl.-Inform. Andreas Zabel
Erstgutachter: Prof. Dr.-Ing. habil. Frank Walther
Zweitgutachter: Prof. Dr.-Ing. Joachim Hausmann
Mitberichter: Prof. Dr.-Ing. Michael Niedermeier

ISSN 2524-4809 ISSN 2524-4817 (electronic)
Werkstofftechnische Berichte I Reports of Materials Science and Engineering
ISBN 978-3-658-34642-3 ISBN 978-3-658-34643-0 (eBook)
https://doi.org/10.1007/978-3-658-34643-0

Die Deutsche Nationalbibliothek verzeichnet diese Publikation in der Deutschen Nationalbibliografie; detaillierte bibliografische Daten sind im Internet über http://dnb.d-nb.de abrufbar.

Planung/Lektorat: Stefanie Eggert
Springer Vieweg ist ein Imprint der eingetragenen Gesellschaft Springer Fachmedien Wiesbaden GmbH und ist ein Teil von Springer Nature.
Die Anschrift der Gesellschaft ist: Abraham-Lincoln-Str. 46, 65189 Wiesbaden, Germany

Geleitwort

Die Forschungsaktivitäten des Fachgebiets Werkstoffprüftechnik an der Technischen Universität Dortmund im Bereich endlosfaserverstärkter Kunststoffe umfassen – mit dem Ziel der Qualifikation für vielfältige Leichtbauanwendungen – insbesondere die anwendungsorientierte Charakterisierung des Ermüdungs- und Schädigungsverhaltens unter betriebsrelevanten Umgebungsbedingungen. Die Untersuchungen zielen grundsätzlich auf ein werkstoff- und mechanismenorientiertes Verständnis zwischen prozess- und materialspezifisch initiierten Struktureigenschaften und der sich einstellenden mechanischen Leistungsfähigkeit und Schädigungstoleranz ab.

Die vorliegende Arbeit befasst sich mit der Charakterisierung des Ermüdungs- und Schädigungsverhaltens eines neuentwickelten glasfaserverstärkten Polyurethans gegenüber eines glasfaserverstärkten Epoxids unter betriebsrelevanten Umgebungstemperaturen der Luftfahrtindustrie von −30 bis +70 °C. Im Zuge dessen werden Hochfrequenz-Prüfverfahren unter besonderer Berücksichtigung der Eigenerwärmung für den Einsatz an glasfaserverstärkten Kunststoffen weiterentwickelt, um die Werkstoffeigenschaften bis in den VHCF-Bereich durch zyklische Beanspruchungen und in situ computertomographische Defektanalysen hochauflösend zu ermitteln. Die Ergebnisse dienen dem Verständnis über die werkstoff- und umgebungsabhängige Ausbildung der Ermüdungseigenschaften – vor allem durch eine differenzierte Beschreibung der Schädigungsentwicklung im

V

HCF- und VHCF-Bereich – und der darauf basierenden kontinuierlichen Restlebensdauerabschätzung. Die Erkenntnisse gewährleisten eine optimierte Ausnutzung des Leistungsvermögens und einen sicheren Betrieb langzeitbeanspruchter
Strukturen aus glasfaserverstärkten Kunststoffen.

Dortmund   Frank Walther
März 2021   Technische Universität Dortmund
                              Fachgebiet Werkstoffprüftechnik (WPT)
                                     frank.walther@tu-dortmund.de
                                          https://www.wpt-info.de

Vorwort

Die vorliegende Arbeit wurde im Zeitraum September 2014 bis Februar 2020 am Fachgebiet Werkstoffprüftechnik der Technischen Universität Dortmund angefertigt. Sie entstand im Rahmen des deutschlandseitig vom Bundesministerium für Wirtschaft und Energie (BMWi) geförderten und mit dem Eureka-Label ausgezeichneten EU-Projekts „Polyurethan Reaktions-Injektion für Strukturelle Composite-Anwendungen (PRISCA)", das in Kooperation mit insgesamt acht weiteren Hochschulen und Unternehmen aus Deutschland, Österreich und der Schweiz bearbeitet wurde. An dieser Stelle sei neben dem Fördergeber allen herzlich gedankt, die zum Gelingen dieser Arbeit beigetragen haben. Insbesondere folgender Personenkreis sei in diesem Zusammenhang ausdrücklich erwähnt:

Herr Prof. Dr.-Ing. habil. F. Walther für die hervorragende fachliche und persönliche Betreuung, die Unterstützung und die Möglichkeit, diese Arbeit unter seiner wissenschaftlichen Leitung anzufertigen. Herr Prof. Dr.-Ing. J. Hausmann, Technisch-Wissenschaftlicher Direktor Bauteilentwicklung des Leibniz-Instituts für Verbundwerkstoffe, für die Übernahme des Korreferats. Herr Prof. Dr.-Ing. M. Niedermeier, Leiter des Laboratoriums Leichtbau & Strukturwerkstoffe der Hochschule Ravensburg-Weingarten, und Herr Priv.-Doz. Dr.-Ing. A. Zabel, Oberingenieur des Instituts für Spanende Fertigung der Technischen Universität Dortmund, für deren Bereitschaft im Promotionsverfahren mitzuwirken.

Alle Mitarbeiter/innen des Fachgebiets Werkstoffprüftechnik für die kollegiale Zusammenarbeit und die angenehme Arbeitsatmosphäre. Hier besonders Herr J. Tenkamp für den stets intensiven inhaltlichen Austausch.

Herr Prof. Dr. sc. G.A. Barandun, Leiter des Instituts für Werkstofftechnik und Kunststoffverarbeitung der Hochschule Rapperswil, für die hervorragende wissenschaftliche Zusammenarbeit und die Bereitstellung der Proben im Projekt.

Die Herren S. Mrzljak, M. Jamrozy, T. Becker, R. Helwing und A. Kohl, die als langjährige studentische und wissenschaftliche Hilfskräfte und durch ihre studentischen Arbeiten maßgeblich zum Gelingen dieser Arbeit beigetragen haben.

Meine Eltern für ihre Ermutigung und Unterstützung während meines Studiums und meinem Weg zur Promotion. Und insbesondere mein Sohn Tom, dem diese Arbeit gewidmet ist.

Dortmund   Daniel Hülsbusch
März 2021

Kurzfassung

Charakterisierung des temperaturabhängigen Ermüdungs- und Schädigungs-verhaltens von glasfaserverstärktem Polyurethan und Epoxid im LCF- bis VHCF-Bereich

Im Zuge des Klimawandels gewinnen glasfaserverstärkte Kunststoffe (GFK) auf-grund ihres Leichtbaupotenzials, der Möglichkeit zur beanspruchungsorientierten Auslegung und der guten Ermüdungseigenschaften zunehmend an Bedeutung. Damit einhergehend finden stetig Weiterentwicklungen der Einzelkomponenten statt, wodurch in jüngerer Vergangenheit u. a. die Leistungsfähigkeit von Rotor-blättern bzw. Windkraftanlagen gesteigert werden konnte. In diesem Zusammen-hang werden in Abhängigkeit des Eigenschaftsprofils vermehrt alternative Matrix-systeme in Rotorblättern eingesetzt. Demgegenüber steht eine unzureichende Kenntnis hinsichtlich der material- und umgebungsabhängigen Ausbildung des Ermüdungs- und Schädigungsverhaltens der neuentwickelten Komponenten sowie der Langzeiteigenschaften dieser Strukturen im VHCF-Bereich, die für einen sicheren Betrieb der Strukturen und eine ideale Ausnutzung des Potenzials von GFK essentiell sind.

Ziel dieser Arbeit ist die vergleichende Charakterisierung des tempera-turabhängigen Ermüdungs- und Schädigungsverhaltens eines neuentwickelten glasfaserverstärkten Polyurethans ggü. eines kommerziell erhältlichen glasfaser-verstärkten Epoxids unter betriebsrelevanten Umgebungstemperaturen von -30 bis 70 °C. Ein Schwerpunkt der Arbeit liegt auf der Methodenentwicklung zur Gewährleistung einer Vergleichbarkeit beanspruchungsübergreifender Ergebnisse. In diesem Sinne diente ein energiebasierter Ansatz der optimierten Frequenzer-mittlung und Einhaltung definierter Grenzwerte hinsichtlich der Eigenerwärmung. Die material- und umgebungstemperaturbezogene Bewertung der Ermüdungs-eigenschaften erfolgte im Rahmen von lebensdauer- und vorgangsorientierten

Versuchsreihen anhand von Hysteresis-Kennwertverläufen. Zur Untersuchung der Schädigungsentwicklung wurde eine sequenzielle Prüfstrategie angewandt, die auf einer alternierenden Durchführung zyklischer Beanspruchungen und in situ computertomographischer Analysen basiert. Im Zuge dessen wurde ein standardisiertes Vorgehen zur Defektanalyse entwickelt und ein neuer Kennwert – das Defektverhältnis – zur vergleichenden Bewertung des Probenzustands eingeführt. Eine besondere Herausforderung ergab sich durch die Untersuchung des Ermüdungs- und Schädigungsverhaltens im VHCF-Bereich – die infolge der stetigen Kennwertdegradation für eine ganzheitliche, sichere Auslegung von Strukturbauteilen notwendig ist – aufgrund fehlender Prüfverfahren. Dazu wurden im Rahmen dieser Arbeit zwei Hochfrequenz-Prüfverfahren für den Einsatz an GFK weiterentwickelt, unter besonderer Berücksichtigung der Eigenerwärmung gegenübergestellt und für die Prüfung im VHCF-Bereich genutzt.

Die Untersuchungen belegen die Signifikanz des Matrix- und Umgebungstemperatureinflusses hinsichtlich der Ermüdungsfestigkeit von glasfaserverstärktem Polyurethan und Epoxid. Divergenzen konnten insbesondere durch die verschieden ausgeprägte Mikrostruktur und Schädigungsentwicklung begründet werden. Dabei zeigt sich die beschleunigte Delaminationsbildung hauptverantwortlich für die geringere Lebensdauer von Polyurethan-basierten Strukturen und unter erhöhten Umgebungstemperatur. Im VHCF-Bereich wurde hingegen eine verzögerte Delaminationsbildung erkannt, die maßgebend für die geringere Neigung der Wöhlerkurven im VHCF- ggü. dem HCF-Bereich ist. Die Schädigungsentwicklung konnte mittels des Defektverhältnisses beschrieben und mit der Steifigkeitsreduktion korreliert werden. Die Zusammenhänge wurden genutzt, um eine schädigungs- und steifigkeitsorientierte Restlebensdauerabschätzung durchzuführen. Die Arbeit gibt einen Leitfaden für die ganzheitliche Untersuchung der Ermüdungseigenschaften im Bereich geringer bis sehr hoher Lastspielzahlen wieder und stellt einen Beitrag zum grundlagenorientierten Verständnis des umgebungstemperaturabhängigen Ermüdungs- und Schädigungsverhaltens anwendungsrelevanter GFK-Strukturen dar. Dies bildet die Basis für weiterführende Untersuchungen im VHCF-Bereich und dient der Optimierung langlebiger, ermüdungsbeanspruchter faserverstärkter Strukturbauteile, wie bspw. Rotorblätter von Windkraftanlagen.

Abstract

Characterization of the temperature-dependent fatigue and damage behavior of glass-fiber reinforced polyurethane and epoxy in the LCF to VHCF regime
In the course of climate change, glass-fiber reinforced polymers (GFRP) are becoming increasingly important due to their lightweight potential, the possibility of stress-oriented design, and great fatigue properties. This is accompanied by further developments in terms of fiber and matrix properties, which in recent years have led, among other things, to an improvement in the performance of rotor blades and wind turbines. In this context, depending on the property profile, alternative matrix systems are increasingly used in rotor blades. On the other hand, there is insufficient knowledge about the material- and environment-dependent fatigue and damage behavior of the newly developed components and the long-term properties of these structures in the VHCF regime, which are essential for providing operational reliability of the structures and ideal exploitation of the potential of the GFRP.

The aim of this work was the comparative characterization of the temperature-dependent fatigue and damage behavior of a newly developed glass-fiber reinforced polyurethane in comparison to a commercially available glass-fiber reinforced epoxy under service-relevant ambient temperatures of 30 to 70 °C. A main focus of the work was the development of methods that ensure the comparability of the results over the whole stress range from LCF to VHCF regime. In this sense, a newly developed, energy-based approach was used for optimized frequency selection and compliance with defined limit values regarding self-heating. The material- and ambient temperature-related evaluation of the fatigue properties was carried out within the scope of a lifetime and process-oriented test series using hysteresis characteristics. A sequential test strategy based on alternating cyclic loading phases and in situ computed tomography analysis was used to investigate the damage development. For this purpose, a standardized procedure for defect analysis was developed and a new characteristic value – the defect ratio – was introduced for comparative evaluation of the specimen condition. A special demand resulted from the investigation of fatigue and damage behavior in the VHCF regime – which is necessary for a holistic, reliable design of structural components since a steady degradation of material properties takes place under cyclic loading – due to the absence of adequate test methods in the community. For this purpose, two high-frequency test methods were further developed to enable the investigation of GFRP. The test methods were compared with each other with special consideration of self-heating and used for testing in the VHCF regime.

The investigations prove the significance of the influence of matrix and ambient temperature on the fatigue strength of glass-fiber reinforced polyurethane and epoxy. The deviations could be explained in particular by the different specific microstructure and damage development. The accelerated delamination propagation is mainly responsible for the reduced lifetime of polyurethane-based structures and at elevated ambient temperatures. In the VHCF regime, however, a delayed delamination propagation was found, which is decisive for the lower inclination of the Woehler curves in the VHCF regime compared to the HCF regime. The damage development could be described very well using the defect ratio and showed a very good correlation with the stiffness reduction. This relationship was used to carry out a damage- and stiffness-oriented estimation of the remaining lifetime. The thesis provides a guideline for the holistic investigation of the fatigue properties in the regime of low to very high cycles and contributes to the basic understanding of the ambient temperature-dependent fatigue and damage behavior of application relevant GFRP structures. This forms the basis for further investigations in the field of VHCF and serves to optimize long-life glass-fiber reinforced components, which are exposed to fatigue stress, such as rotor blades of wind turbines.

Inhaltsverzeichnis

1 Einleitung 1

2 Stand der Technik 5
  2.1 Grundlagen faserverstärkter Kunststoffe 5
      2.1.1 Werkstoffkomponenten und -aufbau 5
      2.1.2 Material- und Werkstoffverhalten 13
  2.2 Ermüdungs- und Schädigungsverhalten im LCF- bis
      HCF-Bereich 18
      2.2.1 Grundlagen der Ermüdungsuntersuchung 18
      2.2.2 Schädigungsmechanismen und -entwicklung 25
      2.2.3 Einflussgrößen 36
  2.3 Ermüdungs- und Schädigungsverhalten im VHCF-Bereich 50
      2.3.1 Prüfverfahren zur Untersuchung des VHCF-Bereichs 51
      2.3.2 Schädigungsmechanismen und -entwicklung 56
      2.3.3 Lebensdauerorientierte Betrachtung 58
  2.4 Schädigungsanalyse mittels Computertomographie 60
      2.4.1 Grundlagen der Computertomographie 61
      2.4.2 Schädigungsanalyse mittels ex situ und in situ
            Computertomographie 66
      2.4.3 Kennwerte der Schädigungsanalyse 72

3 Werkstoffe – Glasfaserverstärktes Polyurethan und Epoxid 77
  3.1 Werkstoffkomponenten und -aufbau 77
  3.2 Herstellungsverfahren 78
  3.3 Mikrostrukturelle Charakterisierung 82

4   Experimentelle Verfahren und Methodenentwicklung 87
    4.1   Prüfstrategien 87
    4.2   Prüfverfahren im LCF- bis HCF-Bereich 90
          4.2.1   Servo-hydraulisches Prüfsystem 90
          4.2.2   Ansätze zur temperaturorientierten
                  Frequenzermittlung 94
          4.2.3   Messmethoden 98
    4.3   Prüfverfahren im VHCF-Bereich 104
          4.3.1   Resonanzprüfsystem 105
          4.3.2   Ultraschallprüfsystem 107
    4.4   In situ Computertomographie 111
          4.4.1   Akquisitionsparameter der Computertomographie 112
          4.4.2   Methode der in situ Computertomographie 117
          4.4.3   Defektanalyseverfahren 125

5   Ergebnisse 129
    5.1   Temperaturorientierte Frequenzermittlung 129
          5.1.1   Dehnratenansatz 129
          5.1.2   Energieratenansatz 132
    5.2   Ermüdungs- und Schädigungsverhalten im LCF- bis
          HCF-Bereich 144
          5.2.1   Lebensdauerorientierte Betrachtung 144
          5.2.2   Vorgangsorientierte Betrachtung 159
          5.2.3   Schädigungsorientierte Betrachtung 167
          5.2.4   Schädigungs- und steifigkeitsorientierte
                  Restlebensdauerabschätzung 186
    5.3   Ermüdungs- und Schädigungsverhalten im VHCF-Bereich 200
          5.3.1   Validierung der Prüfverfahren im VHCF-Bereich 200
          5.3.2   Lebensdauerorientierte Betrachtung 208
          5.3.3   Vorgangsorientierte Betrachtung 216
          5.3.4   Schädigungsorientierte Betrachtung 218

6   Zusammenfassung und Ausblick 225

Publikationen und Präsentationen 235

Studentische Arbeiten 239

Curriculum Vitae 241

Erschienene Bände 243

Literaturverzeichnis 245

Abkürzungsverzeichnis

Abkürzung	Bezeichnung
3P, 4P	Drei-, Vierpunkt
Al	Aluminium
ASTM	American Society for Testing Materials
C	Kohlenstoff
CFK	Kohlenstofffaserverstärkter Kunststoff
CT	Computertomograph
DIC	Digitale Bildkorrelation (engl.: digital image correlation)
DIN	Deutsches Institut für Normung
DMA	Dynamisch-mechanische Analyse
DSC	Dynamische Differenz-Thermoanalyse
Dyn. E Modul	Dynamischer Elastizitätsmodul
EDX	Energiedispersive Röntgenspektroskopie
EEG	Erneuerbare-Energien-Gesetz
E-Modul	Elastizitätsmodul
EP	Epoxid
ESV	Einstufenversuch
FSV	Frequenzsteigerungsversuch
FVK	Faserverstärkter Kunststoff
GFK	Glasfaserverstärkter Kunststoff
h	Schäfte (engl.: harness)
HCF	Ermüdung im Bereich hoher Lastspielzahlen (engl.: high cycle fatigue)
HRW	Laboratorium für Werkstoffprüfung der Hochschule Ravensburg-Weingarten
ILSS	Scheinbare interlaminare Scherfestigkeit

IWK	Institut für Werkstofftechnik und Kunststoffverarbeitung der Hochschule für Technik Rapperswil
LCF	Ermüdung im Bereich niedriger Lastspielzahlen (engl.: low cycle fatigue)
LVDT	Linear variabler Differenzialtransformator
MSV	Mehrstufenversuch
N	Stickstoff
O	Sauerstoff
PA6	Polyamid 6
PE	Polyester
PPS	Polyphenylensulfid
PU	Polyurethan
REM	Rasterelektronenmikroskop
ROI	Interessensbereich, relevanter Bereich (engl.: region of interest)
RTM	Resin Transfer Molding
Si	Silizium
USF	Ultraschallprüfsystem
VHCF	Ermüdung im Bereich sehr hoher Lastspielzahlen (engl.: very high cycle fatigue)

Formelzeichenverzeichnis

Lateinische Formelzeichen

Formelzeichen	Bezeichnung	Einheit
a	Ermüdungsfestigkeitskoeffizient	–
A	Bruchdehnung	–
A_{del}	Delaminationsfläche	mm^2
b	Probenbreite	mm
C_{dyn}	Dynamische Steifigkeit	$kN \cdot mm^{-1}$
D	Schädigungsgrad	–
E	Elastizitätsmodul	GPa
E_{dyn}	Dynamischer Elastizitätsmodul	GPa
$E_{dyn,0}$	Dynamischer Elastizitätsmodul zu Versuchsbeginn	GPa
$E_{dyn,i}$	Dynamischer Elastizitätsmodul zum Zeitpunkt i	GPa
$E_{dyn,B}$	Dynamischer Elastizitätsmodul bei Versagen	GPa
$E_{dyn,norm}$	Normierter dynamischer Elastizitätsmodul	–
E_F	Elastizitätsmodul der Faser	GPa
E_M	Elastizitätsmodul der Matrix	GPa
E_{sek}	Sekantenmodul	GPa
f	Frequenz, Angepasste Frequenz	Hz
f_0	Bezugsfrequenz	Hz
f_{eff}	Effektive Frequenz	Hz
$f_{\dot{\varepsilon}_{m=konst.}}$	Frequenz zur Erzielung einer konstanten Dehnrate auf Basis realer Messdaten	Hz
F	Kraft	N, kN

Formelzeichen	Bezeichnung	Einheit
F_{max}	Maximalkraft	N, kN
F_o	Oberkraft	N, kN
F_u	Unterkraft	N, kN
h	Probendicke	mm
i	Zeitpunkt	–
I	Strahlungsintensität	$W \cdot sr^{-1}$
I_0	Strahlungsintensität vor Durchstrahlung des Prüfkörpers	$W \cdot sr^{-1}$
k	Neigungskennzahl der Wöhlerkurve	–
l	Länge des Adapters für das Ultraschallprüfsystem	mm
l_0	Ausgangsmesslänge einer Dehnungsmessung	mm
l_i	Messlänge einer Dehnungsmessung zum Zeitpunkt i	mm
L_1, L_2	Probenabmessungen für das Ultraschallprüfsystem	mm
m	Steigungskoeffizient	–
n	Ermüdungsfestigkeitsexponent	–
N	Lastspielzahl	–
N_B	Bruchlastspielzahl	–
N_G	Grenzlastspielzahl	–
$N_{\ddot{U}}$	Übergangslastspielzahl	–
Q_+	Wärmefreisetzung	J
R	Spannungsverhältnis	–
R^2	Bestimmtheitsmaß	–
s	Weg, Abstand des Infrarotstrahlers zu Probe	mm, cm
s_a	Wegamplitude	mm
s_{max}	Maximaler Weg	mm
s_{min}	Minimaler Weg	mm
S_x	Flächenschwerpunkt in x-Richtung	–
S_y	Flächenschwerpunkt in y-Richtung	MPa
t	Versuchsdauer, Zeit	s, min, h
t_{ges}	Gesamtdauer einer Puls-Pause-Sequenz	ms
t_{puls}	Pulsdauer	ms
$t_{puls,eff}$	Effektive Pulsdauer	ms
T	Probentemperatur	°C

Formelzeichen	Bezeichnung	Einheit
Tg	Glasübergangstemperatur	°C
v	Prüfgeschwindigkeit	$mm \cdot s^{-1}$
V_F	Faservolumen	mm^3
V_{ges}	Gesamtvolumen	mm^3
w_i	Dreiecksfläche	$J \cdot mm^{-3}$
w_{ind}	Induzierte Energiedichte	$J \cdot mm^{-3}$
$\dot{w}_{ind}$	Induzierte Energiedichterate	$J \cdot mm^{-3} \cdot s^{-1}$
w_s	Speicherenergiedichte	$J \cdot mm^{-3}$
w_v	Verlustenergiedichte	$J \cdot mm^{-3}$
$\dot{w}_v$	Verlustenergiedichterate	$J \cdot mm^{-3} \cdot s^{-1}$
y	Ordinatenabschnitt	MPa

Griechische Formelzeichen

Formelzeichen	Bezeichnung	Einheit
$\Delta\varepsilon_{t,0}$	Totaldehnungsdifferenz zu Versuchsbeginn	–
$\Delta\varepsilon_{t,i}$	Totaldehnungsdifferenz zum Zeitpunkt i	–
ΔL	Wegänderung	mm
ΔN	Stufenlänge – Anzahl an Lastspielen pro Stufe im Mehrstufenversuch	–
ΔS_x	Relative Änderung des Flächenschwerpunkts in x–Richtung	–
ΔS_y	Relative Änderung des Flächenschwerpunkts in y–Richtung	MPa
$\Delta\sigma$	Spannungsänderung	MPa
$\Delta\sigma_o$	Stufenhöhe – stufenweise Änderung der Oberspannung im Mehrstufenversuch	MPa
$\Delta\sigma_{o,0}$	Oberspannungsdifferenz zu Versuchsbeginn	MPa
$\Delta\sigma_{o,i}$	Oberspannungsdifferenz zum Zeitpunkt i	MPa
$\Delta\sigma_{o,\vartheta}$	Umgebungstemperaturabhängige Oberspannungsdifferenz	MPa

Formelzeichen	Bezeichnung	Einheit
ΔT	Temperaturänderung	K
ΔT_0	Temperaturänderung zu Versuchsbeginn	K
ΔT_i	Temperaturänderung zum Zeitpunkt i	K
ΔT_{grenz}	Grenztemperaturänderung als Sollwert zur Frequenzermittlung mittels Energieratenansatz	K
$\dot{\varepsilon}$	Dehnrate	$1 \cdot s^{-1}$
$\dot{\varepsilon}_0$	Bezugsdehnrate	$1 \cdot s^{-1}$
$\varepsilon_{a,t}$	Totaldehnungsamplitude	–
$\bar{\varepsilon}_{a,t,\ddot{U}}$	Gemittelte Totaldehnungsamplitude im Übergangsbereich	–
ε_{el}	Elastischer Anteil der Dehnung	–
ε_M	Dehnung bei Zugfestigkeit	–
$\varepsilon_{m,t}$	Totale Mitteldehnung	–
ε_{max}	Maximale Totaldehnung	–
$\varepsilon_{max,r}$	Relative maximale Totaldehnung	–
ε_r	Relaxierender Anteil der Dehnung	–
ε_t	Totaldehnung	–
$\varepsilon_{t,B}$	Totaldehnung bei Versagen	–
ε_v	Viskoser Anteil der Dehnung	–
θ	Steifigkeitsreduktion	–
ϑ	Umgebungstemperatur	°C
κ_{mat}	Materialfaktor für die Modellierung des material- und temperaturabhängigen Defektverhältnisses	–
Λ	Dämpfung	–
μ	Schwächungskoeffizient	$1 \cdot m^{-1}$
ξ	Auslenkung	mm
ρ	Dichte	$g \cdot cm^{-3}$
$\rho_{cd,l}$	Längenbezogene Rissdichte	$1 \cdot mm^{-1}$; –
$\rho_{cd,n}$	Anzahlbezogene Rissdichte	$1 \cdot mm^{-2}$
$\rho_{d,n}$	Defektdichte	$1 \cdot mm^{-3}$
$\rho_{d,n,z}$	Zonenspezifische Defektdichte	$1 \cdot mm^{-3}$
$\rho_{d,v}$	Defektvolumenanteil	–
$\rho_{d,v,z}$	Zonenspezifischer Defektvolumenanteil	–
ρ_{del}	Delaminationsanteil	–

Formelzeichen	Bezeichnung	Einheit
ρ_r	Rissanteil	–
σ_a	Spannungsamplitude	MPa
$\dot{\sigma}_a$	Beanspruchungsrate	$MPa \cdot s^{-1}$
σ_D	Druckfestigkeit	MPa
σ_M	Zugfestigkeit	MPa
$\sigma_{M,norm}$	Normierte Zugfestigkeit	–
σ_m	Mittelspannung	MPa
σ_{max}	Maximale Nennspannung	MPa
σ_n	Nennspannung	MPa
σ_o	Oberspannung	MPa
$\sigma_{o,r}$	Relative Oberspannung	–
$\sigma_{o,start}$	Startoberspannung im Mehrstufenversuch	MPa
σ_u	Unterspannung	MPa
σX_ε	Korrigierte Nennspannung in Bezug zum Dehnungsverhältnis	MPa
τ_M	Scheinbare interlaminare Scherfestigkeit	MPa
φ	Phasenverschiebung	–
φ_F	Faservolumengehalt	–
X_d	Defektverhältnis	$mm^3 \cdot l^{-1}$
X_{puls}	Pulsverhältnis bei Anwendung eines Puls-Pause-Vorgehens	–
X_ε	Dehnungsverhältnis	–

Abbildungsverzeichnis

Abbildung 2.1   Vergleich der Grenzschichtqualität, a) schlechte
Anbindung durch adhäsives Versagen zwischen
Faser und Matrix und b) gute Anbindung aufgrund
von kohäsivem Versagen innerhalb der Matrix [20] ...   7

Abbildung 2.2   Vernetzungsreaktion von Isocyanat und Polyol zu
Polyurethan unter Bildung der namensgebenden
Urethan-Gruppe, in Anlehnung an [14]   9

Abbildung 2.3   Schematische Darstellung der Faserorientierung
und -bindung in den Faserhalbzeugen a)
Leinwandgewebe und b) Gelege mit [0/90]
Lagenaufbau, nach [12]   11

Abbildung 2.4   Abhängigkeit des Elastizitätsmoduls von
Faserhalbzeug und -orientierung, nach [20]   12

Abbildung 2.5   Verformungsanteile der Dehnung eines
viskoelastischen Werkstoffs unter konstanter
Beanspruchung und anschließender Entlastung,
nach [22] [35]   14

Abbildung 2.6   Vergleich des Dehnrateneinflusses auf die
Zugfestigkeit (zur Vergleichbarkeit bezogen auf
die jeweilige maximal erreichte Zugfestigkeit
normiert dargestellt) von E-Glasfasern [39],
Epoxid RTM6 [40] und unidirektionalem GFK
[36] [37]   15

Abbildung 2.7   Temperatureinfluss auf das quasi-statische
Verformungsverhalten des in dieser Arbeit
verwendeten PU-Reinharzes, nach [44]   17

Abbildung 2.8   a) Sinusförmige Schwingung eines FVK
                   mit Visualisierung der Phasenverschiebung
                   und b) die aus der Schwingung abgeleitete
                   Hysteresis-Schleife 19
Abbildung 2.9   Schematische Darstellung eines a)
                   Einstufenversuchs und b) Mehrstufenversuchs 19
Abbildung 2.10   Zyklisches Kriechen und Steifigkeitsreduktion
                   visualisiert anhand der Verschiebung und Neigung
                   von Hysteresis-Schleifen über der Lebensdauer 24
Abbildung 2.11   Schädigungsmechanismen in einem
                   quasi-isotropen Gewebe-FVK, in Anlehnung
                   an graphische Darstellungen in [83] [84] [85] [86] 27
Abbildung 2.12   Spannungsverteilung zwischen zwei
                   Transversalrissen in der 90°-Lage eines
                   [0/90]s-Laminats bei einer aufgebrachten
                   Spannung von 100 MPa, nach [90] 28
Abbildung 2.13   Schädigungsentwicklung in einem Gewebe-FVK,
                   in Anlehnung an graphische Darstellungen in [84]
                   [97] [98] 30
Abbildung 2.14   a) Entwicklung der Restfestigkeit und -steifigkeit
                   eines FVK unter konstanter zyklischer
                   Beanspruchung [98] und b) Gegenüberstellung der
                   Steifigkeitsreduktion und Schädigungsentwicklung
                   [84]. 32
Abbildung 2.15   Graphische Veranschaulichung des
                   Zusammenhangs zwischen Reststeifigkeit
                   und Lastspielzahl mit dem Modellierungsansatz
                   nach Ogin et al. [104] am Beispiel von
                   quasi-isotropem GFK, nach [114] 36
Abbildung 2.16   Einfluss der Umgebungstemperatur auf die
                   Ermüdungsfestigkeit von GF-EP bei Betrachtung
                   der relativen Oberspannung unter -40 und 23
                   °C mit Verdeutlichung des Pivot-Punkts als
                   Schnittpunkt der Wöhlerkurven, nach [9] 40
Abbildung 2.17   Charakteristische Verläufe der Eigenerwärmungen
                   eines FVK unter Ermüdungsbeanspruchung, nach
                   [138] 43

Abbildung 2.18   Frequenzabhängige Temperaturentwicklung bis
                  zur stationären Phase an Gewebe-CFK mit
                  thermoplastischer Matrix, nach [153]   46

Abbildung 2.19   Probentemperatur in stationärer Phase im
                  Verhältnis zur a) Verlustenergiedichterate (nach
                  [155]) und b) Beanspruchungsrate (nach [153])   49

Abbildung 2.20   Puls-Pause-Vorgehen zur Reduktion der
                  Temperaturentwicklung bei Prüfung unter
                  hochfrequenter Belastung, nach [92]   52

Abbildung 2.21   Schematisches Ermüdungslebensdauerdiagramm
                  (engl.: fatigue-life diagram) für einen
                  unidirektionalen FVK mit Darstellung von
                  drei Regionen einhergehend mit verschiedenen
                  Schädigungsmechanismen, nach [85]   57

Abbildung 2.22   Gegenüberstellung von Modellierungsansätzen für
                  Wöhlerkurven auf Basis von linearer Regressionen
                  [166] [178] und Potenzfunktion [65] vom LCF-
                  bis VHCF-Bereich   59

Abbildung 2.23   Prinzip der Computertomographie mittels
                  Röntgenstrahlung zur Abbildung des Prüfkörpers,
                  nach [191]   62

Abbildung 2.24   a) Separierung der Einzelkomponenten
                  anhand eines CT-Histogramms mit
                  schematisch dargestelltem Grenzwert und b)
                  grenzwertabhängiger Porenanteil, nach [195]   64

Abbildung 2.25   Vergleich der Erkennbarkeit eines Risses
                  in einem GF-EP – ohne und mit Einsatz eines
                  Kontrastmittels, nach [199]   65

Abbildung 2.26   Ex situ und in situ CT-Scans eines vorgeschädigten
                  CF-EP, nach [209]   71

Abbildung 2.27   a) Beispiele für die Ermittlung der Rissanzahl
                  und -längen mittels Auflicht- [89] und
                  Durchlichtfotografie/-mikroskopie [203] und
                  b) ein repräsentatives Beispiel für den Verlauf
                  der totaldehnungsabhängigen Rissdichte
                  über der Lebensdauer mit ausgeprägtem
                  Sättigungsverhalten, nach [203].   74

Abbildung 3.1   Schematische Darstellung des verwendeten
                  Lagenaufbaus   77

Abbildung 3.2   Schematische Darstellung des RTM-Prozesses zur
                 Verarbeitung von PU, nach [222] 79

Abbildung 3.3   Schematische Darstellung eines Schnitts durch
                 das verwendete Hochdruck RTM-Werkzeug, nach
                 [222] 80

Abbildung 3.4   Vergleich des Viskositätsverlaufs zwischen
                 PU und EP im RTM-Prozess bei einer
                 Werkzeugtemperatur von 85 °C, nach [224] 80

Abbildung 3.5   Einfluss verschiedener Temperzyklen auf die
                 interlaminare Scherfestigkeit von GF-PU, nach
                 [225] 82

Abbildung 3.6   a) CT-Scan von GF-PU mit Darstellung der Poren
                 und b) die ermittelte Porenanzahl über dem
                 Porenvolumen 83

Abbildung 3.7   Rasterelektronenmikroskopische Schliffbilder von
                 GF-PU und -EP in a) 50-facher, b) 100-facher
                 und c) 500-facher Vergrößerung 85

Abbildung 3.8   Rasterelektronenmikroskopische Schliffbilder
                 von GF-PU mit ursprünglicher und modifizierter
                 Harzkonfiguration – Invertierte Darstellung zur
                 Verdeutlichung der Poren 85

Abbildung 4.1   Einfluss der Stufenhöhe und -länge auf die
                 erreichbare Oberspannung von GF-PU in MSV
                 unter 23 °C, nach [227] 88

Abbildung 4.2   Prüfstrategie des sequenziellen Ein- und
                 Mehrstufenversuchs 89

Abbildung 4.3   Versuchsaufbau für Prüfverfahren im LCF- bis
                 HCF-Bereich, nach [114] 91

Abbildung 4.4   Darstellung einer Probe aus GF-PU, deren
                 technische Zeichnung mit Maßangaben in mm
                 und eine Simulation der Spannungsverteilung im
                 Prüfbereich bei einer Auslenkung von 10 µm,
                 nach [92] [114] 92

Abbildung 4.5   Temperaturänderung der in dieser Arbeit
                 verwendeten Probengeometrie (CT-Probe) im
                 Vergleich zu einer Probengeometrie nach DIN
                 527-4 Typ 1B in einem MSV mit konstanter
                 Frequenz an GF-EP, nach [233] 93

Abbildung 4.6 Ansätze zur Ermittlung von Frequenzen auf Basis einer konstanten a) Dehnrate und b) induzierten Energiedichterate 94

Abbildung 4.7 Schematische Darstellung der Dehnrate für verschiedene Beanspruchungen für a) identische Frequenzen und b) eine Frequenzanpassung zur Realisierung einer konstanten Dehnrate, nach [235] 95

Abbildung 4.8 Messbereiche der taktilen (a) und optischen Dehnungsmessverfahren mittels Laserextensometrie (b) und Fernfeldmikroskopie (c) 99

Abbildung 4.9 Versuchsaufbau mit optischen Dehnungsmesssystemen, a) Laserextensometrie und b) Fernfeldmikroskopie 100

Abbildung 4.10 a) Dreiecksmethode zur Bestimmung des Flächenschwerpunkts und b) Darstellung der relativen Änderung zum Referenzschwerpunkt, nach [239] 103

Abbildung 4.11 Versuchsaufbau des Resonanzprüfsystems als a) Übersichts- und b) Detaildarstellung 106

Abbildung 4.12 Vergleich der Wegamplitude und des dynamischen E-Moduls während eines ESV an GF-EP unter 23 °C und $\sigma_o = 180$ MPa 107

Abbildung 4.13 Versuchsaufbau und Adapter-Probe-Verbund am eingesetzten Ultraschallprüfsystem 108

Abbildung 4.14 Probengeometrie für das Ultraschallprüfsystem mit Maßangaben in mm, nach [92] 110

Abbildung 4.15 Thermisch versagte Probe nach einem Versuch mit ursprünglicher Probengeometrie und Versuchsführung, nach [92] 111

Abbildung 4.16 In situ CT-Stage a) montiert auf dem 5-Achs-Manipulatortisch des Computertomographen und b) mit eingespannter GF-PU Probe (mit Specklemuster) 112

Abbildung 4.17 CT-Histogramme resultierend aus CT-Scans an GF-PU durch Variation von a) der Projektionsanzahl und b) der Projektionsüberlagerung, nach [191] 114

Abbildung 4.18   CT-Histogramm von GF-PU mit Kontrastmittel:
                  Voxelanzahl über Grauwerte, nach [191] 116
Abbildung 4.19   Vergleich der CT-Scans mit a) konventionellem
                  Vorgehen, b) Einsatz von Kontrastmittel und
                  c) Einsatz von Kontrastmittel unter in situ
                  Beanspruchung zur Visualisierung der Schädigung 117
Abbildung 4.20   Beanspruchungsabhängiger qualitativer
                  Schädigungsgrad einer GF-PU Probe –
                  Frontansicht mit ausgeblendeter/n Matrix/Fasern,
                  nach [233] 118
Abbildung 4.21   Quantitativer Anteil des detektierbaren
                  Defektvolumens in Abhängigkeit von der
                  statischen Beanspruchung, nach [226] 119
Abbildung 4.22   GF-PU Probe mit einem Specklemuster auf
                  Basis von Zink-Lack als a) lichtmikroskopische
                  Aufnahme und b) zusätzlich entsättigt und c)
                  computertomographische Aufnahme, nach [233] 120
Abbildung 4.23   Darstellung der Einspannrichtung der GF-PU
                  Probe für Seite a) A und c) B als Vorderseite,
                  und b) und d) Darstellung der resultierenden
                  Spannungs-Dehnungs-Kurven aus den
                  DIC-Messungen im CT in Abhängigkeit der
                  Einspannrichtung, nach [233] 122
Abbildung 4.24   a) DIC-Messlinien auf Seite D einer GF-PU Probe
                  und b) resultierende Totaldehnungsverläufe für
                  statische Beanspruchungen von 60 bis 180 MPa,
                  nach [233] 123
Abbildung 4.25   Weg-Zeit-Diagramm einer GF-PU Probe zur
                  Darstellung der Kriechvorgänge unter statischer
                  Beanspruchung von 160 MPa in der in situ
                  CT-Stage, nach [226] 124
Abbildung 4.26   Vorgehen zur qualitativen Defektanalyse eines 3D
                  CT Volumens, nach [114] 125
Abbildung 5.1   Dehnratenverläufe von GF-EP während MSV
                  unter a) konstanter Frequenz und b) angepasster
                  Frequenz 130

Abbildung 5.2   Vergleich der nach dem Dehnratenansatz angepassten Frequenz (f) und der auf Basis der Messdaten berechneten Frequenz zur Erzielung einer konst. Dehnrate ($f_{\varepsilon=konst.}$) 131

Abbildung 5.3   Temperaturänderung auf der Probenoberfläche von GF-EP während eines MSV unter a) konstanter Frequenz und b) angepasster Frequenz 132

Abbildung 5.4   Frequenzabhängige Temperaturänderung für GF-EP unter -30, 23 und 70 °C, [244] 133

Abbildung 5.5   a) Induzierte Energieraten und b) berechnete Frequenzen für GF-PU und -EP, die zu einer Grenztemperaturerhöhung von ≈ 2 K führen, nach [244] 134

Abbildung 5.6   a) GF-EP Probe mit eingeklebtem Thermoelement, b) frontaler und c) seitlicher CT-Scan, d) Simulation der von Mises Vergleichsspannung 136

Abbildung 5.7   Vergleich der Temperaturentwicklung an der Oberfläche und im Kern von GF-EP mit a) angepassten Frequenzen nach dem Energieratenansatz und b) konstanter Frequenz von 10 Hz 137

Abbildung 5.8   Temperaturänderung (Eigenerwärmung) von GF-EP in ESV unter -30, 23 und 70 °C 137

Abbildung 5.9   Temperaturabhängige Änderung des normierten dynamischen E-Moduls von PA6, nach [245] 138

Abbildung 5.10   Frequenzabhängige Temperaturänderung unter a) 50 MPa und b) 60 MPa Oberspannung für PA6, nach [245] 139

Abbildung 5.11   a) Induzierte Energierate und b) berechnete Frequenz, die für PA6 zu einer Grenztemperaturerhöhung von ≈ 2 K führen, nach [245] 140

Abbildung 5.12   Ergebnisse von MSV an PA6 für verschiedene Frequenzen, nach [245] 141

Abbildung 5.13   Frequenzabhängiges zyklisches Kriechen während MSV über der a) Versuchsdauer und b) Lastspielzahl, nach [245] 142

Abbildung 5.14   Vergleich der a) Wöhlerkurven und b)
                  Versagensmechanismen resultierend aus der
                  angepassten Frequenz (Minimum-Funktion) und
                  konstanten Frequenz (10 Hz), nach [245] 143

Abbildung 5.15   Beschreibung der Wöhlerkurven vom LCF- bis
                  HCF-Bereich für Versuche unter 23 °C an a)
                  GF-PU und b) GF-EP durch Aufteilung in die
                  statische Region I und progressive Region II
                  mit spezifischer Modellierung in Anlehnung
                  an Basquin 145

Abbildung 5.16   Vergleich der Ermüdungseigenschaften von
                  GF-PU und -EP im Zeitfestigkeitsbereich (Region
                  II) anhand a) der Wöhlerkurven in Bezug zur
                  relativen Oberspannung in doppellogarithmischer
                  Darstellung und b) der Oberspannungsdifferenz
                  in halblogarithmischer Darstellung 147

Abbildung 5.17   Rasterelektronenmikroskopische Aufnahmen
                  an Bruchflächen von GF-PU und -EP 148

Abbildung 5.18   Mikroskopische Elementanalysen mittels EDX
                  an Bruchflächen von GF-PU und -EP 149

Abbildung 5.19   Poreneinfluss auf die Bruchlastspielzahl von
                  GF-PU durch Vergleich der ursprünglichen und
                  modifizierten Harzkonfiguration 151

Abbildung 5.20   Vergleich der temperaturabhängigen
                  Ermüdungseigenschaften im Zeitfestigkeitsbereich
                  (Region II) anhand von Wöhlerkurven
                  in halblogarithmischer Darstellung von a) GF-PU
                  und b) GF-EP unter -30, 23 und 70 °C 153

Abbildung 5.21   Vergleich der temperaturabhängigen
                  Ermüdungseigenschaften im Zeitfestigkeitsbereich
                  (Region II) anhand von Wöhlerkurven
                  in halblogarithmischer Darstellung – bezogen auf
                  die relative Oberspannung – von a) GF-PU und b)
                  GF-EP unter -30, 23 und 70 °C 155

Abbildung 5.22 Temperaturabhängige Wöhlerkurven im
                Zeitfestigkeitsbereich in Bezug auf die relative
                Oberspannung von a) GF-PU und b) GF-EP unter
                -30, 23 und 70 °C mit Fokussierung auf die
                divergierende Neigung in doppellogarithmischer
                Darstellung 156

Abbildung 5.23 Darstellung der gemittelten Potenzfunktion für
                GF-EP unter gemeinsamer Verwendung der
                Versuchsergebnisse unter -30, 23 und 70 °C 157

Abbildung 5.24 Visualisierung des berechneten
                Temperatureinflusses im Zeitfestigkeitsbereich
                durch Bezugnahme der Oberspannungsdifferenz
                für -30 und 70 °C auf die Referenzkurve von 23
                °C für a) GF-PU und b) GF-EP 159

Abbildung 5.25 Kennwertverläufe des dynamischen E-Moduls,
                der totalen Mitteldehnung und Verlustenergie
                während eines ESV an GF-PU mit Aufteilung
                in die Phasen I bis III 160

Abbildung 5.26 Vergleich temperaturabhängiger
                Kennwerteverläufe a) des dynamischen
                E-Moduls, b) der totalen Mitteldehnung und c)
                der Verlustenergie von GF-PU unter -30, 23 und
                70 °C bei $\sigma_o = 140$ MPa 162

Abbildung 5.27 Steifigkeitsverläufe in Form des normierten
                dynamischen E-Moduls über der normierten
                Lebensdauer von GF-PU (nach [114]) und
                GF-EP unter -30, 23 und 70 °C für verschiedene
                Oberspannungen 163

Abbildung 5.28 Temperaturabhängige Steifigkeitsverläufe in Form
                des normierten dynamischen E-Moduls über der
                Lastspielzahl in S-ESV für a) GF-PU (nach [247])
                und b) GF-EP 164

Abbildung 5.29 Absolute und relative
                Flächenschwerpunktentwicklung in x-Richtung
                während ESV an a) GF-PU und b) GF-EP 165

Abbildung 5.30 Absolute und relative
                Flächenschwerpunktentwicklung in y-Richtung
                während ESV an a) GF-PU und b) GF-EP 167

Abbildung 5.31 Schädigungsentwicklung von GF-PU in S-ESV unter 23 °C im HCF-Bereich ($\sigma_{o,r} = 0{,}55$) bei steifigkeitsorientierter Betrachtung 168

Abbildung 5.32 Übersichtsdarstellung der Schädigungsentwicklung anhand von Drauf- und Frontansichten von GF-PU und -EP in S-ESV unter -30, 23 und 70 °C im HCF-Bereich ($\sigma_{o,r} = 0{,}55$) bei steifigkeitsorientierter Betrachtung. Hinweis: Für GF-PU 70 °C wurden die unter 25 % Steifigkeitsreduktion dargestellten Abbildungen bei einer Steifigkeitsreduktion von 22,5 % ermittelt ... 171

Abbildung 5.33 Kennwertverläufe der Schädigungsentwicklung über der normierten Lebensdauer am Beispiel eines S-ESV an GF-EP unter 23 °C im HCF-Bereich ($\sigma_{o,r} = 0{,}55$) 173

Abbildung 5.34 Schädigungsentwicklung unter Betrachtung des Riss- und Delaminationsanteils am Beispiel eines S-ESV an GF-EP unter 23 °C im HCF-Bereich ($\sigma_{o,r} = 0{,}55$) 175

Abbildung 5.35 Defektvolumenanteil in Abhängigkeit der Voxelanzahl pro Defekt vergleichend nach verschiedenen Steifigkeitsreduktionen für a) GF-PU und -EP unter 23 °C und b) GF-PU unter -30, 23 und 70 °C 176

Abbildung 5.36 Vergleich des Schädigungsgrads an GF-PU und -EP unter 23 °C nach 20 % Steifigkeitsreduktion. Von links nach rechts: Vollständig, nach Filterung mit $1{,}5 \cdot 10^5$ Voxel und nach manueller Separierung aller nicht mit Delaminationen verbundener Defekte 178

Abbildung 5.37 Entwicklung von a) Defektdichte, b) Defektvolumenanteil und c) Defektverhältnis über der normierten Lastspielzahl in S-ESV im HCF-Bereich ($\sigma_{o,r} = 0{,}55$) für GF-PU und -EP unter 23 °C und zusätzlich für GF-EP unter -30 und 70 °C. d) Gegenüberstellung des Defektverhältnisses von GF-PU und -EP unter 23 °C 179

Abbildung 5.38 Übersichtsdarstellung der
Schädigungsentwicklung anhand von
Drauf- und Frontansichten von GF-PU und
-EP in S-MSV unter -30, 23 und 70 °C bei
stufenorientierter Betrachtung. Hinweis: Die
S-MSV wurden an GF-PU mit Proben mit einer
Breite von 2,5 mm durchgeführt 182

Abbildung 5.39 Entwicklung von a) Defektvolumenanteil
und b) Defektverhältnis in S-MSV über der
stufenspezifischen Oberspannung für GF-EP unter
-30, 23 und 70 °C 184

Abbildung 5.40 Qualitativer Vergleich zwischen der
zonenspezifischen Steifigkeit und dem
zonenspezifischen Schädigungsgrad 188

Abbildung 5.41 a) Zonenspezifische Reststeifigkeit (dynamischer
E-Modul) gemessen mittels Laserextensometrie
und b) zugehörige zonenspezifische Defektdichte
und zonenspezifischer Defektvolumenanteil einer
Probe aus GF-EP nach $15 \cdot 10^3$ Lastspielen. 189

Abbildung 5.42 Vergleich des steifigkeitsbasiert ermittelten
Schädigungsgrads anhand zweier Modelle mit
dem Verlauf des Defektverhältnisses für GF-EP
unter 23 °C 190

Abbildung 5.43 Entwicklung von a) Defektdichte, b)
Defektvolumenanteil und c) Defektverhältnis über
der Steifigkeitsreduktion und d) beispielhafte
Abbildung des Schädigungsgrads von GF-EP nach
25 % Steifigkeitsreduktion unter -30, 23 und 70 °C ... 192

Abbildung 5.44 Entwicklung des Riss- und Delaminationsanteils
am Defektvolumen von GF-EP unter 23 °C unter
zusätzlicher Bezugnahme des Defektverhältnisses
und des progressive damage state (PDS) über der
Steifigkeitsreduktion 194

Abbildung 5.45 Modellierungsansatz auf Basis von
Exponentialfunktionen zur Beschreibung des
material- und temperaturabhängigen Verlaufs des
Defektverhältnisses über der Steifigkeitsreduktion 195

Abbildung 5.46   Graphische Darstellung der a)
                  Steifigkeitsreduktionsrate und b) realen
                  und modellierten Steifigkeitsverläufe für GF-PU
                  und -EP unter 23 °C bei $\sigma_{o,r} = 0,55$ 198
Abbildung 5.47   Steifigkeitsverläufe für GF-PU und -EP unter 23
                  °C bei $\sigma_{o,r} = 0,55$ auf Basis der Messdaten und
                  der Modelle nach a) Whitworth und b) Shokrieh
                  und Lessard   199
Abbildung 5.48   Vergleich ausgewählter Kennwertverläufe von
                  GF-EP für je einen ESV unter Einsatz des
                  a) Ultraschallprüfsystems (nach [92]) und b)
                  Resonanzprüfsystems   202
Abbildung 5.49   Entwicklung der Oberflächen- und
                  Kerntemperatur von GF-EP in Abhängigkeit von
                  a) der Oberspannung und b) der Luftkühlung   204
Abbildung 5.50   a) Vergleich der mit Resonanzprüfsystemen und
                  dem servo-hydraulischen Prüfsystem ermittelten
                  Bruchlastspielzahlen für Oberspannungen von 110
                  bis 140 MPa an GF-EP   205
Abbildung 5.51   Schematische Darstellung der
                  Bruchlastspielzahlausbildung über der
                  Frequenz in Abhängigkeit der dominierenden
                  Effekte   206
Abbildung 5.52   Wöhlerkurven vom HCF- bis VHCF-Bereich für
                  GF-PU und -EP in a) halblogarithmischer und
                  b) doppellogarithmischer Darstellung mit dem
                  Modellierungsansatz in Anlehnung an Basquin   208
Abbildung 5.53   Wöhlerkurven im HCF- bis VHCF-Bereich für
                  a) GF-PU und b) GF-EP in halblogarithmischer
                  Darstellung mit Modellierungsansätzen
                  in Anlehnung an Basquin   209
Abbildung 5.54   Vergleich der Totaldehnungs- und Wegamplitude
                  aus Versuchen unter 10 Hz bzw. 1 kHz für
                  verschiedene Oberspannungen an GF-EP   211
Abbildung 5.55   Beschreibung der Wöhlerkurven vom LCF-
                  bis VHCF-Bereich für Versuche unter 23 °C
                  an a) GF-PU und b) GF-EP durch Aufteilung
                  in drei Regionen mit spezifischer Modellierung
                  in Anlehnung an Basquin   214

Abbildung 5.56 Darstellung des Übergangs in den potenziellen
Dauerfestigkeitsbereich unter Annahme
einer Dauerfestigkeit – basierend auf [11] – ab
$\sigma_{o,r} = 0{,}2$ 215

Abbildung 5.57 Kennwertentwicklung der dynamischen Steifigkeit
und Frequenz in ESV an a) GF-PU und b) GF-EP 216

Abbildung 5.58 Normierte dynamische Steifigkeitsverläufe über
der absoluten Lastspielzahl unter variierenden
Oberspannungen für a) GF-PU und b) GF-EP 217

Abbildung 5.59 Normierte dynamische Steifigkeitsverläufe über
der normierten Lastspielzahl unter variierenden
Oberspannungen für a) GF-PU und b) GF-EP 218

Abbildung 5.60 Übersichtsdarstellung der lebensdauerorientierten
Schädigungsentwicklung von GF-PU und -EP im
VHCF-Bereich ($\sigma_{o,r} = 0{,}275$) in S-ESV unter 23
°C anhand von Drauf- und Frontansichten 219

Abbildung 5.61 Entwicklung von a) Defektdichte und b)
Defektvolumenanteil über der normierten
Lastspielzahl für GF-PU und -EP unter 23 °C im
VHCF-Bereich ($\sigma_{o,r} = 0{,}275$) und vergleichend
im HCF-Bereich ($\sigma_{o,r} = 0{,}55$) 220

Abbildung 5.62 Entwicklung des Defektverhältnisses über der
normierten Lastspielzahl für GF-PU und -EP
unter 23 °C im VHCF-Bereich ($\sigma_{o,r} = 0{,}275$) und
vergleichend im HCF-Bereich ($\sigma_{o,r} = 0{,}55$) 222

Tabellenverzeichnis

Tabelle 2.1 Vergleich ausgewählter mechanischer Eigenschaften
von E-, R- und S-Glas, basierend auf [3] [12] [14] 6

Tabelle 2.2 Bereiche des Wöhlerdiagramms 21

Tabelle 2.3 Zusammenstellung von Akquisitionsparametern zur
computertomographischen Untersuchung von GF-EP
aus wissenschaftlichen Arbeiten, nach [191] 66

Tabelle 3.1 Eigenschaften der Polyurethan- und Epoxid-Reinharze,
nach [222] 78

Tabelle 4.1 Akquisitionsparameter für die
computertomographische Defektanalyse 115

Tabelle 4.2 Zusammensetzung des verwendeten Kontrastmittels 116

Tabelle 4.3 Maximale und korrigierte Nennspannungen im
Probenquerschnitt in Abhängigkeit der eingestellten
Nennspannung für in situ CT-Scans, nach [233] 123

Tabelle 5.1 Berechnete Frequenzen nach dem Dehnratenansatz,
nach [35] 130

Tabelle 5.2 Mittels Energieratenansatz berechnete Frequenzen
für GF-PU und -EP. In Klammern sind die an den
servo-hydraulischen Prüfsystemen verwendeten
Frequenzen für 60 und 80 MPa (GF-PU) bzw. 60–100
MPa (GF-EP) angegeben 135

Tabelle 5.3   Temperaturabhängige Potenzfunktionen zur
               Beschreibung der Wöhlerkurven im Bereich der
               Zeitfestigkeit von GF-PU und -EP.   153
Tabelle 5.4   Ermittelte Parameter für die Modelle nach Whitworth
               und nach Shokrieh und Lessard zur Beschreibung der
               Steifigkeitsverläufe   198

Einleitung 1

Im Zuge des Klimawandels und des Pariser Klimaabkommens werden aktuell große Aufwände zur Nutzung erneuerbarer Energien betrieben. In diesem Zusammenhang liegt ein Schwerpunkt auf der Windenergie, die derzeit rund 17 % der deutschlandweiten Stromversorgung gewährleistet und deren Ausbau von On- und Offshore-Anlagen sowie Optimierung der Leistungsfähigkeit ein strategisches Ziel darstellt [1]. Die technologische Weiterentwicklung dient der Realisierung langfristig wirtschaftlicher Windkraftanlagen. Ab 2021 fallen erstmals Windkraftanalagen aus der 20-jährigen EEG-Vergütung (Erneuerbare-Energien-Gesetz). Dies wird anschließend jährlich auf 1.000 bis 2.000 Windkraftanlagen zutreffen, deren weitere Nutzung unwirtschaftlich ist. Die Folge daraus sind umfangreiche Rückbau- und Recycling-Prozesse, die insbesondere für die aus glasfaserverstärktem Kunststoff (GFK) gefertigten Rotorblätter zu neuen Herausforderungen führen. Nach Prognosen des Umweltbundesamtes wird es somit zukünftig zu Recyclingengpässen kommen, da die hohen Mengen an recyceltem GFK (ab 2024 ca. 70 kt/a) nicht mehr vollständig in alternativen Prozessen, wie bspw. Subindustrieanwendungen in der Zementherstellung, verwertet werden können. Alternative Vorgehen – wie bspw. die Pyrolyse – sind unwirtschaftlich und daher zu vermeiden [1].

Der längerfristige Betrieb von Windkraftanlagen – und dadurch die Reduktion von Recyclingprozessen – kann nur durch die Realisierung einer wirtschaftlichen Nutzung geschaffen werden. Diesbezüglich sind in den vergangenen Jahren positive Beispiele durch die Forschung an GFK zu finden. So konnten durch Weiterentwicklungen von Glasfasern mit höherer Steifigkeit die Rotorblätter von

© Der/die Autor(en), exklusiv lizenziert durch Springer Fachmedien Wiesbaden GmbH, ein Teil von Springer Nature 2021
D. Hülsbusch, *Charakterisierung des temperaturabhängigen Ermüdungs- und Schädigungsverhaltens von glasfaserverstärktem Polyurethan und Epoxid im LCF- bis VHCF-Bereich,* Werkstofftechnische Berichte | Reports of Materials Science and Engineering, https://doi.org/10.1007/978-3-658-34643-0_1

Windkraftanlagen bei fast identischem Materialeinsatz um bis zu 20 % verlängert werden, einhergehend mit einer Leistungssteigerung um bis zu 41 % [2]. Dies spiegelt das Potenzial weiterentwickelter GFK-Strukturen zur Steigerung des Wirkungsgrads von Windkraftanlagen wider. Weiteres Optimierungspotenzial bieten zeit- und kosteneffizientere Herstellungsverfahren. In dieser Hinsicht wurden in jüngerer Vergangenheit u. a. Prozessoptimierungen zur Verringerung der Temperatur in der Herstellung von Glasfasern durchgeführt [3], wodurch der Energieaufwand und die Herstellungskosten reduziert werden konnten. Neben den Glasfasern stellt das Matrixsystem eine maßgebliche Komponente der GFK-Strukturen dar. Diesbezüglich wird die neueste Generation von 55,2 Meter langen Rotorblättern der Fa. Covestro erstmals mit einem Polyurethan-Infusionsharz gefertigt [4]. Dies ermöglicht die Reduktion der Produktionsdauer und Kosten der Rotorblätter, die einen Anteil von 20 bis 30 % der Kosten der gesamten Windkraftanlage ausmachen [5]. Die mechanischen Eigenschaften von auf Polyurethan basierenden GFK-Strukturen sind jedoch literaturseitig nahezu unbekannt, da in der Vergangenheit der Fokus auf Matrixsysteme aus Epoxid gelegt wurde.

Hinsichtlich der mechanischen Leistungsfähigkeit stellen die Ermüdungseigenschaften ein maßgebliches Kriterium für GFK-Strukturen in Windkraftanlagen dar. Die Ermüdung bzw. mit ermüdungsbezogenen Prozessen einhergehende Phänomene sind die häufigsten Gründe für das Versagen von Strukturbauteilen [6]. Rotorblätter sind stark ermüdungsbeansprucht [7] und erfahren während ihrer Lebensdauer allein durch die Rotationen bis zu 10^9 Wechselbeanspruchungen [8], die zur Schwächung der Struktur führen. Dabei wird die Schadensprävention von Rotorblättern bislang nicht ausreichend durchgeführt. So weisen auch in jüngeren Windkraftanlagen (< 15 Jahre) bereits über 80 % der Rotorblätter Schädigungen auf [7]. Diese können als direkte Folge von Ermüdungsprozessen oder durch eine Kombination ermüdungsbezogener Werkstoffdegradation und zusätzlichen Überlasten entstehen, bspw. bei zu hohen Windgeschwindigkeiten, die bis zu einem Blattabwurf führen können. Die Ermüdungseigenschaften werden diesbezüglich im Betrieb durch zusätzliche, umgebungsbedingte thermische Faktoren beeinflusst. Aufgrund dessen ist das Verständnis der ablaufenden, temperaturabhängigen Schädigungsmechanismen ein wichtiger Aspekt, um die Ursachen der Werkstoffdegradation verstehen und in Bezug auf die Lebensdauer einordnen zu können. Insbesondere der Einfluss geringer Beanspruchungen, die zu einem Versagen im Bereich $> 10^8$ Lastspiele führen, wurde diesbezüglich bisher unzureichend untersucht [9].

Das Ziel dieser Arbeit stellt die vergleichende Charakterisierung des temperaturabhängigen Ermüdungs- und Schädigungsverhaltens von quasi-isotrop glasfaserverstärktem Polyurethan und Epoxid unter betriebsrelevanten Umgebungstemperaturen von -30 bis $70\ °C$ dar. Dazu wird eine sequenzielle Prüfstrategie angewendet, in der durch die Implementierung von in situ computertomographischen Analysen in Ermüdungsuntersuchungen die Schädigungsentwicklung stufenweise ermittelt werden kann. Aufgrund aktueller, technisch bedingter Restriktionen hinsichtlich der Probenabmessungen und infolge des Temperatureinflusses ist es notwendig, geeignete Prüfverfahren für die sequenziellen Ermüdungsuntersuchungen zu entwickeln. In diesem Sinne dient ein neu entwickelter, energiebasierter Ansatz zur optimierten Frequenzermittlung der Einhaltung definierter Grenzwerte hinsichtlich der Eigenerwärmung, um eine Vergleichbarkeit der Versuchsergebnisse zu gewährleisten. Die material- und temperaturbezogene Gegenüberstellung der Ermüdungseigenschaften erfolgt im Rahmen von lebensdauer- und vorgangsorientierten Untersuchungen anhand von Hysteresis-Kennwertverläufen.

Zur Untersuchung des Schädigungsverhaltens zeigt sich seit einigen Jahren der Nutzen der Computertomographie, um detaillierte Einblicke in die volumeninternen Schädigungsprozesse zu erhalten. Dieses Vorgehen ist bisher nicht standardisiert und es finden sich in der Literatur verschiedenste Herangehensweisen. Aufgrund dessen wird der Einfluss der Akquisitions- und Versuchsparameter untersucht und eine Methode zur optimierten Ermittlung des Schädigungsgrads mittels in situ Computertomographie erörtert. Das Schädigungsverhalten wird anschließend in sequenziellen Prüfungen struktur- und temperaturabhängig unter vergleichbarer relativer und absoluter Ermüdungsbeanspruchung ermittelt. Der Schädigungsfortschritt wird stufenweise qualitativ visualisiert und durch eine quantitative Defektanalyse ergänzt. Dazu wird ein neuer Kennwert – das Defektverhältnis – zur vergleichenden Bewertung des Probenzustands eingeführt. Die Defektanalyse dient der Korrelation mit der Kennwertdegradation aus vorgangsorientierten Ermüdungsprüfungen. Dazu wird die lokale Schädigungsentwicklung der lokalen Kennwertentwicklung gegenübergestellt. Die Korrelation stellt die Basis für eine schädigungs- und steifigkeitsorientierte Zustandsbewertung dar und wird für eine darauf aufbauende Restlebensdauerabschätzung herangezogen.

Eine besondere Herausforderung ergab sich durch die Untersuchung des Ermüdungs- und Schädigungsverhaltens im Bereich sehr hoher Lastspielzahlen. Aufgrund einer stetigen Kennwertdegradation und einer mutmaßlich nicht vorhandenen Dauerfestigkeit ist die Ermittlung der Ermüdungsfestigkeit bis in den Bereich sehr hoher Lastspielzahlen für eine ganzheitliche, sichere Auslegung von Strukturbauteilen notwendig. Das ausgeprägte Dämpfungsverhalten, einhergehend mit einer signifikanten Temperaturabhängigkeit glasfaserverstärkter Kunststoffe, erschwert jedoch die Anwendung hochfrequenter Prüfverfahren. Vorhandene Erkenntnisse beruhen i. d. R. auf Untersuchungen an einfachen Lagenaufbauten (bspw. unidirektional), wohingegen komplexe, anwendungsrelevante Lagenaufbauten bisher ausschließlich im Bereich geringerer Lastspielzahlen betrachtet wurden. Die der Literatur vom Autor entnommene, maximale Bruchlastspielzahl an einem quasi-isotropen GFK unter axialer Beanspruchung ist 10^7 [10]. In diesem Zusammenhang liegt ein Schwerpunkt dieser Arbeit auf der Weiterentwicklung unkonventioneller Prüfverfahren zur hochfrequenten, axialen Prüfung quasi-isotroper GFK-Strukturen unter besonderer Berücksichtigung der Eigenerwärmung.

Die Arbeit gibt somit einen Leitfaden für die ganzheitliche Untersuchung der Ermüdungseigenschaften im Bereich geringer bis sehr hoher Lastspielzahlen – bei Einhaltung einer Vergleichbarkeit der Versuchsergebnisse – und stellt einen Beitrag zum grundlagenorientierten Verständnis des temperaturabhängigen Ermüdungs- und Schädigungsverhaltens anwendungsrelevanter GFK-Strukturen dar. Dies bildet die Basis für weiterführende Untersuchungen im VHCF-Bereich und dient der Optimierung langlebiger, ermüdungsbeanspruchter faserverstärkter Strukturbauteile, wie bspw. Rotorblätter von Windkraftanlagen, im Sinne einer idealen Ausnutzung der mechanischen Leistungsfähigkeit und eines reduzierten Materialeinsatzes sowie Recyclingaufkommens.

Stand der Technik

2

Sofern nicht explizit anders angegeben, handelt es sich in dieser Arbeit stets um endlosfaserverstärkte Kunststoffe und die Abkürzung FVK wird stellvertretend für Strukturen mit diesem Fasertyp verwendet. Des Weiteren werden ausschließlich polymerbasierte Matrixsysteme berücksichtigt und der Fokus auf duroplastische Kunststoffe mit Glasfaserverstärkung (GFK) gelegt.

2.1 Grundlagen faserverstärkter Kunststoffe

2.1.1 Werkstoffkomponenten und -aufbau

FVK gehören zur Klasse der Verbundwerkstoffe und bestehen mindestens aus den zwei Komponenten Faser und Matrix. Fasern sind unter Zugbeanspruchung hochbelastbar. Unter Druck oder nicht-axialer Beanspruchung können Fasern hingegen quasi keine Kräfte aufnehmen, weshalb die Matrix zur Lastübertragung notwendig ist. Durch Kombination dieser Komponenten können somit Strukturen realisiert werden, die das Eigenschaftsspektrum der Einzelkomponenten erweitern. Das durch die Fasern geprägte, anisotrope Verhalten kann dabei genutzt werden, um bei idealer Auslegung an das Lastkollektiv eine sehr hohe spezifische Steifigkeit und Festigkeit zu erreichen, woraus großes Leichtbaupotenzial resultiert [11].

Fasermaterial
Die Ursache für die hohe Zugfestigkeit von Fasern ist im sogenannten Faserparadoxon zu finden. Im Vergleich zur kompakten Form sind bei einer Faser die Abstände

© Der/die Autor(en), exklusiv lizenziert durch Springer Fachmedien Wiesbaden GmbH, ein Teil von Springer Nature 2021
D. Hülsbusch, *Charakterisierung des temperaturabhängigen Ermüdungs- und Schädigungsverhaltens von glasfaserverstärktem Polyurethan und Epoxid im LCF- bis VHCF-Bereich,* Werkstofftechnische Berichte | Reports of Materials Science and Engineering, https://doi.org/10.1007/978-3-658-34643-0_2

von Fehlstellen – bei einem identischen Material und gleicher Defektdichte – größer. Daraus folgt, dass in Faserform und mit geringer werdendem Durchmesser eine steigende Zugfestigkeit vorliegt [12]. Dabei muss berücksichtigt werden, dass gleichzeitig dessen Handhabung (insbesondere für Faserdurchmesser im sub-μm-Bereich) erschwert wird. Der Faserdurchmesser für technisch eingesetzte Glasfasern bewegt sich im Bereich von 5 bis 25 μm [12], für den Einsatz als Verstärkungsfasern in FVK sind Durchmesser von 9 bis 13 μm typisch [13].

Das Verformungsverhalten von Glasfasern ist unter Zugbeanspruchung rein elastisch bis zum Versagen durch Sprödbruch [14]. Die weiteren Eigenschaften werden durch die verwendeten Rohstoffe und den Herstellungsprozess beeinflusst. Daher werden Glasfasern in unterschiedliche Fasertypen eingeteilt. E-Glas ist der derzeit am weitesten verwendete Fasertyp [3] und weist in vielerlei Hinsicht gute Eigenschaften auf, bspw. wenige Fehlstellen, eine hohe Festigkeit und geringe Herstellungskosten [15]. Andere Fasertypen sind auf bestimmte Anwendungsbereiche zugeschnitten und besitzen bspw. eine sehr hohe Steifigkeit (R-Glas) für den Einsatz in Rotorblättern von Windkraftanlagen, oder eine sehr hohe Zugfestigkeit (S-Glas) für den Einsatz im Militär und in der Luftfahrt [2]. Typische Kennwerte für die verschiedenen Fasertypen sind in Tabelle 2.1 aufgeführt.

Tabelle 2.1 Vergleich ausgewählter mechanischer Eigenschaften von E-, R- und S-Glas, basierend auf [3] [12] [14]

Eigenschaft	Einheit	Fasertyp		
		E-Glas	R-Glas	S-Glas
Dichte ρ	$(g \cdot cm^{-3})$	2,54–2,60	2,53	2,46–2,49
Elastizitätsmodul E	(GPa)	73–80	86–89	83–90
Zugfestigkeit σ_M	(MPa)	3.100–3.800	3.600–4.100	4.100–5.100

Die Fasern werden üblicherweise zum Ende des Herstellungsprozesses mit einer Schlichte (engl.: sizing) versehen. Eine Schlichte ist eine dünne Beschichtung der Fasern, i. d. R. auf Basis einer Polymerdispersion [15] [16]. Zur Gewährleistung einer guten Kompatibilität basiert die Schlichte oftmals auf derselben chemischen Klasse wie die Matrix [17]. Dazu werden Filmbildner eingesetzt, die zwischen 70 und 90 % der Schlichte ausmachen. Epoxidharz findet als Filmbildner in nahezu allen Epoxid-kompatiblen Schlichten Verwendung, wohingegen Polyurethan bspw. als Filmbildner zur Optimierung der Kompatibilität mit einer Polyamid-Matrix eingesetzt wird [16].

Die Schlichte dient dem Schutz der Fasern vor mechanischen und chemischen Beanspruchungen während der Handhabung bis hin zur Einbettung in die Matrix und insbesondere der Optimierung der Grenzschicht (engl.: interface oder interphase; als Phase zwischen Faser und Matrix [18]) bzw. Anbindung von Fasern und Matrix. Ausschlaggebend für die Qualität der Grenzschicht ist u. a. die Benetzungsgüte der Fasern mit der Schlichte und damit einhergehend die Vorbehandlung der Fasern. Letztere wird anhand der Anzahl an Reaktionsgruppen der Oberfläche bewertet, die den limitierenden Faktor für die Ausbildung chemischer Verbindungen zwischen Fasern und Schlichte darstellt [17]. Die durch die Schlichte beeinflusste Qualität der Grenzschicht und die daraus resultierende Anbindung der Fasern an die Matrix ist eine maßgebliche Eigenschaft für FVK [3] [16] [19]. Je besser die adhäsive Verbindung zwischen Fasern und Matrix ist, desto höher ist die benötigte Energie für ein Versagen in der Grenzschicht und somit die Festigkeit des FVK. Idealerweise tritt ein kohäsives Versagen innerhalb der Matrix ein (Abbildung 2.1), wodurch sichergestellt wird, dass die Grenzschichtqualität zu keiner Reduktion der Festigkeit des Gesamtverbunds führt [20]. Trotz der hohen Bedeutung der Schlichte für die resultierenden Eigenschaften von FVK, sind nähere Informationen zu deren Zusammensetzung, Kompatibilität und Herstellung weiterhin zum Großteil Betriebsgeheimnis und daher nicht verfügbar [17].

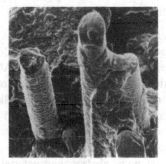

Abbildung 2.1 Vergleich der Grenzschichtqualität, a) schlechte Anbindung durch adhäsives Versagen zwischen Faser und Matrix und b) gute Anbindung aufgrund von kohäsivem Versagen innerhalb der Matrix [20][1]

[1]Reprinted/adapted by permission from Springer Nature: Springer Werkstoffkunde für Ingenieure by E. Roos, K. Maile; Springer-Verlag (2008).

Matrixmaterial

Zu den Aufgaben der Matrix gehört der Schutz der Fasern vor mechanischen und chemischen Einflüssen, deren feste Positionierung und geometrische Anordnung im Verbund, die Lastübertragung zwischen Fasern und zwischen Lagen sowie die Lastübernahme bei Beanspruchungen quer zur Faserlängsachse und unter Druck [21]. Die Eigenschaften des FVK werden daher maßgeblich durch die Matrix beeinflusst.

Duroplastische Kunststoffe (engl.: thermosets) basieren auf Reaktionsharzen, die im flüssigen Zustand verarbeitet werden und durch Vernetzungsreaktionen unter Einsatz weiterer Komponenten (Härter) chemische Hauptvalenzbindungen ausbilden [14] [15] [22]. Die Reaktion kann unter Raumtemperatur stattfinden, üblicherweise werden aber erhöhte Werkzeugtemperaturen verwendet, um die Vernetzungsreaktion und die in der Folge daraus resultierenden Eigenschaften zu verbessern [15]. Duroplastische Kunststoffe sind amorph und eng vernetzt und zeichnen sich durch eine im Vergleich zu Thermoplasten und Elastomeren hohe Steifigkeit, thermische und chemische Beständigkeit sowie geringe Kriechneigung aus. Die Steifigkeit kann zwar unter erhöhten Temperaturen bis auf ein Hundertstel sinken, aufgrund der engen Vernetzung der Moleküle bleibt der harte Zustand des Werkstoffs aber bis zur Zersetzungstemperatur bestehen [22]. Die enge Vernetzung führt dabei i. A. zu einem spröden (Bruch-)verhalten [13]. In unverstärkter Form sind Duroplaste daher als Konstruktionswerkstoff ungeeignet [21]. In verstärkter Form bieten Duroplaste hingegen sehr gute Eigenschaften, weshalb sie vorwiegend als Matrixsystem in FVK eingesetzt werden [21].

Polyurethan

Polyurethan (PU) wird durch Polyaddition von Isocyanaten (Di- und Polyisocyanate) mit Polyolen gebildet. In Abbildung 2.2 ist die Reaktion aufgeführt. Charakteristisch ist die Bildung der Urethangruppe durch Anbindung des Wasserstoffatoms der Hydroxylgruppe des Alkohols an das N-Atom des Isocyanats [23]. Herauszustellen ist, dass sich während der Reaktion keine Nebenprodukte bilden. PU kann – durch Anpassung des Vernetzungsgrads – auch als Thermoplast oder Elastomer sowie als kompakter Werkstoff bis hin zum leichten Schaumstoff (bspw. in Matratzen und als Isolationsmaterial) vorliegen und duktile oder spröde Eigenschaften aufweisen. Zudem bestehen für PU umfangreiche Variationsmöglichkeiten hinsichtlich der Komponenten und Additive, die dazu genutzt werden können, die Eigenschaften des PU weitreichend für den Anwendungsfall zu optimieren. [14] [24]

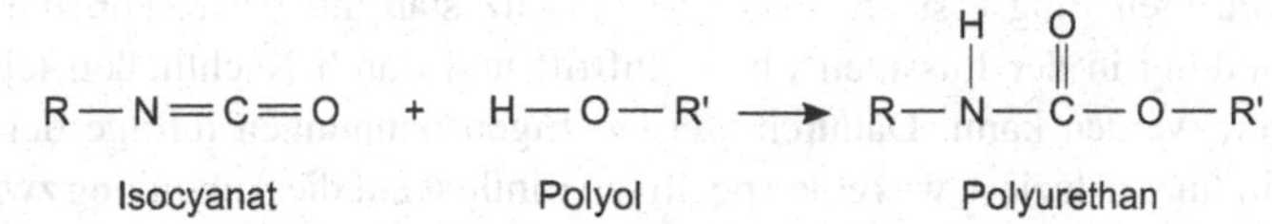

$$R{-}N{=}C{=}O \quad + \quad H{-}O{-}R' \quad \longrightarrow \quad R{-}\overset{\overset{\displaystyle H}{|}}{N}{-}\overset{\overset{\displaystyle O}{\|}}{C}{-}O{-}R'$$

Isocyanat   Polyol   Polyurethan

Abbildung 2.2 Vernetzungsreaktion von Isocyanat und Polyol zu Polyurethan unter Bildung der namensgebenden Urethan-Gruppe, in Anlehnung an [14][2]

Eine umfassende Übersichtsdarstellung zu den Eigenschaften und Anwendungsfeldern von PU wurde kürzlich durch Somarathna et al. [24] veröffentlicht. Aufgrund hervorragender Abrasionseigenschaften [25] wird PU u. a. in Beschichtungen von Bauteilen im Interieur- und Exterieurbereich von Automobilen und Flugzeugen eingesetzt. Dabei kann PU durch Modifikationen selbstheilende (engl.: self-healing) Eigenschaften aufweisen und somit Mikrorisse fast vollständig zurückbilden, wodurch in aktuellen Entwicklungen – nach Vorschädigung mit Mikrorissen und anschließender Selbstheilung – bis zu 95 % der Ausgangszugfestigkeit erreicht werden [26].

Als Matrixmaterial in GFK spielt PU im Vergleich zu Epoxid (EP) noch eine weitestgehend untergeordnete Rolle. In jüngerer Vergangenheit wurden jedoch bereits Entwicklungen zu einem stetig steigenden Einsatz von PU als Matrixmaterial in FVK erkannt, die u. a. auf positive Eigenschaften, wie die im Vergleich zu EP höhere Schlagzähigkeit (130 zu 85 kJ·m^{-3} an einem Beispiel von zwei identischen Bauteilen mit PU- und EP-Matrix [27]), zurückgeführt werden können. Hinsichtlich der Anwendungsfelder sind die neueste Generation von Rotorblättern in Windkraftanlagen zu nennen [28], aber auch Bauteile in Sandwichbauweise zur Realisierung von Leichtbaustrukturen, wie bspw. Hutablagen [29] und Kofferraumböden [30]. Auch neue Entwicklungen seitens der PU-Matrix und Anpassung der Herstellungsprozesse von FVK an den Einsatz von PU bestätigen den Trend [31]. Dabei zeichnet sich PU durch eine niedrige Viskosität und schnelle Aushärtung aus, wodurch Injektions- und Taktzeiten reduziert werden können [14] [31].

Epoxid
Epoxide (EP) gehören zu den am weitesten verbreiteten duroplastischen Matrixsystemen in FVK [15]. Sie werden durch Polyaddition aus Aminen oder Anhydriden mit Epoxiden zu einem duroplastischen Formstoff gebildet [13] [14]. Zu betonen

---

[2]Reprinted/adapted by permission from Springer Nature: Springer Werkstoffkunde für Ingenieure by AVK – Industrievereinigung Verstärkte Kunststoffe e. V.; Springer Fachmedien Wiesbaden (2013).

ist, dass die Gelierung erst ab 50–70 % Umsatz stattfindet, weshalb die Volumenschwindung in der flüssigen Phase auftritt und durch Nachfließen teilweise kompensiert werden kann. Dadurch werden Eigenspannungen infolge der Volumenschwindung reduziert, was einen positiven Einfluss auf die Anbindung zwischen Fasern und Matrix ausübt. Letzteres ist ein zentraler Aspekt, der i. d. R. zu sehr guten Ermüdungsfestigkeiten von EP-basierten FVK führt [21].

In den vergangenen Dekaden wurde eine Vielzahl an Forschungsaktivitäten zur Entwicklung und Charakterisierung von EP bzw. EP-basierten FVK durchgeführt. Dies wird dadurch deutlich, dass der Großteil der im weiteren Verlauf des Stands der Technik aufgeführten Ergebnisse an EP-basierten FVK gewonnen wurde. Die langjährigen Erfahrungen mit diesem Matrixsystem sind ein wesentlicher Grund, weshalb EP-basierte FVK heutzutage bereits weitreichend im Automobilbau (bspw. BMW i3) und insbesondere in der Luftfahrtindustrie (bspw. Airbus A350 XWB) Verwendung finden. Für Letztere ist u. a. das für die Verwendung in der Luftfahrt zertifizierte RTM 6 Epoxidharz zu nennen [32].

Faserhalbzeuge
In der Serienfertigung ist eine manuelle Ausrichtung und Imprägnierung der Fasern mit dem Harzsystem unüblich. Stattdessen werden Faserhalbzeuge verwendet, die das Handling und die Reproduzierbarkeit optimieren. In Abbildung 2.3 sind Beispiele für weit verbreitete Faserhalbzeuge aufgeführt. Gewebe (a) (engl.: woven fabric) weisen verkreuzte Faserbündel (Kette und Schuss) auf. Daraus resultiert zwangsweise ein rechter Winkel zwischen der Faserorientierung [12]. Durch unterschiedliche Fasermengen für Kette und Schuss lassen sich die Gewebe beanspruchungsorientiert auslegen. Gewebe werden hinsichtlich ihrer Bindung unterschieden, üblich sind Leinwand-, Köper- und Atlasbindung. Bei der Leinwandbindung sind die Fäden sehr eng verbunden, wodurch eine starke Faserkrümmung (Ondulation) entsteht, die zu einer Reduktion der Ermüdungsfestigkeit führt. Um diesem Effekt entgegenzuwirken, verlaufen die Schussfäden in Köperbindungen über zwei bis drei, und in Atlasbindungen über fünf oder acht Kettfäden. Die Faserkrümmung ist dadurch deutlich geringer und die Ermüdungsfestigkeit erhöht [21]. Durch ihren Aufbau liegen in einer 8-bindigen (8h; engl.: harness) Atlasbindung auf je einer Gewebeseite 87,5 bzw. 12,5 % Schuss- und 12,5 bzw. 87,5 % Kettfäden. Dadurch ähneln Atlasbindungen dem Aufbau von zwei 90° zueinander versetzten Gelegen. Gelege (b) sind parallel angeordnete Faserbündel. Gelege lassen sich fast beliebig zueinander anordnen und der FVK somit beanspruchungsgerecht auslegen. Übliche Lagenaufbauten sind unidirektional [0], bidirektional [0/90] (engl.: cross-ply) und [−45/45] (engl.: angle-ply) und multidirektional, bspw. quasi-isotrop

[0/45/90]. Die Zahlen in den rechteckigen Klammern sind als Winkelangaben einzelner Lagen zur Längsachse zu verstehen. Tiefgestellte Zahlen geben die Anzahl der Wiederholungen einzelner Lagen oder des Lagenaufbaus an, sowie, ob dieser symmetrisch (S) ist [21]. Für Gewebe lassen sich durch Variation der Fasermengen und Faserorientierung näherungsweise unidirektionale [14] und insbesondere multidirektionale Aufbauten gut realisieren, jedoch müssen die Abhängigkeiten der Schuss- und Kettfäden berücksichtigt werden. Durch die Faserkrümmung und Spannungsspitzen an den Kreuzungspunkten sind die Festigkeiten – auch bei multidirektionalen Lagenaufbauten – ggü. Gelegen um ca. 5 bis 20 % geringer [21].

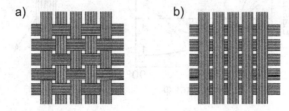

Abbildung 2.3 Schematische Darstellung der Faserorientierung und -bindung in den Faserhalbzeugen a) Leinwandgewebe und b) Gelege mit [0/90] Lagenaufbau, nach [12]

Faserorientierung und -volumengehalt
Die Faserorientierung und der Faservolumengehalt eines FVK sind für die Eigenschaften der Struktur maßgebend. Abbildung 2.4 zeigt den Einfluss des Faserhalbzeugs und der -orientierung auf den Elastizitätsmodul (E-Modul). Die maximale Ausnutzung der Fasersteifigkeit ist nur unter unidirektionaler Orientierung (1) erreichbar. Es zeigt sich eine rapide Reduktion des E-Moduls mit zunehmendem Faserwinkel. Für cross-ply Laminate aus Gelege (2) und Gewebe (3) ergibt sich eine symmetrische Kurve, erwartungsgemäß mit höchsten Steifigkeiten in den Faserrichtungen 0° und 90°. Die Differenz der E-Moduln in diesen Faserwinkeln lässt sich auf die Faserkrümmung in Geweben zurückführen, die in einer geringeren Steifigkeit resultiert. Für das quasi-isotrope Laminat (4) ist die Steifigkeit unter 0° ggü. eines unidirektionalen und unter 0° und 90° ggü. eines cross-ply Laminats signifikant geringer. Hingegen ist die Steifigkeit über alle Faserwinkel konstant und bietet somit unabhängig von der Beanspruchungsrichtung identische Eigenschaften.

In Abhängigkeit des Anwendungsfalls sind auch Schlagbeanspruchungen quer zur Faser (engl.: impact) zu berücksichtigen, bspw. bei seitlichem Aufprall eines Fahrzeugs in einer Unfallsituation oder bei einem Flugzeug durch Vogelschlag.

Multidirektionale Laminate bieten diesbezüglich durch ein erhöhtes Energieab-
sorptionsvermögen Vorteile ggü. unidirektionalen Laminaten [33]. Zusätzlich ist
auch die geringere Anisotropie aufgrund variabler Beanspruchungszustände unter
Schlagbeanspruchung als positiv zu bewerten [33].

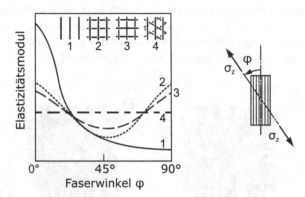

Abbildung 2.4 Abhängigkeit des Elastizitätsmoduls von Faserhalbzeug und -orientierung,
nach [20][3]

Neben der Faserorientierung dominiert der Faservolumengehalt (φ_F) die Eigenschaften des FVK. Der Faservolumengehalt stellt den volumenbezogenen Anteil
der Fasern am Gesamtvolumen dar (Gleichung 2.1) [20]. Grundsätzlich wird jede
Eigenschaft des FVK durch den Faservolumengehalt beeinflusst. Gleichung 2.2
zeigt exemplarisch die Ermittlung des E-Moduls (E) eines FVK unter Zugbeanspruchung auf Basis des Faservolumengehalts und der E-Moduln von Faser (E_F)
und Matrix (E_M) für einen unidirektionalen Lagenaufbau [22]. In der Annahme,
dass die Festigkeit und Steifigkeit der Faser höher sind als die der Matrix, führt eine
Zunahme des Faservolumengehalts unter Zugbeanspruchung zu einer Steigerung
dieser Kennwerte. Zu betonen ist die Erreichbarkeit höherer Faservolumenanteile
von Gelegen (60–70 %) ggü. Geweben (20–50 %), die aufgrund der erläuterten
Zusammenhänge ausschlaggebend dafür ist, dass in hochbeanspruchten Bauteilen
vorwiegend Gelege zum Einsatz kommen [15] [21]

$$\varphi_F = \frac{V_F}{V_{ges}} \qquad (2.1)$$

[3]Reprinted/adapted by permission from Springer Nature: Springer Werkstoffkunde für
Ingenieure by E. Roos, K. Maile; Springer-Verlag (2008).

$$E = \varphi_F \cdot E_F + (1 - \varphi_F) \cdot E_M \qquad (2.2)$$

Es gibt nur wenige Verfahren, in denen das Faserhalbzeug unmittelbar zur Bauteilfertigung verwendet wird. In der Regel wird in einem Zwischenschritt das Faserhalbzeug – in Abhängigkeit des Herstellungsprozesses – vor der endgültigen Bauteilfertigung zu einer Preform oder einem Prepreg weiterbearbeitet. Der Zwischenschritt dient u. a. der Optimierung der Handhabung, Reproduzierbarkeit und Bauteilqualität.

Preform
Die Preform ist ein Vorformling, der aus dem Faserhalbzeug ohne oder nur mit einem geringen Anteil Matrixmaterial hergestellt wird. Alternativ werden Binder eingesetzt, die die Faserhalbzeuge verkleben. Die Preform wird insbesondere für Herstellungsprozesse im Infusionsverfahren, wie bspw. dem Resin Transfer Molding (RTM), angefertigt. Das Ziel der Preform ist eine endkonturnahe Abbildung der Bauteilgeometrie und eine ausreichende Fixierung der Fasern, um einer Faserverschiebung (engl.: fiber washing) während des Einlege- und Injektionsprozesses entgegenzuwirken. [14] [21]

Prepregs
Prepregs (engl.: preimpregnated fibers) sind vorimprägnierte uni- oder multidirektionale Gelege oder Gewebe. Das Harz und der Härter sind im finalen Verhältnis zueinander gemischt und aufgebracht, weshalb Prepregs reaktiv sind und tiefgekühlt gelagert werden müssen. Durch die maschinelle Vorimprägnierung können höhere Faservolumenanteile und eine bessere Qualität der Imprägnierung im Vergleich zum manuellen Vorgehen erzielt werden. Die Prepregs werden in einer definierten Orientierung zueinander positioniert und anschließend im Autoklaven unter Druck und Temperatur ausgehärtet. Prepregs werden u. a. auf Grundlage ihrer Aushärtetemperatur von bspw. 120 oder 180 °C unterschieden. Höhere Aushärtetemperaturen führen dabei zu einem breiteren zugelassenen Temperaturbereich im Anwendungsfall. In der Luftfahrt werden daher zum Großteil 180 °C-Systeme eingesetzt. [14] [15] [21]

2.1.2   Material- und Werkstoffverhalten

Das Werkstoffverhalten von FVK ist aufgrund des mehrkomponentigen Aufbaus komplex. Die Fasern verhalten sich unter Zugbeanspruchung elastisch,

wohingegen die makromolekulare Struktur des Polymers zu einem viskoelastischen Verhalten führt, das die Eigenschaften eines Festkörpers mit denen einer
Flüssigkeit kombiniert.

Viskoelastizität
Die Viskoelastizität ist bei Duroplasten nur gering ausgeprägt [12], soll hier aber
zur Erläuterung des zeitabhängigen Verformungsverhaltens von Polymeren vorgestellt werden. In Abbildung 2.5 ist das viskoelastische Verformungsverhalten unter
einer Beanspruchung mit konstanter Spannung vom Zeitpunkt t_0 bis t_1 und einer
anschließenden Entlastung dargestellt. Infolge der Beanspruchung ergibt sich eine
direkte, reversible Verformung durch den elastischen Anteil (ε_{el}), der auf eine Auslenkung und Umordnung der Makromoleküle aus ihrer Ruhelage zurückzuführen ist
[34]. Teile dieser Verformungsprozesse finden über individuelle Zeitintervalle statt,
die zu einer zeitverzögerten, reversiblen Verformung (ε_r) durch Relaxation führen
[13]. Die reversiblen Prozesse werden durch den viskosen Anteil mit irreversiblen
Verformungen (ε_v) überlagert, die durch Abgleitvorgänge von Makromolekülketten
bestimmt werden. Grund dafür sind die nicht verketteten Makromoleküle, die sich
zeitabhängig in Beanspruchungsrichtung ausrichten können. Dieser Vorgang nimmt
mit fortschreitender Dauer zu, was dem Kriechen von Kunststoffen entspricht [13]
[34].

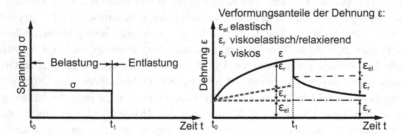

Abbildung 2.5 Verformungsanteile der Dehnung eines viskoelastischen Werkstoffs unter
konstanter Beanspruchung und anschließender Entlastung, nach [22] [35][4]

Die Vorgänge, die sich während der Verformung in viskoelastischen Werkstoffen abspielen, lassen sich durch Feder-Dämpfer-Modelle beschreiben. Die Feder

---

[4]Reprinted/adapted by permission from Springer Nature: Springer Vieweg Das Ingenieurwissen: Werkstoffe by H. Czichos, B. Skrotzki, F.-G. Simon; Springer-Verlag (2014).

Abbildung 2.6 Vergleich des Dehnrateneinflusses auf die Zugfestigkeit (zur Vergleichbarkeit bezogen auf die jeweilige maximal erreichte Zugfestigkeit normiert dargestellt) von E-Glasfasern [39], Epoxid RTM6 [40] und unidirektionalem GFK [36] [37][5]

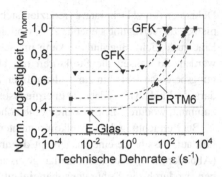

bildet die elastischen, der Dämpfer die viskosen Verformungsvorgänge ab. Als realitätsnahes Modell hat sich das 4-Elemente-Modell (Burgers-Modell) bewiesen, da es sowohl die elastische und viskose Komponente, wie auch einen viskoelastischen Anteil durch zusätzliche Parallelschaltung einer Feder und eines Dämpfers abbildet. [13]

Dehnratenabhängigkeit

Aus der Viskoelastizität resultiert ein zeitabhängiges Verformungsverhalten für GFK. In Untersuchungen wird dies in Form einer Dehnratenabhängigkeit der Materialkennwerte deutlich. Die Dehnratenabhängigkeit von GFK ist bereits umfangreich erforscht [36] [37]. Im Allgemeinen gilt, dass GFK eine positive Dehnratenabhängigkeit aufweist, d. h. mit steigender Dehnrate eine Zunahme der Steifigkeit und Festigkeit zu beobachten ist [6] [36] [37].

Eine Erklärung für das dehnratenabhängige Verhalten ist die zeitliche Begrenzung zur Durchführung von Umlagerungsprozessen der Molekülketten im Polymer durch Neuausrichtung und Entschlaufung. Mit höher werdenden technischen

---

[5]Reprinted from Materials Letters, Vol. 64, Zhou, Y.; Wang, Y.; Xia, Y.; Jeelani, S., Tensile behavior of carbon fiber bundles at different strain rates, Page 247, Elsevier (2010), with permission from Elsevier.

Reprinted from Polymers, Vol. 49, Gerlach, R.; Siviour, C. R.; Petrinic, N.; Wiegand, J., Experimental characterisation and constitutive modelling of RTM-6 resin under impact loading, Page 2733, Elsevier (2008), with permission from Elsevier.

Reprinted from Construction and Building Materials, Vol. 96, Ou, Y.; Zhu, D., Tensile behavior of glass fiber reinforced composite at different strain rates and temperatures, Page 651, Elsevier (2015), with permission from Elsevier.

Reprinted from Composite Structures, Vol. 88, Shokrieh, M. M.; Omidi, M. J., Tension behavior of unidirectional glass/epoxy composites under different strain rates, Page 598, Elsevier (2009), with permission from Elsevier.

Dehnraten (kurz: Dehnrate, $\dot{\varepsilon}$) reduziert sich die für die Durchführung dieser Mechanismen zur Verfügung stehende Zeit, wodurch das Werkstoffverhalten spröder wird. Eine zusätzliche Begründung kann im Schädigungsbild der Prüfkörper gefunden werden. So weisen die Strukturen mit ansteigender Dehnrate größere Schädigungsbereiche – bis hin zur vollständigen Zerstörung des Prüfbereichs – auf, was darauf schließen lässt, dass die Energieabsorptionsfähigkeit mit steigender Dehnrate zunimmt, wodurch die Strukturen eine höhere Festigkeit aufweisen [36] [38].

Bei Betrachtung der Einzelkomponenten E-Glasfaser und EP-Reinharz (RTM6) fällt auf, dass beide eine ausgeprägt dehnratenabhängige Zugfestigkeit aufweisen (Abbildung 2.6). Die Zusammenhänge lassen sich durch Potenzfunktionen beschreiben, wodurch die Dehnratenabhängigkeit insbesondere bei hohen Dehnraten zu beobachten ist. Im Bereich der Dehnrate von 10^{-4} bis 10^{0} ist hingegen die normierte Zugfestigkeit ($\sigma_{M,norm}$) annähernd konstant. In weiteren Untersuchungen konnte festgestellt werden, dass auch die Bruchdehnung und der E-Modul von E-Glasfasern mit zunehmender Dehnrate von $1{,}8 \cdot 10^{-4}$ s^{-1} zu 1.100 s^{-1} signifikant steigen [41] und damit die Erkenntnisse aus Versuchsreihen an GFK [36] [37] bestätigen. Daraus folgt, dass sich die Dehnrateneffekte der Einzelkomponenten in GFK grundsätzlich fortsetzen und insbesondere bei Dehnraten größer 10^{1} s^{-1} ausgeprägt sind.

Temperaturabhängigkeit

Das Werkstoffverhalten von GFK weist eine Temperaturabhängigkeit auf. Der Temperatureinfluss wirkt sich mit steigender Temperatur negativ auf die mechanischen Eigenschaften wie Festigkeit und Steifigkeit aus [23]. Die Einsatzgrenzen werden durch das Matrixsystem vorgegeben [21]. Zwar sind auch die Eigenschaften von E-Glasfasern temperaturabhängig, jedoch ist dies erst bei Temperaturen von größer 250 °C relevant [42]. Aus diesem Grund wird der Temperatureinfluss auf die E-Glasfasern in dieser Arbeit, die sich ausschließlich mit Temperaturen bis zu 70 °C befasst, vernachlässigt.

Unter niedrigen Temperaturen stellt sich im Polymer ein makroskopisch sprödes Materialverhalten durch die Behinderung der Verformungsprozesse ein, das mit dem Materialverhalten bei höheren Dehnraten vergleichbar ist. Demgegenüber begünstigen höhere Temperaturen das Dehnungsvermögen und die Umordnung der Makromolekülketten [34]. Daher ist insbesondere der Bereich der Glasübergangstemperatur (Tg), der den Übergang des energieelastischen in den entropieelastischen Bereich beschreibt und mit signifikanten Eigenschaftsänderungen einhergeht [23], kritisch für das Materialverhalten [36] [43]. Der Einsatzbereich von Duroplasten und glasfaserverstärkten Duroplasten ist daher i. A. auf Temperaturen unterhalb Tg beschränkt [21].

Der Temperatureinfluss auf das Verformungsverhalten von Polymeren ist in Abbildung 2.7 beispielhaft für Zugversuche an dem in dieser Arbeit verwendeten (duroplastischen) PU-Reinharz dargestellt. Es zeigt sich eine Reduktion der Zugfestigkeit um ca. 67 % – einhergehend mit einer geringeren Steifigkeit und höheren Bruchdehnung – mit zunehmender Temperatur von −30 bis 70 °C. Diese temperaturabhängige Änderung des Verformungsverhaltens ist charakteristisch für duroplastische Kunststoffe [23] und bestätigt die oben erläuterten Mechanismen [21].

Abbildung 2.7
Temperatureinfluss auf das quasi-statische Verformungsverhalten des in dieser Arbeit verwendeten PU-Reinharzes, nach [44]

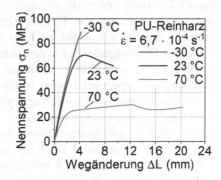

Die Temperaturabhängigkeit des Polymers wirkt sich auf die mechanischen Eigenschaften des GFK aus. So zeigt sich unter erhöhter Temperatur der negative Effekt auf die mechanischen Kennwerte in verschiedenen Untersuchungsreihen an GFK u. a. durch Reduktion der

- Zugfestigkeit um ca. 57 % von −20 auf 60 °C [45] und 46 % von 20 auf 80 °C [46],
- scheinbaren interlaminaren Scherfestigkeit um ca. 38 % von 25 auf 55 °C [47] und ca. 60 % von −40 auf 60 °C [48],
- scheinbaren Grenzschichtscherfestigkeit (engl.: interfacial shear strength) um ca. 82 % von −40 auf 100 °C [49],
- Impactenergie um ca. 20 % von −40 auf 80 °C bei 0,1 m · s^{-1} [50].

Die Berücksichtigung der Umgebungstemperatur ist daher zwingend zur Charakterisierung der mechanischen Eigenschaften von GFK.

2.2 Ermüdungs- und Schädigungsverhalten im LCF- bis HCF-Bereich

2.2.1 Grundlagen der Ermüdungsuntersuchung

FVK unterliegen in einer Vielzahl ihrer Anwendungsfälle periodischen Beanspruchungen, bspw. im Brückenbau zwischen 10^7 bis 10^8 Lastspiele über eine Nutzungsdauer von ca. 50 bis 70 Jahren. Zwar sind diese Beanspruchungen i. d. R. gering und somit deutlich unterhalb der quasi-statischen Festigkeit des FVK, jedoch führen sie zu einer stetigen Eigenschaftsdegradation infolge von Schadensakkumulation. FVK besitzen grundsätzlich gute Ermüdungseigenschaften, weshalb der Anteil an FVK in ermüdungsbeanspruchten Bauteilen (bspw. der Flugzeugindustrie) in der Vergangenheit stetig gestiegen ist [51]. Der Großteil der Versagensfälle ist allerdings weiterhin auf die Ermüdung oder auf ermüdungsbezogene Mechanismen von/in FVK-Strukturen zurückzuführen. [6]

Die Grundlagen zur Untersuchung der Materialermüdung wurden bereits Mitte des 19. Jhd. an metallischen Werkstoffen entwickelt. Zu nennen ist hier insbesondere das nach August Wöhler benannte Wöhlerdiagramm, das im späteren Verlauf dieses Kapitels erörtert wird. Die Basis zur Bewertung der Ermüdungseigenschaften von Werkstoffen stellt der Schwingfestigkeitsversuch (kurz: Einstufenversuch, ESV) nach DIN 50100 [52] dar, in dem eine Probe mit definierter Gestalt und Vorbehandlung einer periodisch wiederholten Beanspruchung mit konstanter Spannungsamplitude (σ_a) unterworfen wird (Abbildung 2.9a). Abbildung 2.8 zeigt schematisch den Verlauf einer sinusförmigen Schwingung (Lastspielzahl N = 1) über der Zeit für ein Spannungsverhältnis (R) von 0,1 und der sich daraus bildenden Spannungs-Dehnungs-Hysteresis-Schleife.

Die Schwingung wird durch die Spitzenwerte der Spannung und Dehnung eingegrenzt. Diese werden im Folgenden als Ober- (σ_o) und Unterspannung (σ_u) sowie – aufgrund des deutschen Sprachgebrauchs abweichend zur Spannung – als maximale (ε_{max}) und minimale (ε_{min}) Totaldehnung bezeichnet. [53]

Neben den ESV wird in der DIN 50100 [54] der Mehrstufen-Schwingfestigkeitsversuch (kurz: Mehrstufenversuch, MSV) erläutert. Die Beanspruchungsamplitude wird stufenweise (Stufenhöhe, $\Delta\sigma_o$) nach einer definierten Anzahl an Lastspielen (Stufenlänge, ΔN) bis zum Versagen gesteigert und die Werkstoffreaktion aufgezeichnet (Abbildung 2.9b). Auf Grundlage der erreichten Oberspannung bzw. Bruchlastspielzahl sowie der Änderung der Werkstoffreaktion (identisch zu ESV) können Rückschlüsse auf das Ermüdungsverhalten gezogen werden. Messtechnisch instrumentierte MSV eignen sich dadurch in besonderer Weise,

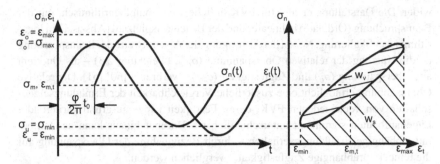

Abbildung 2.8 a) Sinusförmige Schwingung eines FVK mit Visualisierung der Phasenverschiebung und b) die aus der Schwingung abgeleitete Hysteresis-Schleife

um mit einem geringen Aufwand Einflussgrößen auf das Ermüdungsverhalten und geeignete Beanspruchungsniveaus für ESV zu identifizieren [55] [56].

Allgemeine Informationen zu Bezeichnungen und zum Ablauf von Ermüdungsprüfungen sind der DIN 50100 [52], FVK-spezifische Informationen der ISO 13003 [57] zu entnehmen. Übersichtswerke wurden u. a. von Vassilopoulos und Keller [6] und Talreja und Singh [58] zur Ermüdung und Schädigung von FVK und von Radaj und Vormwald [59] zu Grundlagen der Ermüdungsprüfung erstellt.

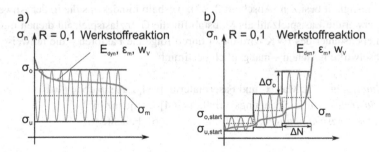

Abbildung 2.9 Schematische Darstellung eines a) Einstufenversuchs und b) Mehrstufenversuchs

Wöhlerdiagramm

Das Wöhlerdiagramm spiegelt die Ergebnisse mehrerer ESV als Punktdiagramm auf Basis der beanspruchungsabhängigen (σ_o, σ_a, ε_t) Bruchlastspielzahl (N_B)

wider. Die Darstellung erfolgt für FVK üblicherweise halblogarithmisch, mit der Beanspruchung (Ordinate) in linearer und der Bruchlastspielzahl (Abszisse) in logarithmischer Skalierung. Neben der Auftragung der Absolutwerte der Beanspruchung ist die Nutzung der relativen Oberspannung ($\sigma_{o,r}$, Gleichung 2.3) – als Quotient aus Oberspannung (σ_o) und Zugfestigkeit (σ_M) – verbreitet [60] [61]. Die relative Oberspannung ermöglicht eine zusätzliche Vergleichbarkeit der Ermüdungseigenschaften von verschiedenen FVK, deren Festigkeit bspw. aufgrund variierender Lagenaufbauten signifikant unterschiedlich ist. Darüber hinaus kann das temperaturabhängige Ermüdungsverhalten – durch Bezugnahme der Oberspannung auf die temperaturabhängige Zugfestigkeit – verglichen werden.

$$\sigma_{o,r} = \frac{\sigma_o}{\sigma_M} \tag{2.3}$$

Das Wöhlerdiagramm wird nach DIN 50100 [52] in die Bereiche der Kurzzeitfestigkeit (engl.: low cycle fatigue, LCF), Zeitfestigkeit (engl.: high cycle fatigue, HCF) und Langzeitfestigkeit (engl.: very high cycle fatigue, VHCF) unterteilt, wobei im Folgenden auf eine zusätzliche Abgrenzung des VHCF-Bereichs in ultrahighcycle und gigacycle [62] verzichtet wird (Tabelle 2.2). Der Wechsel von einem Bereich in den nächsten wird statistisch mittels eines Streubands festgelegt und dieses als Übergangsgebiet bezeichnet [59]. Proben, die – unabhängig von dem Bereich des Wöhlerdiagramms – eine definierte Grenzlastspielzahl N_G erreicht haben, werden als Durchläufer markiert. Aktuelle Arbeiten lassen vermuten, dass FVK keine Dauerfestigkeit besitzen (Abschnitt 2.3.2), weshalb mindestens die in der Anwendung erwartete Lastspielzahl als Maßstab für die Grenzlastspielzahl dienen muss. Die Lebensdauer des FVK wird dabei durch folgende Faktoren – die teilweise in Wechselwirkung stehen – maßgeblich bestimmt:

- *Materialen:* u. a. Matrix- und Fasermaterial [63], Lagenaufbau [10]
- *Prüfstrategie:* u. a. Spannungsverhältnis [64], Frequenz [65]
- *Umgebungsbedingungen:* u. a. Temperatur [66], Feuchte [67]

Eine umfangreiche Darstellung des Stands der Technik zu den in dieser Arbeit relevanten Einflussgrößen ist in Abschnitt 2.2.3 zu finden.

Tabelle 2.2 Bereiche des Wöhlerdiagramms

Bereich	Abkürzung	Bruchlastspielzahl N_B	Unterteilung	Bruchlastspielzahl N_B
Kurzzeitfestigkeit	LCF	$\leq 10^4$		
Zeitfestigkeit	HCF	$> 10^4 \wedge \leq 10^7$		
Langzeitfestigkeit	VHCF	$> 10^7$	ultrahigh cycle	$> 10^7 \wedge \leq 10^8$
			gigacycle	$> 10^8 \wedge \leq 10^{11}$

Modellierungsansätze zur Beschreibung der Wöhlerkurve
Die Datenpunkte im Wöhlerdiagramm werden i. d. R. mit einem geeigneten Modellierungsansatz mathematisch als Wöhlerkurve beschrieben, um eine Berechnungs- und Vergleichsgrundlage zu schaffen. Die Modellierung der Wöhlerkurve ist nicht standardisiert. Allgemein akzeptierte Ansätze für FVK werden im Folgenden vorgestellt und für einen Auszug aktuell verwendeter Wöhlerkurven vom LCF- bis VHCF-Bereich auf Abschnitt 2.3.3 verwiesen.

Am weitesten verbreitet zur Beschreibung des Ermüdungsverhaltens im HCF-Bereich ist der Modellierungsansatz nach Basquin. Dieser basiert auf der Annahme, dass das Verhältnis von Bruchlastspielzahl zu Spannungsamplitude durch eine Potenzfunktion abgebildet werden kann. In einer doppellogarithmischen Darstellung der Wöhlerkurve resultiert eine Gerade, die mittels des Ermüdungsfestigkeitskoeffizienten a und -exponenten n beschrieben wird. Der Ermüdungsfestigkeitsexponent stellt den Quotient aus 1 und der Neigungskennzahl k dar. Der Ansatz nach Basquin weist i. A. eine gute Übereinstimmung mit experimentellen Ergebnissen auf [68]. Gleichung 2.4 zeigt den Modellierungsansatz in Anlehnung an Basquin, wobei angemerkt wird, dass hier die Oberspannung statt der Spannungsamplitude angegeben ist. Einen weiteren Modellierungsansatz stellt die lineare Regression (Gleichung 2.5) dar, mittels derer bei halblogarithmischer Darstellung eine Gerade beschrieben werden kann.

$$\sigma_o = a \cdot N_B^n; \; \text{mit } n = \frac{1}{k} \qquad (2.4)$$

mit a und n dem Ermüdungsfestigkeitskoeffizienten und -exponenten und k der Neigungskennzahl.

$$\sigma_o = y + m \cdot \log(N_B) \qquad (2.5)$$

mit y dem Ordinatenabschnitt und m dem Steigungskoeffizienten.

Beide Modellierungsansätze sind im Regelfall auf den Einsatz im HCF-Bereich beschränkt und können ausschließlich einfache Zusammenhänge zwischen der Beanspruchung und Bruchlastspielzahl abbilden. Um auch den LCF-Bereich ausreichend beschreiben zu können, bietet sich bei totaldehnungskontrollierter Versuchsführung der Modellierungsansatz nach Manson und Coffin an, der auf der Betrachtung der elastischen und plastischen Totaldehnungsamplitude beruht. In FVK können plastische Dehnungen zum Großteil vernachlässigt werden, weshalb sich die Berechnung dementsprechend vereinfacht [51]. Der Übergang zwischen zwei Modellierungsansätzen wird durch den Schnittpunkt der Funktionen definiert und als Übergangslastspielzahl ($N_{\ddot{U}}$) bezeichnet. Weitere Möglichkeiten bestehen in der Anwendung umfangreicherer Modellierungsansätze, mit denen komplexe Zusammenhänge beschrieben werden können, bspw. ein unterschiedliches Verhalten im LCF- und HCF-Bereich. Zu nennen sind diesbezüglich u. a. Modellierungsansätze nach Sendeckyj [69] und Epaarachchi und Clausen [70], die z. B. in Arbeiten von Nijssen [71] eine gute Übereinstimmung mit experimentellen Ergebnissen gezeigt haben. Nach Kenntnisstand des Autors sind jedoch weiterhin im Hinblick auf eine ganzheitliche Betrachtung des Ermüdungsverhaltens vom LCF- bis VHCF-Bereich keine allgemein anerkannten Modellierungsansätze vorhanden. Diese Thematik wird in Abschnitt 2.3.3 vertieft.

Hysteresis-Kennwerte
Das Hysteresis-Messverfahren bietet die Möglichkeit Kennwerte zu ermitteln, durch die eine indirekte Aussage über das Ermüdungsverhalten bzw. den Schädigungsgrad einer Probe getroffen werden kann. Abbildung 2.8 zeigt schematisch, wie sich aus der Sinusschwingung der Regelgröße (Nennspannung σ_n) und der Reaktionsgröße (Totaldehnung ε_t) die Hysterese für ein Lastspiel bildet. Bei rein elastischer Verformung stellt die Hysterese eine Gerade dar. Aufgrund der Phasenverschiebung von Spannung und Dehnung ist für FVK die Hysterese stets geöffnet. In Abhängigkeit der verformungsdominierenden Komponente (Faser oder Matrix) ist die Phasenverschiebung unterschiedlich ausgeprägt. Die Relevanz hinsichtlich der Beeinträchtigung der Messergebnisse muss geprüft und ggf. berücksichtigt werden.

Dämpfung, Verlust- und Speicherenergiedichte
In Abbildung 2.8 sind die energiebasierten Kennwerte der Hysterese dargestellt. Die Verlustarbeit bzw. Verlustenergie (Einheit Nm) ist die umschlossene Fläche der Hysteresis-Schleife [53] [72], die über das Ringintegral der Kraft über der Wegänderung berechnet werden kann [73]. In der Darstellung aus Abbildung 2.8 ist

die Nennspannung über der Totaldehnung aufgeführt. Daraus resultiert für die Fläche der Hysterese die Einheit N·mm^{-2} bzw. Nm·mm^{-3} oder J·mm^{-3} und somit eine
volumenbezogene Größe, weshalb in dieser Arbeit der Begriff der Verlustenergiedichte (w_v) Verwendung findet. Die Verlustenergiedichte spiegelt die während eines
Lastspiels irreversibel dissipierte Energie pro Volumeneinheit wider. Dies erfolgt zu
einem Großteil durch Wärmedissipation infolge innerer Reibung [73] und zusätzlich
durch Deformation und Schädigungsausbildung [74]. Der Verlauf der Verlustenergiedichte ist proportional zur Eigenerwärmung und über der Lebensdauer und
Schädigungsentwicklung charakteristisch. So resultiert eine Schädigungszunahme
in einer Erhöhung der dissipierten Energie durch innere Reibung [75], weshalb
sich die Verlustenergiedichte i. A. zur Bewertung des Ermüdungsverhaltens eignet. Allerdings sind die Absolutwerte abhängig von dem Beanspruchungsniveau,
wodurch eine Vergleichbarkeit verschiedener Versuche erschwert wird [76]. Aus
diesem Grund wird die Dämpfung (Λ) eingeführt.

$$\Lambda = \frac{w_v}{w_s} \tag{2.6}$$

Die Dämpfung stellt den Quotient aus Verlustenergiedichte und Speicherenergiedichte (w_s) dar (Gleichung 2.6). Die Speicherenergiedichte ist die reversible
Energie, die zum Zeitpunkt der maximalen Dehnung im Werkstoff gespeichert
ist [74]. Der Kennwert wird über die Fläche zwischen dem Entlastungsast der
Hysteresis-Schleife und der Abszisse berechnet. Durch die Bezugnahme der Verlust-
zur Speicherenergiedichte findet eine Normierung statt. Die resultierende Dämpfung
– als dimensionsloser Kennwert – eignet sich für versuchsübergreifende Vergleiche
[76].

Zyklisches Kriechen und Steifigkeit
Dehnungsbasierte Kennwerte, insbesondere das zyklische Mitteldehnungskriechen
(kurz: zyklische Kriechen) und die Steifigkeit, sind weitere charakteristische Grö-
ßen zur Beschreibung des Ermüdungs- und Schädigungsverhaltens von FVK.
Abbildung 2.10 zeigt schematisch die Entwicklung dieser Kennwerte anhand der
Verschiebung und Neigung der Hysteresis-Schleife über der Lebensdauer.
    Das zyklische Kriechen (engl.: ratcheting) wird auf Grundlage der totalen Mittel-
dehnung ($\varepsilon_{m,t}$) bestimmt [59] und durch die Verschiebung der Hysteresis-Schleife
zu höheren Totaldehnungen visualisiert. Die Akkumulation plastischer Verformungsvorgänge ist die Ursache des zyklischen Kriechens, bspw. in Form von lokalen
Plastifizierungen der Matrix, Rissbildungen und Faserumorientierungen [77]. Letzteres kann sich in angle-ply Laminaten unter zugschwellender Beanspruchung durch

die Verschiebung in Beanspruchungsrichtung bis zu einem gewissen Grad positiv
auf die Ermüdungseigenschaften auswirken [77]. Im Allgemeinen gilt das zyklische Kriechen jedoch als kritischer Schädigungsmechanismus [78]. Das zyklische
Kriechen weist ein ausgeprägt zeit-, temperatur- und beanspruchungsabhängiges
Verhalten auf [79] [80]. Insbesondere die Zeitabhängigkeit stellt in Ermüdungsuntersuchungen in Verbindung mit der Frequenz eine relevante Eigenschaft dar
(Abschnitt 2.2.3).

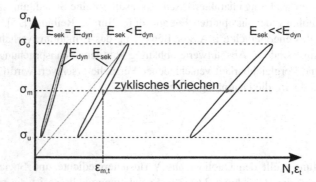

Abbildung 2.10 Zyklisches Kriechen und Steifigkeitsreduktion visualisiert anhand der
Verschiebung und Neigung von Hysteresis-Schleifen über der Lebensdauer

Die Steifigkeit wird in der Literatur auf Basis des Sekantenmoduls (E_{sek}, Gleichung 2.7) oder des dynamischen E-Moduls (E_{dyn}, Gleichung 2.8) beschrieben
[81]. Eine weitere Möglichkeit stellt die Ermittlung der dynamischen Steifigkeit
(C_{dyn}) über Kraft und Kolbenweg dar (Gleichung 2.9), bspw. in Untersuchungen,
in denen die Messung der Dehnung nicht möglich ist. Äquivalent zur Ermittlung
des dynamischen E-Moduls wird zur Ermittlung der dynamischen Steifigkeit der
Quotient aus der Differenz von Ober- (F_o) und Unterkraft (F_u) und der Differenz
von dem maximalen (s_{max}) und minimalen Weg (s_{min}) gebildet. Der Kolbenweg wird üblicherweise mittels eines im Prüfsystem integrierten linear variablen
Differenzialtransformators (LVDT) aufgezeichnet.

Die dynamische Steifigkeit beruht in beiden Fällen auf der Neigung der
Hysteresis-Schleife. Je stärker sich die Hysteresis-Schleife neigt, desto höher ist
voraussichtlich der Schädigungsgrad des FVK [79], was sich in einer Reduktion der
Steifigkeit widerspiegelt. Der maßgebliche Unterschied in den Berechnungsgrund-
lagen liegt im zyklischen Kriechen. Der Sekantenmodul berücksichtigt das zyklische
Kriechen, indem der Berechnungsursprung im Nullpunkt der Nennspannung und

Totaldehnung liegt. Dadurch findet eine ausgeprägtere Reduktion des Sekantenmoduls gegenüber dem dynamischen E-Modul (der ausschließlich durch die Neigung der Hysteresis-Schleife beeinflusst wird) statt, sofern zyklisches Kriechen auftritt (Abbildung 2.11). Somit können mit dem Sekantenmodul größere Änderungen gemessen werden, eine Separierung der Verformungsvorgänge ist hingegen nicht möglich.

$$E_{sek} = \frac{\sigma_o}{\varepsilon_{max}} \tag{2.7}$$

$$E_{dyn} = \frac{\sigma_o - \sigma_u}{\varepsilon_{max} - \varepsilon_{min}} \tag{2.8}$$

$$C_{dyn} = \frac{F_o - F_u}{s_{max} - s_{min}} \tag{2.9}$$

2.2.2 Schädigungsmechanismen und -entwicklung

Die Ermüdung eines FVK geht i. A. mit einer Akkumulation von irreversiblen Schädigungen einher. Die Schädigungsentwicklung ist durch den Eintritt und die Wechselwirkung verschiedener Schädigungsmechanismen geprägt. Der Ablauf der Schädigungsentwicklung zeigt sich dabei u. a. abhängig vom Lagenaufbau [10], Spannungsverhältnis [64], von der Probendicke [82] und den Werkstoffkomponenten [6] [83]. In den vergangenen Dekaden wurde eine Vielzahl an Untersuchungsreihen zur Schädigungsentwicklung an verschiedensten FVK durchgeführt. Daher erhebt die Darstellung des Stands der Technik keinen Anspruch auf Vollständigkeit, sondern soll die grundsätzlichen Schädigungsmechanismen, deren Wechselwirkung und die daraus resultierende Schädigungsentwicklung von FVK – insbesondere von Gewebe-FVK – abbilden.

Gewebe-FVK bestehen aus drei Strukturelementen, den Längsfaserbündeln (Kette), Querfaserbündeln (Schuss) und reinen Matrixbereichen. Nach Naik [84] lassen sich die wichtigsten Schädigungsmechanismen in einem Gewebe-FVK in mikrostrukturelle und makroskopische Schädigungen aufteilen. Mikrostrukturelle Schädigungsmechanismen finden innerhalb eines Faserbündels statt. Zu ihnen gehören Faser-Matrix-Ablösungen, Zwischenfaserrisse (Transversalrisse) in den Querfaserbündeln, Zwischenfaserrisse (Longitudinalrisse) in den Längsfaserbündeln und Faserbrüche. Makroskopische Schädigungsmechanismen beziehen sich auf die Struktur des FVK. Diese sind Matrixrisse, Delaminationen sowie Bruch

der Längsfaserbündel und Lagen. Delaminationen lassen sich zusätzlich in intralaminare Delaminationen (Ablösung innerhalb einer Gewebelage) und interlaminare
Delaminationen (Ablösung zwischen zwei Gewebelagen) unterteilen. Intralaminare Delaminationen bilden sich bei Gewebe-FVK aus Meta-Delaminationen.
Diese bilden sich am Übergang zwischen Quer- und Längsfaserbündeln, ausgehend von Transversalrissen. Durch die Meta-Delaminationen findet eine Umverteilung der Last auf die verschiedenen Komponenten statt. Dies führt innerhalb der
Längsfaserbündel zu Faserrissen und schließlich zu einem Bruch des Längsfaser-
bündels. Eine Übersicht der Schädigungsmechanismen in einem quasi-isotropen
Gewebe-FVK ist in Abbildung 2.11 dargestellt. [84] [85] [86]

Die meisten Ergebnisse zur Schädigungsentwicklung sind (auch in aktueller
Literatur) für zugbelastete cross-ply Laminate zu finden [87] [88] [89]. Dies
begründet sich durch die einfache Auswertbarkeit der Schädigungsentwicklung,
da diese maßgeblich auf Basis von Rissen in Lagen mit reiner transversaler
Zugbelastung beschrieben werden kann [82]. Die Schädigungsentwicklung eines
cross-ply Gewebes ist schematisch in Abbildung 2.13 aufgeführt.

In der ersten Phase der Schädigungsentwicklung bilden sich direkt nach
Versuchsbeginn Transversalrisse in den 90°-Faserbündeln senkrecht zur Belas-
tungsrichtung durch Zusammenschluss von Faser-Matrix-Ablösungen [85] [88].
Die Fasern bleiben dabei i. d. R. unbeschädigt. In der Untersuchungsreihe von
Nairn und Hu [90] wurde der Spannungszustand eines cross-ply Laminats mit
Transversalrissen berechnet. Die simulierte Spannungsverteilung zwischen zwei
Transversalrissen ist in Abbildung 2.12 dargestellt. Das Maximum der Zugspan-
nung bildet sich mittig zwischen zwei Transversalrissen aus. Überschreitet die
Zugspannung einen kritischen Wert, entstehen dort neue Transversalrisse. Die
Schädigungsakkumulation findet in der frühen Phase der Lebensdauer – auf-
grund der Spannungskonzentrationen in der sich geometrisch wiederholenden
Einheitszelle – schnell statt [84]. Mit zunehmend geringerem Abstand von Trans-
versalrissen ist die Zugspannung zwischen diesen geringer. Fällt sie unter einen
Grenzwert, können sich nach Reifsnider [91] keine neuen Transversalrisse ausbil-
den. Es tritt der „characteristic damage state" (CDS) mit einem charakteristischen
Transversalriss-Abstand ein [92], der einen Sättigungszustand der Anzahl an
Transversalrissen darstellt [84].

Der CDS repräsentiert den Übergang in die zweite (mittlere) Phase der Schadensakkumulation, deren Fortschritt nun langsamer erfolgt. Die Transversalrisse
wachsen in ihrer Länge, bis sie die gesamte Probenbreite durchdringen [88].
Dabei werden sie durch die Ausbildung von Longitudinalrissen, Rissen in Matrixbereichen sowie intra- und interlaminaren Delaminationen begleitet [84] [93].

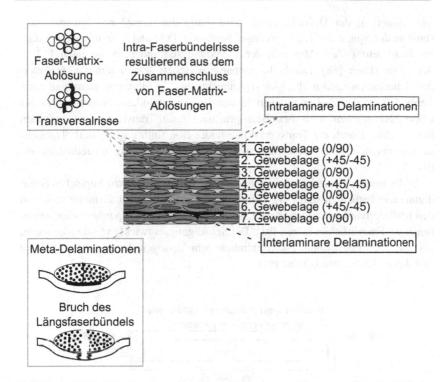

Abbildung 2.11 Schädigungsmechanismen in einem quasi-isotropen Gewebe-FVK, in Anlehnung an graphische Darstellungen in [83] [84] [85] [86][6]

---

[6]Reprinted from Composites Science and Engineering, Vieille, B; Taleb, L., Fatigue Life Prediction of Composites and Composite Structures, Chapter 6, High-temperature fatigue behavior of woven-ply thermoplastic composites, Page 216, Elsevier (2020), with permission from Elsevier.

Reprinted from Composites Science and Engineering, Naik, N. K., Fatigue in Composites, Chapter 10, Woven-fibre thermoset composites, Page 307, Elsevier (2003), with permission from Elsevier.

Reprinted from Composites Part A: Applied Science and Manufacturing, Vol. 32, Pandita, S. D.; Huysmans, G.; Wevers, M.; Verpoest, I., Tensile fatigue behaviour of glass plain-weave fabric composites in on- and off-axis directions, Page 1537, Elsevier (2001), with permission from Elsevier.

Die Initiierung der Delaminationen wird durch den komplexen Spannungszustand an der Spitze der Transversalrisse begünstigt [83] und kann teilweise bereits
in einem sehr frühen Abschnitt der Ermüdung stattfinden, bspw. nach 1–2 %
der Lebensdauer [88]. Durch die Reibung zwischen delaminierten Lagen werden Scherspannungen in das Material eingebracht. Sie führen wiederum zu einer
Vergrößerung der Zugspannungen in den 90°-Faserbündeln, wodurch sich bei
Überschreiten einer kritischen Beanspruchung neue Transversalrisse ausbilden
können [58]. Durch die Transversalrisse findet eine Entfestigung statt. Transversalrisse machen daher bei Geweben den Großteil der Steifigkeitsreduktion aus
[94].

In der finalen Phase findet ein schnelles Wachstum der makroskopischen Schädigungsmechanismen statt [84]. Durch die Entfestigung wird vermehrt Last von
den 0°-Faserbündeln aufgenommen. Dies kann an lokalen Spannungskonzentrationen zu Faserbrüchen führen [91]. Die Schädigungsentwicklung schreitet voran,
bis eine zu hohe Spannungskonzentration zum Versagen der gesamten 0°-Lage
und damit des Verbunds führt [91].

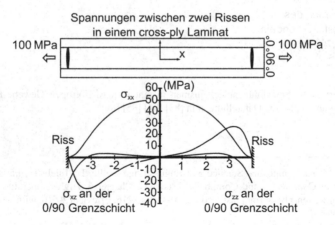

Abbildung 2.12 Spannungsverteilung zwischen zwei Transversalrissen in der 90°-Lage
eines [0/90]s-Laminats bei einer aufgebrachten Spannung von 100 MPa, nach [90][7]

---

[7]Reprinted from Composite Materials Series, Talreja, R. (Ed.); Nairn, J. A.; Hu, S., Damage
Mechanics of Composite Materials, Chapter 6, Matrix Microcracking, Page 20, Elsevier
(1994), with permission from Elsevier.

Ein Vergleich der Schädigungsentwicklung zwischen cross-ply und quasi-isotropen FVK wurde durch Hosoi et al. [10] durchgeführt. Sie haben herausgefunden, dass die grundsätzliche Schädigungsentwicklung gleich ist und sich maßgeblich aus Transversalrissen und Delaminationen zusammensetzt. Der Einfluss des quasi-isotropen Lagenaufbaus besteht darin, dass die Delaminationen verzögert – erst nach vollständiger Penetration der Probenbreite durch die Transversalrisse – einsetzen. In weiteren Untersuchungen der Forscher/innen wurde der Schwerpunkt auf die Schädigungsentwicklung von quasi-isotropem CFK $[45/0/-45/90]_S$ gelegt [60]. Übereinstimmend mit den obigen Erläuterungen bilden sich Transversalrisse ausgehend von den freien Probenkanten, die Richtung Probenmitte wachsen. Anschließend entsteht eine interlaminare Delamination zwischen $-45°/90°$-Lagen aufgrund von Spannungskonzentrationen an den Rissspitzen der Transversalrisse. Die Delamination breitet sich in longitudinaler Richtung aus und wächst anschließend in transversaler Richtung.

Ogihara et al. [95] untersuchten den Einfluss des Lagenaufbaus auf die Schädigungsentwicklung von quasi-isotropem CFK mit $[0/45/90/-45]_S$ und $[45/0/-45/90]_S$ Lagenaufbau. Dazu wurden die Risse auf der Probenseite optisch mittels eines Mikroskops und die Delaminationsfläche durch zweidimensionale CT-Aufnahmen detektiert (s. auch Abschnitt 2.4.3). Zu Beginn bildeten sich Transversalrisse in den 90°- und anschließend in den 45°-Faserbündeln. Die Anzahl an Transversalrissen in der 90°-Lage war größer und wies ein Sättigungsverhalten auf, wohingegen die Entwicklung in den 45°-Lagen einem linearen bis exponentiellen Verlauf folgte und nur teilweise in eine Sättigung überging (in $[0/45/90/-45]_S$). Nach Initiierung der Transversalrisse bildeten sich Delaminationen zwischen den 45°/90°- und 90°/−45°-Lagen (für $[0/45/90/-45]_S$) bzw. zwischen den −45°/90°-Lagen (für $[45/0/-45/90]_S$). Letzteres bestätigt die Ergebnisse von Hosoi et al. [60]. Dabei entwickelte sich die Delamination durch die mittleren Lagen bis zur gegenüberliegenden −45°/90°-Lage. Das Delaminationsverhältnis (Anteil der zweidimensionalen Delamination an der durchleuchteten Fläche) stieg in beiden Konfigurationen bis zum Versuchsende auf fast 100 % an. Im $[0/45/90/-45]_S$ Lagenaufbau zeigte sich diese Entwicklung verzögert, verlief jedoch gegen Versuchsende rapide bis zum Versagen, sodass eine vergleichbare Bruchlastspielzahl zum $[45/0/-45/90]_S$ Lagenaufbau erreicht wurde. Die Ergebnisse hinsichtlich des Delaminationsverhältnisses wiesen eine signifikante Abhängigkeit von der Beanspruchung auf. Bei relativen Oberspannungen von 0,4 wurde keine ($[0/45/90/-45]_S$) oder nur eine geringe ($[45/0/-45/90]_S$) Delaminationsbildung festgestellt.

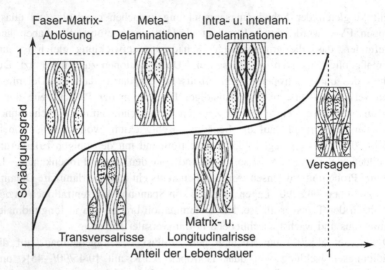

Abbildung 2.13 Schädigungsentwicklung in einem Gewebe-FVK, in Anlehnung an graphische Darstellungen in [84] [97] [98][8]

Die Schädigungsentwicklung von quasi-isotropem $[0/90/-45/45]_S$ GFK wurde durch Tong [90] auf drei Beanspruchungsniveaus untersucht. Der grundsätzliche Schädigungsablauf stimmt mit den Ergebnissen von Ogihara et al. [95] und Hosoi et al. [10] [60] überein und ist in der quantitativen Ausprägung abhängig von der Beanspruchung. Mit zunehmender Beanspruchung konnte eine Zunahme an Transversalrissen in 90°- und 45°-Lagen festgestellt werden. Der durch Nairn [90] erläuterte Zusammenhang zwischen Rissabstand und neuer Rissbildung konnte durch Tong [96] bestätigt und in ein Verhältnis mit der Lagendicke gesetzt werden. Ab einem Mindestabstand von Transversalrissen von $1 \cdot$ Lagendicke ist die Risszunahme vollständig gesättigt. Die Schädigungsentwicklung wird in der

---

[8]Reprinted from Composites Science and Engineering, Naik, N. K., Fatigue in Composites, Chapter 10, Woven-fibre thermoset composites, Page 307, Elsevier (2003), with permission from Elsevier.

Reprinted from Procedia Engineering, Vol. 167, D'Amore, A.; Grassia, L.; Ceparano, A., Correlations between Damage Accumulation and Strength Degradation of Fiber Reinforced Composites Subjected to Cyclic Loading, Page 98, Elsevier (2016), with permission from Elsevier.

Reprinted from Composite Structures, Vol. 156, Reifsnider, K.; Raihan, R. M. D.; Vadlamudi, V., Heterogeneous fracture mechanics for multi-defect analysis, Page 21, Elsevier (2016), with permission from Elsevier.

nächst schwächeren Lage wiederholt, bis interlaminare Delaminationen zwischen −45°/90°-Lagen entstehen. Deren Auslöser sind laut des Autors – identisch zu [60] [83] – Spannungskonzentrationen und dreidimensionale Spannungszustände an den Rissspitzen der Transversalrisse.

Messgrößen zur Bewertung des Schädigungsgrads
Der Schädigungsgrad kann direkt durch Quantifizierung der akkumulierten Schädigung (s. Abschnitt 2.4.3) oder indirekt mittels einer Messgröße bewertet werden. Kommt es zu einer Schädigungsinitiierung bzw. -fortschreitung, ändert sich das mechanische Verformungsverhalten. Dadurch werden die makroskopischen Eigenschaften verändert und es ist ein Ermüdungseffekt messbar. Mittels der Änderung von Kenngrößen des Verformungsverhaltens können somit Aussagen über den Zustand der Probe getroffen werden. Üblicherweise wird der Schädigungsgrad auf Grundlage der Restfestigkeit [99] [100] oder -steifigkeit [88] [93], der totalen Mitteldehnung [95] oder dissipierten Energie [101] abgeschätzt und bewertet.

Untersuchungen von Caous et al. [46] zeigen, dass zwischen der Restfestigkeit und dem Schädigungsgrad (bewertet anhand der Anzahl an Matrixrissen) grundsätzlich ein Zusammenhang besteht. Der typische Verlauf der Restfestigkeit weist jedoch über die Lebensdauer ein zum Großteil konstantes Verhalten auf, gefolgt von einer beschleunigten Degradation vor Versagen (Abbildung 2.14a). Zwar ist für GFK der Abschnitt der degradierenden Restfestigkeit ggü. CFK stärker ausgeprägt [103], eine Bewertung des Schädigungsgrads auf Basis der Restfestigkeit ist trotz dessen auch für GFK über einen weiten Teil der Lebensdauer schwierig [6]. Zudem kann die Restfestigkeit ausschließlich in zerstörenden Prüfungen ermittelt werden. Dies stellt einen signifikanten Nachteil ggü. einer quasi-zerstörungsfreien Ermittlung der Reststeifigkeit, totalen Mitteldehnung oder dissipierten Energie dar.

Die Reststeifigkeit wurde bislang am umfangreichsten zur Beschreibung des Ermüdungsprozesses und Schädigungsgrads genutzt. Mit Zunahme der Schädigung reduziert sich der dynamische E-Modul des FVK [104]. Die Reststeifigkeit zeigt dabei i. d. R. einen charakteristischen, drei-stufigen Verlauf, wodurch sich dieser Kennwert zur Bewertung des Schädigungsgrads eignet [6]. Zunächst kommt es während der Ermüdung zu einer starken Steifigkeitsreduktion. Diese stabilisiert sich und bleibt über einen langen Anteil der Lebensdauer annähernd konstant. Erst gegen Ende der Lebensdauer findet wieder eine ausgeprägte Steifigkeitsreduktion statt. Der Verlauf der Steifigkeit zeigt damit einen engen Zusammenhang mit dem Schädigungsgrad aus Abbildung 2.13. Die Verläufe sind gegenläufig (Abbildung 2.14b).

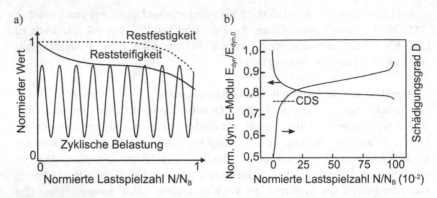

Abbildung 2.14 a) Entwicklung der Restfestigkeit und -steifigkeit eines FVK unter konstanter zyklischer Beanspruchung [98] und b) Gegenüberstellung der Steifigkeitsreduktion und Schädigungsentwicklung [84].[9]

Der durch Reifsnider [91] eingeführte CDS geht daher mit einer annähernden Stagnation der Steifigkeit einher [84].

Der Zusammenhang zwischen der Reststeifigkeit und dem Schädigungsgrad wird von einigen Autorinnen/en verwendet, um auf Basis der Steifigkeitsentwicklung den Probenzustand abzuschätzen. Dazu haben sich zwei Modellierungsansätze durchgesetzt. Im Modellierungsansatz 1 (Gleichung 2.10) wird der dynamische E-Modul zum Zeitpunkt i in ein Verhältnis zum dynamischen E-Modul zu Versuchsbeginn (bei Annahme eines ungeschädigten Zustands) gesetzt [105]. In diesem Fall versagt die Probe bei einem Schädigungsgrad D von $1 - E_{dyn,B}/E_{dyn,0}$. Der dynamische E-Modul bei Versagen ($E_{dyn,B}$) der Probe ist von verschiedenen Parametern abhängig. So findet in quasi-isotropem FVK eine geringere Steifigkeitsreduktion mit zunehmender zyklischer Beanspruchung statt, da die Schädigungsakkumulation – bspw. Delaminationen – weniger ausgeprägt ist [100] [106]. Daraus resultiert für den Modellierungsansatz 1 bei Versagen ein Schädigungsgrad mit variablem Wert. Dies erschwert die Vergleichbarkeit der Ergebnisse und die Abschätzung des Probenzustands und der Restlebensdauer.

---

[9]Reprinted from Composite Structures, Vol. 156, Reifsnider, K.; Raihan, R. M. D.; Vadlamudi, V., Heterogeneous fracture mechanics for multi-defect analysis, Page 21, Elsevier (2016), with permission from Elsevier.

Reprinted from Composites Science and Engineering, Naik, N. K., Fatigue in Composites, Chapter 10, Woven-fibre thermoset composites, Page 308, Elsevier (2003), with permission from Elsevier.

$$\text{Modellierungsansatz 1} \quad D_1 = 1 - \frac{E_{dyn,i}}{E_{dyn,0}} \qquad (2.10)$$

$$\text{Modellierungsansatz 2} \quad D_2 = \frac{E_{dyn,0} - E_{dyn,i}}{E_{dyn,0} - E_{dyn,B}} \qquad (2.11)$$

mit $E_{dyn,i}$ dem dynamischen E-Modul zum Zeitpunkt i und $E_{dyn,0}$ und $E_{dyn,B}$ dem dynamischen E-Modul zu Versuchsbeginn und bei Versagen.

Der Modellierungsansatz 2 (Gleichung 2.11) ermöglicht eine einheitliche Beschreibung des Schädigungsgrads. Durch die zusätzliche Einbeziehung des dynamischen E-Moduls bei Versagen wird sichergestellt, dass der Schädigungsgrad – unabhängig von den Absolutwerten des dynamischen E-Moduls – von 0 bis 1 verläuft. Dies ist voraussichtlich ein wesentlicher Grund, weshalb der Modellierungsansatz 2 vermehrt Verwendung findet [107] [108] und auch bereits erfolgreich zur Beschreibung des Schädigungsgrads mittels der totalen Mitteldehnung [101] und dissipierten Energie [102] genutzt wurde.

Modellierungsansätze zur Steifigkeits- und Lebensdauerabschätzung

Im vorherigen Abschnitt konnte der Zusammenhang zwischen der Reststeifigkeit und dem Schädigungsgrad nachgewiesen werden. Darüber hinaus zeigt sich in Abbildung 2.14a) ein charakteristischer Verlauf der Reststeifigkeit über der Lebensdauer. Dieser Zusammenhang kann genutzt werden, um steifigkeitsbasierte Lebensdauerabschätzungen (und umgekehrt) zu ermöglichen. Allgemein anerkannte Modelle für FVK sind im Folgenden (Gleichungen 2.12–2.14) unter Angabe der jeweiligen Forscher/innen aufgelistet. Alle Modelle wurden für ein Spannungsverhältnis von $R = 0{,}1$ entwickelt.

$$\text{Ogin et al. [104]} \quad \frac{E_{dyn,i}}{E_{dyn,0}} = 1 - \left([A \cdot (n+1)]^{1/n+1} \cdot \left(\frac{\sigma_o}{E_{dyn,0}} \right)^{2n/n+1} \cdot N^{1/n+1} \right)$$
$$(2.12)$$

mit A und n Konstanten.

$$\text{Whitworth [109]} \quad E_{dyn,i} = E_{dyn,B} \left[-h \ln(n+1) + \left(\frac{E_{dyn,0}}{E_{dyn,B}} \right)^m \right]^{1/m} \quad (2.13)$$

mit $E_{dyn,B}$ dem dynamischen E-Modul bei Versagen und h und m Konstanten

Shokrieh u. Lessard [110] $\quad \dfrac{E_{dyn,i}}{E_{dyn,0}} = \left[1 - \left(\dfrac{\log(N) - \log(0,25)}{\log(N_B) - \log(0,25)} \right)^{\lambda} \right]^{1/\gamma} \cdot \left(E_{dyn,0} - \dfrac{\sigma_o}{\varepsilon_{t,B}} \right) + \dfrac{\sigma_o}{\varepsilon_{t,B}}$

$$(2.14)$$

mit $\varepsilon_{t,B}$ der Totaldehnung bei Versagen und λ und γ Konstanten.

Modellierungsansatz nach Ogin et al.

Das Modell nach Ogin et al. [104] basiert im Kern auf der Annahme eines proportionalen Zusammenhangs zwischen der Steifigkeitsreduktion und der Transversalrissdichte in einem [0/90]$_S$ GFK. Gleichung 2.12 zeigt das auf Basis dieser Annahme entwickelte Modell. Zur Ermittlung des Koeffizienten A und der Potenz n wird durch die Autorinnen/en die Forderung eingeführt, dass die totale Risslänge einer Potenzfunktion der Speicherenergie folgen muss. Aus der Annahme einer direkten Proportionalität zwischen der Rissdichte und totalen Risslänge, sowie aufgrund des Zusammenhangs zwischen der Rissdichte und dem dynamischen E-Modul, folgt Gleichung 2.15. Das Quadrat des dynamischen E-Moduls zu Versuchsbeginn ($E_{dyn,0}^2$) ist dem Nenner des rechten Teils der Gleichung beigefügt, um eine dimensionslose Größe zu schaffen.

$$-\frac{1}{E_{dyn,0}} \frac{dE_{dyn,i}}{dN} = A \cdot \left(\frac{\sigma_o^2}{E_{dyn,0}^2 \left(1 - E_{dyn,i}/E_{dyn,0} \right)} \right)^n \qquad (2.15)$$

Die Ermittlung des Koeffizienten A und der Potenz n erfolgt anschließend graphisch, indem die Steifigkeitsreduktionsrate (linker Teil der Gleichung) der steifigkeitsbezogenen Oberspannung (eingeklammerter rechter Teil der Gleichung) in doppellogarithmischer Darstellung gegenübergestellt wird. Die Punkte müssen durch eine Gerade (Potenzfunktion) mit dem Koeffizienten A und der Potenz n beschrieben werden können, um das Postulat zu bestätigen. Dies wird durch Ogin et al. anhand von fünf ESV erfolgreich validiert. Aus der Integration von Gleichung 2.15 resultiert das Modell (Gleichung 2.12). Durch Einsetzen des ermittelten Koeffizienten und der Potenz lassen sich die Reststeifigkeitsverläufe für verschiedene Beanspruchungen berechnen. Dieser älteste der betrachteten Modellierungsansätze findet auch heutzutage noch Anwendung, bspw. durch Stoll und Weidenmann [111], in deren Untersuchungen zur Schädigungsentwicklung an CFK in einer Hybridstruktur bis zu einer Steifigkeitsreduktion von ca. 20 % eine gute Übereinstimmung des Modells mit den experimentellen Ergebnisses erzielt wurde.

Modellierungsansatz nach Whitworth
Das von Whitworth [109] entwickelte Modell (Gleichung 2.13) basiert auf der
Annahme einer stetigen Reduktion des dynamischen E-Moduls. Dabei muss der
dynamische E-Modul bei Versagen – als Bestandteil des Modells – für die Ermittlung des Steifigkeitsverlaufs bereits bekannt sein. Um dies zu umgehen, wird ein
dehnungsbasiertes Versagenskriterium eingeführt, das das Versagen während zyklischer Beanspruchung als Totaldehnung entsprechend der Dehnung bei Zugfestigkeit
(ε_M) definiert. Daraus resultiert Gleichung 2.16, die nach $E_{dyn,B}$ umgestellt und in
das Modell eingesetzt werden kann.

$$\frac{\sigma_o}{\sigma_M} = c_1 \left(\frac{E_{dyn,B}}{E_{dyn,0}} \right)^{c_2} \tag{2.16}$$

mit C_1 und C_2 Konstanten.

Mit dem Modell lassen sich durch Division des linken und rechten Teils der
Gleichung durch den dynamischen E-Modul bei Versuchsbeginn ($E_{dyn,0}$) normierte
Verläufe ermitteln.

Modellierungsansatz nach Shokrieh und Lessard.
Das Modell nach Shokrieh und Lessard [110] (Gleichung 2.14) basiert auf dem
Modell der Festigkeitsdegradation von Adam et al. [103], das wiederum eine
Kombination aus „wear-out" und „sudden-death" Modellen darstellt [112]. Das
Modell nach Shokrieh und Lessard beschreibt den normierten Reststeifigkeitsver-
lauf in Bezug zur normierten Lastspielzahl, sodass die Verläufe unabhängig von der
Beanspruchung vereinheitlicht werden [113]. Die kritische Steifigkeit – in Form
des dynamischen E-Moduls bei Versagen – wird in der Annahme einer konstanten durchschnittlichen Totaldehnung bei Versagen ($\varepsilon_{t,B}$) durch Gleichung 2.17
widergespiegelt.

$$E_{dyn,B} = \frac{\sigma_o}{\varepsilon_{t,B}} \tag{2.17}$$

Das Modell wurde ursprünglich für unidirektionale FVK entwickelt [110] und
konnte in jüngerer Vergangenheit an komplexeren Werkstoffen, wie multidirektionalen [112] [115] und nanopartikelverstärkten FVK [113], erfolgreich validiert
werden.

Mit den oben aufgeführten Modellen können für definierte Reststeifigkeiten
beanspruchungsabhängig die jeweiligen Lastspielzahlen ermittelt werden. Abbildung 2.15 zeigt eine solche Beschreibung der Zusammenhänge am Beispiel des
Modellierungsansatzes nach Ogin et al. [104]. Mittels dieser Darstellung können

Abbildung 2.15
Graphische
Veranschaulichung des
Zusammenhangs zwischen
Reststeifigkeit und
Lastspielzahl mit dem
Modellierungsansatz nach
Ogin et al. [104] am
Beispiel von
quasi-isotropem GFK, nach
[114]

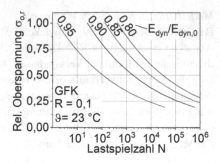

lebensdauerorientierte Reststeifigkeiten ausgegeben werden, die insbesondere für Konstruktionsprozesse essentiell sind [116].

2.2.3 Einflussgrößen

Grundsätzlich gibt es eine Vielzahl an Einflussgrößen auf das Ermüdungs- und Schädigungsverhalten von FVK. Diese resultieren sowohl aus der Prüfstrategie (bspw. Spannungsverhältnis [64]) als auch dem Mehrkomponenten-Aufbau des FVK (bspw. Faserorientierung [63]) und sind daher in Variabilität und Umfang kaum begrenzt [117]. In dieser Arbeit wird das thermisch beeinflusste Ermüdungs- und Schädigungsverhalten zweier FVK mit variierender Matrixkomponente charakterisiert. Einflussgrößen wie bspw. das Spannungsverhältnis bleiben in den Untersuchungsreihen unverändert. Im Anschluss werden daher nur die für die vorliegende Arbeit relevanten Einflussgrößen näher betrachtet.

Matrix und Matrixanbindung
Da es sich bei FVK um mehrkomponentige Werkstoffe handelt, sind die Eigenschaften der Einzelkomponenten und die Wechselwirkung zwischen diesen ausschlaggebend für das Ermüdungs- und Schädigungsverhalten. Der Einfluss der Matrix auf die Ermüdungseigenschaften von FVK wurde in verschiedenen Untersuchungen bestätigt [83] [118] [119]. In diesen Versuchsreihen wurde insbesondere die Bedeutung der Matrixduktilität intensiv analysiert. Es zeigte sich mit zunehmender Duktilität eine stärkere Verformung und geringere Rissbildung [119].

Talreja [58] bezieht den Einfluss der Matrixduktilität auf die entstehende Rissöffnung. Durch eine höhere Duktilität findet bei identischer Risslänge eine größere Rissöffnung statt, wodurch die lasttragenden Fasern an der Rissspitze höheren Dehnungen ausgesetzt sind. Dies führt zu einem früheren Faserversagen und in der Folge zu einer geringeren Ermüdungsfestigkeit für FVK mit höherer Matrixduktilität [58]. Diese Erkenntnis wird durch Kawai et al. [118] an Gewebe-CF-Nylon 6 (hohe Duktilität, niedrige Ermüdungsfestigkeit) und Gewebe-CF-EP (niedrige Duktilität, hohe Ermüdungsfestigkeit) bestätigt. Das von Kawai et al. festgestellte unterschiedliche Ermüdungsverhalten der FVK geht mit einer Änderung der Schädigungsentwicklung einher, die insbesondere die Delaminationsbildung betrifft. Unter relativer Betrachtung der Ermüdungsfestigkeit weist hingegen der FVK mit höherer Duktilität bessere Ermüdungseigenschaften auf. Der Zusammenhang von steigender Duktilität und Erhöhung der relativen Ermüdungsfestigkeit wurde auf eine Verbesserung der matrixdominierenden Eigenschaften, wie die Faser-Matrix-Anbindung, zurückgeführt. Die Abhängigkeit der relativen Ermüdungseigenschaften vom Matrixsystem wurde in einem Vergleich von unidirektionalem CFK mit drei verschiedenen Matrices in zyklischen Versuchen unter variierender Beanspruchungsrichtung bestätigt [63]. Die relativen Ermüdungsfestigkeiten unter 0° Beanspruchungsrichtung sind vergleichbar, jedoch weist das CF-Polyetheretherketon unter abweichenden Beanspruchungsrichtungen (10–90°) deutlich bessere Ermüdungseigenschaften auf als CF-EP und -Polymid. Dies wird von den Autorinnen/en erneut u. a. durch eine bessere Faser-Matrix-Anbindung begründet.

Die Faser-Matrix-Anbindung stellt somit offensichtlich eine maßgebliche Eigenschaft des FVK dar. Zur Bewertung der Qualität der Anbindung kann die Scherfestigkeit der Grenzschicht herangezogen werden. In aktuellen Untersuchungen erkannten Gnädinger et al. [120], dass sich diese matrixabhängig ausbildet. So weist in verschiedenen Untersuchungen die Anbindung von Kohlenstofffasern zu PU stets eine höhere Scherfestigkeit auf als zu EP. Dabei beeinflusst zusätzlich die verwendete Schlichte die Scherfestigkeit. Grundlagen zum Thema Schlichte sind in Abschnitt 2.1.1 aufgeführt. Eine umfassende Studie zum aktuellen Stand der Technik hinsichtlich des Einflusses der Schlichte auf die Faser-Matrix-Anbindung und auf die daraus resultierenden Eigenschaften von GFK wurde kürzlich durch Thomason [16] veröffentlicht.

Der grundsätzlich positive Effekt einer guten Faser-Matrix-Anbindung auf die Ermüdungseigenschaften konnte in verschiedenen Studien nachgewiesen werden [18] [121] [122]. Die wichtigste Funktion der Schlichte ist die Lastübertragung über die Grenzschicht zwischen Faser und Matrix [16]. Sobald diese nicht mehr gegeben ist, kommt es zu einer Faser-Matrix-Ablösung und somit zu einem lokal begrenzten Versagen des FVK. Die Faser-Matrix-Ablösung stellt an sich keinen kritischen Schädigungsmechanismus dar, weil dieser i. d. R. nicht zu einem makroskopischen Versagen des FVK führt. Durch die Faser-Matrix-Ablösung findet jedoch eine Umverteilung der Last in die angrenzenden Fasern statt, die – sobald die Beanspruchung die lokale Festigkeit eines Fasersegments überschreitet – in einem Faserbruch resultiert und zu einer Initiierung neuer Faser-Matrix-Ablösungen führt [123]. Sowohl in Untersuchungen an unidirektionalem [122], cross-ply [121] [124] und angle-ply [121] GFK konnte belegt werden, dass sich durch eine bessere Faser-Matrix-Anbindung eine Erhöhung der Ermüdungsfestigkeit ergibt. In den Versuchsreihen an unidirektionalem GF-EP [122] konnte darüber hinaus beobachtet werden, dass sich die Grenzschichtqualität insbesondere im LCF-Bereich positiv auswirkt. Mit höher werdender Lastspielzahl wird der Einfluss weniger signifikant.

Dies steht im Gegensatz zu Ergebnissen von Subramanian et al. [125] und Afaghi-Khatibi et al. [126]. Die Untersuchungen zeigen übereinstimmend, dass eine hohe Grenzschichtfestigkeit die Ermüdungseigenschaften von cross-ply CF-EP im HCF-Bereich verbessert, hingegen im LCF-Bereich einen negativen Effekt ausüben kann. Dies wird dadurch begründet, dass im LCF-Bereich der Schädigungsmechanismus des Faserbruchs dominiert und dieser sensibel auf Spannungskonzentrationen reagiert. Diese können in einem Laminat mit hoher Grenzschichtfestigkeit nicht durch Faser-Matrix-Ablösung abgebaut/umverteilt werden, wodurch es zu einem schnelleren Versagen kommt. Diese Hypothese wird indirekt bestätigt, indem durch die Autorinnen/en in quasi-statischen Versuchen für Laminate mit guter Faser-Matrix-Anbindung geringere Zugfestigkeiten ermittelt werden, hingegen die Festigkeiten unter matrixdominierender Belastung (bspw. scheinbare interlaminare Scherfestigkeit [126]) steigen. Im HCF-Bereich, in dem Spannungskonzentrationen eine untergeordnete Rolle spielen und stattdessen die ineffektive Faserlänge ausschlaggebender ist, wird mit einer guten Faser-Matrix-Anbindung eine höhere Lebensdauer erzielt. Die Wöhlerkurve für FVK mit optimierter Faser-Matrix-Anbindung wird somit nach links verschoben und die Neigung der Wöhlerkurve reduziert [125].

Poren und Fehlstellen
Neben den Einzelkomponenten und der Faser-Matrix-Anbindung beeinflussen Fehlstellen die Eigenschaften eines FVK. Sisodia et al. [127] verglichen Eigenschaften RTM-gefertigter quasi-isotroper CF-EP mit verschiedenen Porenanteilen (bis 20 %) mit denen eines „technisch porenfreien" (0,8 %) in quasi-statischen und zyklischen Versuchen. Während in quasi-statischen Versuchen kein signifikanter Einfluss der Poren erkannt wird, zeigt sich in Ermüdungsuntersuchungen eine deutliche Reduktion der Lebensdauer mit steigendem Porengehalt. So sinkt die Lebensdauer um zwei Zehnerpotenzen bei einer Steigerung des Porenanteils von 0,8 auf 5 % bzw. um drei Zehnerpotenzen von 0,8 bis 20 %. Die Zusammenhänge werden bei einer doppellogarithmischen Darstellung als Gerade visualisiert. Der steigende Porenanteil geht mit einer beschleunigten Zunahme der Rissdichte in 90°-Lagen, insbesondere im

LCF-Bereich, einher. Mit höher werdender Lastspielzahl gleicht sich die Rissdichte von Proben mit 0,8 und 3,0 % Porenanteil an. Dabei ist anzumerken, dass die Laminate eine geringe Anzahl großer Poren aufweisen. In 45°-Lagen kann dieser Trend nicht erkannt werden.

Protz et al. [128] untersuchten den Einfluss des Porenanteils auf die Ermüdungseigenschaften an quasi-isotropem GF-EP, gefertigt im RTM-Prozess. Dazu wurden unter wechselnder Belastung Versuche an Proben mit verschiedenen Porenanteilen, von quasi-porenfrei (0,02 %) bis 4,53 % durchgeführt. Sowohl im LCF- als auch HCF-Bereich kann kein Einfluss des Porenanteils auf die Lebensdauer erkannt werden. Vergleichbare Ergebnisse erzielten Lambert et al. [129] an $[0/45/-45]_{3S}$ GF-EP unter wechselnder Belastung. Die Rolle der Poren während des Risswachstums ist zwar – ähnlich zu den Ergebnissen von Sisodia et al. [127] – signifikant, indem der Großteil der Risse sich zwischen Poren bildet, jedoch ist ein Einfluss des Porenanteils auf die Lebensdauer nicht erkennbar.

Eine mögliche Begründung für den unterschiedlichen Poreneinfluss ist – neben der Verwendung verschiedener Faser- und Matrixmaterialien – in der Porengröße und -verteilung zu erkennen. In den Untersuchungen, in denen große Poren und eine heterogene Porenverteilung vorlagen, wurde ein ausgeprägter Einfluss auf die mechanischen Eigenschaften und/oder die Schädigungsentwicklung beobachtet [127] [130]. Dies lässt vermuten, dass lokal große Fehlstellen zu einer signifikanten Reduktion der mechanischen Eigenschaften führen [129], wohingegen eine geringe Porengröße und homogene Porenverteilung zwar die Zunahme der Rissdichte ggü. eines porenfreien FVK beschleunigt, jedoch zu keiner signifikanten Beeinträchtigung der Leistungsfähigkeit führt. Letzteres lässt sich möglicherweise darauf beziehen, dass kritische Schädigungsmechanismen, wie Delaminationen und Faserbrüche, weniger durch homogen verteilte Poren beeinflusst werden als Transversalrisse. Diese Vermutung wurde in den oben aufgeführten Arbeiten jedoch nicht näher untersucht.

Weitere Informationen zur Porenbildung und -verteilung sind in Abschnitt 2.4 zu finden.

Temperatur

Umgebungstemperatur
Die mechanischen Eigenschaften eines FVK sind aufgrund der polymeren Matrixkomponente grundsätzlich temperaturabhängig. Diesbezüglich wird auf die Ausführungen in Abschnitt 2.1.2 verwiesen. Nach Vassilopoulos und Keller [6] ist die Umgebungstemperatur einer der wichtigsten Faktoren für das Ermüdungsverhalten von FVK. Trotz der ersichtlichen Relevanz wurde der Einfluss variierender

Umgebungstemperaturen auf das Ermüdungsverhalten in der Literatur jedoch vergleichsweise wenig untersucht.

Sims und Gladman [131] betrachteten in den 80er Jahren das umgebungstemperaturabhängige Ermüdungsverhalten von Gewebe-GF-EP. Die Versuche führten sie bei Umgebungstemperaturen von −150 bis 150 °C unter konstanter Spannungsrate bei $R = 0,1$ durch. Mit zunehmend kälterer Umgebungstemperatur steigt die Ermüdungsfestigkeit. Zudem nähern sich die Wöhlerkurven mit steigender Bruchlastspielzahl an. So ist die Ermüdungsfestigkeit unter −150 °C bei $N_B \approx 50$ um einen Faktor > 4 höher als bei 150 °C. Die Differenz sinkt auf einen Faktor von ca. 3 für $N_B \approx 5 \cdot 10^4$. Der Zusammenhang von Ermüdungsfestigkeitssteigerung bei sinkender Umgebungstemperatur wird durch mehrere Autorinnen/en bestätigt [9] [132] [133].

Abbildung 2.16 Einfluss der Umgebungstemperatur auf die Ermüdungsfestigkeit von GF-EP bei Betrachtung der relativen Oberspannung unter −40 und 23 °C mit Verdeutlichung des Pivot-Punkts als Schnittpunkt der Wöhlerkurven, nach [9]

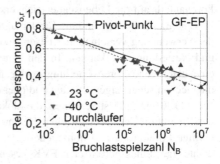

Die oben aufgeführten Ergebnisse bewerten den Einfluss der Umgebungstemperatur auf die absolute Ermüdungsfestigkeit. Eine Alternative dazu stellt die Betrachtung der relativen Ermüdungsfestigkeit (s. Gleichung 2.3) durch Bezugnahme der absoluten Ermüdungs- auf die Zugfestigkeit dar. Der durch Sims und Gladman [131] erkannte Unterschied in der temperaturabhängigen, absoluten Ermüdungsfestigkeit wird dadurch nahezu egalisiert, da die Ergebnisse gut mittels eines gemeinsamen Streubands beschrieben werden können. Bei näherer Betrachtung wird im direkten Vergleich der relativen Ermüdungsfestigkeiten jedoch deutlich, dass diese − umgekehrt zu den absoluten Ermüdungsfestigkeiten − bei höheren Umgebungstemperaturen größer sind als bei niedrigeren Umgebungstemperaturen. Diese Erkenntnis wird in Arbeiten weiterer Forscher/innen bestätigt [9] [134].

Cormier et al. [9] stellten darüber hinaus einen Zusammenhang zwischen der Bruchlastspielzahl und der temperaturabhängigen, relativen Ermüdungsfestigkeit von angle-ply GF-EP unter $R = 0,1$ fest. Die relative Ermüdungsfestigkeit ist − in Übereinstimmung mit den Ergebnissen von Sims und Gladman [131] − unter −40 °C für einen Großteil der Lebensdauer niedriger als unter 23 °C (Abbildung 2.16). Im LCF-Bereich schneiden sich jedoch die Wöhlerkurven. In doppellogarithmischer Darstellung der Ergebnisse fungiert der Schnittpunkt als Pivot-Punkt, um den sich die Wöhlerkurven mit temperaturabhängigen, verschiedenen Neigungen drehen, sodass im Bereich geringer Bruchlastspielzahlen die relative Ermüdungsfestigkeit von GF-EP bei −40 °C über der von 23 °C liegt. Ein Pivot-Punkt kann auch in Untersuchungen von Tang et al. [135] erkannt werden. Dieser ist im Vergleich zu den Ergebnissen von Cormier et al. [9] zu höheren Bruchlastspielzahlen verschoben. Die Ausbildung des Pivot-Punktes scheint somit material-, temperatur- und prüfstrategieabhängig zu erfolgen.

Flore und Wegener [134] erweiterten die Betrachtung der relativen Ermüdungsfestigkeit von [0/90/10/10]$_S$ GF-EP um den Parameter des Faservolumengehalts (φ_F). Die Ergebnisse zeigen, dass die relative Ermüdungsfestigkeit bei identischer Umgebungstemperatur durch Reduktion des Faservolumengehalts von 0,6 auf 0,4 erhöht wird. Eine vergleichbare Erhöhung der relativen Ermüdungsfestigkeit wird bei gleichbleibendem Faservolumengehalt – übereinstimmend mit den bisherigen Erkenntnissen [131] – auch durch die Änderung der Umgebungstemperatur von 23 auf 110 °C festgestellt. Da ein niedriger Faservolumengehalt somit die gleichen Auswirkungen ausübt wie hohe Umgebungstemperaturen, gehen Flore und Wegener [134] davon aus, dass die dafür verantwortlichen Mechanismen identisch sind. Dies begründen sie durch einen Ansatz auf mikrostruktureller Ebene, basierend auf den Eigenspannungen in der Grenzschicht, die bei einer Längsbeanspruchung in Gewebe-GFK aufgrund verschiedener Poissonzahlen von Faser und Matrix entstehen. Modellierungen der sich ausbildenden Grenzschichtspannung zeigen, dass diese mit dem Faservolumengehalt von Druck- zu Zugspannungen ansteigt (bei $\varphi_F \approx 0,5$ ist die Grenzschichtspannung 0). Dies resultiert in einer geringeren relativen Ermüdungsfestigkeit von FVK mit hohen Faservolumenanteilen. Mit höher werdender Temperatur ist dieses Verhalten weniger ausgeprägt, da sich der E-Modul der Matrix und damit einhergehend die Grenzflächenspannung reduziert.

Die Ergebnisse von Flore und Wegener [134] belegen, dass die relative Ermüdungsfestigkeit mit zunehmender Umgebungstemperatur steigt. Der positive Effekt hoher Umgebungstemperaturen wird allerdings voraussichtlich durch die Glasübergangstemperatur (T_g) begrenzt. In Untersuchungen von Vina et al. [136] wurde bei einer Umgebungstemperatur gleich der Glasübergangstemperatur eine signifikante Degradation der Eigenschaften erkannt. Die relative Ermüdungsfestigkeit ist dadurch geringer als bei vergleichenden Untersuchungen unter 23 °C. Die Degradation der Eigenschaften geht mit einer Formänderung der Wöhlerkurve einher, was durch die Autorinnen/en auf ein sich änderndes viskoelastisches Verformungsverhalten der Matrix ab T_g zurückgeführt wurde.

Versuchsreihen von Miyano und Nakada [137] an unidirektionalem CFK bestätigen den temperaturabhängigen Einfluss der Matrix. In fraktographischen Untersuchungen konnten nach zugschwellender Belastung unterhalb der Glasübergangstemperatur Fragmentierungen der Kohlenstofffasern feststellt werden, während bei Umgebungstemperaturen oberhalb der Glasübergangstemperatur eine bürstenartige Faser-Delamination vorlagen. Dies zeigt, dass selbst bei unidirektionalem CF-EP, trotz des faserdominierenden Verhaltens, ein nicht zu vernachlässigender temperaturabhängiger Einfluss aufgrund der Matrix vorliegt. In Untersuchungen von Vieille und Taleb [83] konnte der temperaturabhängige Matrixeinfluss für multidirektionales Gewebe-CFK bestätigt werden.

Eigenerwärmung
Die oben aufgeführten Ergebnisse belegen eine signifikante Temperaturabhängigkeit der Ermüdungseigenschaften von FVK. Die Probentemperatur setzt sich dabei aus der Umgebungstemperatur und der Eigenerwärmung (engl.: self-heating oder autogenous heating) zusammen. Die Eigenerwärmung übt zusätzlichen Einfluss auf die mechanischen Eigenschaften aus und stellt somit einen kritischen, thermischen Parameter dar [138]. Die zulässige Eigenerwärmung ist nach ISO 13003 [57] im Regelfall auf 10 K limitiert. In FVK wird die Eigenerwärmung – neben externen Faktoren wie der Reibung zwischen Spannbacke und Probe – insbesondere durch das viskoelastische Verformungsverhalten und die induzierte Energie dominiert [71]. Vom makroskopischen Standpunkt aus wird bei einer zyklischen Beanspruchung ein Teil der induzierten Energie durch Verformung und Schädigungsentwicklung dissipiert, der Großteil der Energie dissipiert hingegen als Wärme durch Konvektion und Strahlung [85]. Dies führt in Verbindung mit der schlechten Wärmeleitung der polymeren Matrix zu einer Probenerwärmung [83].

Die Eigenerwärmung verläuft über der Lebensdauer typischerweise in drei Phasen [102] [138]. Zu Beginn findet eine schnelle Temperaturerhöhung statt. Anschließend bildet sich eine Phase der stationären oder instationären Eigenerwärmung, bis es zum Ende der Lebensdauer zu einer exponentiellen Entwicklung der Temperatur kommt. Die Temperaturerhöhung in Phase 1 lässt sich auf die induzierte Energie zurückführen, wohingegen Phase 3 durch den Schädigungsgrad geprägt wird. Durch eine fortschreitende Schädigungsentwicklung nimmt die innere Reibung zu, zudem steigt die lokale Beanspruchung durch erhöhte Belastung unbeschädigter Regionen [83]. Ein Anstieg der Eigenerwärmung zum Ende der Lebensdauer ist somit bei gleichbleibender Versuchsführung praktisch nicht zu vermeiden.

Abbildung 2.17 zeigt drei verschieden ausgeprägte Verläufe der Eigenerwärmung. Alle Verläufe weisen die beschriebenen drei Phasen auf. Phase 2 unterscheidet sich dahingehend, dass im Verlauf Typ 1 die Eigenerwärmung konstant bleibt (stationäre Eigenerwärmung), wohingegen in den Verläufen Typ 2 und 3 eine instationäre Eigenerwärmung stattfindet. Diese führt zu einer Reduktion der Ermüdungsfestigkeit bzw. Bruchlastspielzahl. Auch eine stationäre Eigenerwärmung beeinflusst die Ermüdung, dominiert sie jedoch nicht [139]. Die Zusammenhänge verdeutlichen die Notwendigkeit zur Einhaltung einer stationären Eigenerwärmung im Sinne idealer Ermüdungseigenschaften und reproduzierbarer bzw. vergleichbarer Ergebnisse.

Abbildung 2.17
Charakteristische Verläufe
der Eigenerwärmungen
eines FVK unter
Ermüdungsbeanspruchung,
nach [138][10]

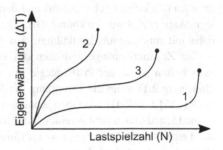

Einflussgrößen hinsichtlich der Eigenerwärmung sind u. a. die verwendeten Materialien und die Prüfstrategie. Die Eigenerwärmung beeinflusst vorwiegend die mechanischen Eigenschaften der Matrixkomponente [140] und wird selbst durch diese geprägt, bspw. durch die Wärmeleitfähigkeit. Daraus resultiert in einem FVK eine direkte Abhängigkeit der Eigenerwärmung vom Lagenaufbau. So steigt die Temperatur in Untersuchungen an einem matrixdominierten [45/−45] Lagenaufbau um 30 °C, wohingegen in einem faserdominierten [0/90] Lagenaufbau die Eigenerwärmung bei identischer relativer Oberspannung nur 15 °C beträgt [141]. Vergleichbare Zusammenhänge wurden auch durch Barron et al. [142] festgestellt. Für verschiedene GFK konnte außerdem gezeigt werden, dass sich bei einer höheren Oberspannung unter ansonsten gleichbleibenden Prüfbedingungen eine höhere Eigenerwärmung in der Phase 2 einstellt [139] [143].

Eine umfangreiche Untersuchung des Einflusses der Eigenerwärmung auf die Ermüdungseigenschaften eines GF-EP wurde durch Katunin [139] durchgeführt. Die Beanspruchung wurde bei ansonsten gleichbleibenden Prüfbedingungen ($f =$ 30 Hz) so variiert, dass sich eine Temperatur zwischen 30 und 55 °C einstellte. Eine

---

[10]Reprinted from Procedia Structural Integrity, Vol. 18, Katunin, A.; Wachla, D., Minimizing self-heating based fatigue degradation in polymeric composites by air cooling, Page 23, Elsevier (2019), with permission from Elsevier.

stationäre Eigenerwärmung in Phase 2 wurde angenommen, wenn die Temperaturänderung < 1 °C pro 3.000 Lastspiele war. Unter dieser Annahme bildete sich bis zu
einer Temperatur von 50 °C eine stationäre Phase 2 aus. Der Einfluss der Temperatur auf die Bruchlastspielzahl konnte eindeutig nachgewiesen werden. Basierend
auf den Ergebnissen mit einer stationären Temperatur von 30 °C führte eine Erhöhung der Eigenerwärmung um nur 3 °C zu einer Halbierung der Lebensdauer. Eine
Erhöhung um 20 °C resultierte in einer Reduktion der Bruchlastspielzahl um eine
Dekade [139] [144]. In weiteren Untersuchungen von Katunin und Wachla [138] an
GF-EP konnte beobachtet werden, dass durch Einsatz von Luftkühlung die Eigenerwärmung erfolgreich reduziert und damit einhergehend die Bruchlastspielzahl
signifikant erhöht werden konnte. Die Entwicklung der Eigenerwärmung glich sich
dabei mit zunehmender Luftkühlung dem Verlauf Typ 1 aus Abbildung 2.17 an.

    Die Zusammenhänge zwischen der Eigenerwärmung und den Werkstoffei-
genschaften sowie der Prüfstrategie können mathematisch beschrieben werden.
Gleichung 2.18 zeigt die Ermittlung der Wärmefreisetzung pro Zeiteinheit (Q_+)
nach [145] [146]. Da die Oberspannung in ESV vorgegeben ist und Phasenwin-
kel und Elastizitätsmodul vereinfacht als Konstanten angenommen werden können,
dient ausschließlich die Frequenz als Einstellgröße hinsichtlich der resultierenden
Wärmefreisetzung bzw. Eigenerwärmung. Auf den Zusammenhang zwischen der
Eigenerwärmung und Frequenz und die daraus resultierenden Ermüdungseigenschaften wird im folgenden Abschnitt eingegangen.

$$Q_+ \simeq \frac{1}{4}\sigma_o^2 f \frac{\sin(\varphi)}{E} \qquad (2.18)$$

Frequenz
Die Frequenz stellt eine maßgebliche Kenngröße zur Durchführung von Ermüdungsversuchen dar. In Abhängigkeit der Werkstoffe und Versuchsbedingungen
kann die Frequenz sowohl zur Lebensdauerverlängerung als auch -reduktion führen
[6]. Der Einfluss der Frequenz ergibt sich in FVK insbesondere durch thermo-
dynamische Prozesse infolge induzierter Energie und der Zeitabhängigkeit des
Verformungsverhaltens der polymeren Matrixkomponente. Hinsichtlich des Verformungsverhaltens dominieren die gegenläufigen Mechanismen des Dehnrateneffekts
und zyklischen Kriechens den Frequenzeinfluss. Die Ausprägung dieser Mechanismen findet polymerabhängig statt, weshalb materialspezifisch geeignete Frequenzen
ermittelt werden müssen [147].

    An Polymeren konnte durch verschiedene Autorinnen/en ein positiver Einfluss
steigender Frequenzen auf das Ermüdungsverhalten festgestellt werden [147] [148].

Die Verlängerung der Lebensdauer wurde auf die Reduktion der zyklischen Kriech-vorgänge infolge einer kürzeren Beanspruchungsdauer unter höherer Frequenz zurückgeführt. Allerdings wurden ausschließlich Frequenzen von maximal 1 Hz betrachtet. In diesem Frequenzbereich konnte durch verschiedene Forscher/innen auch an GFK der positive Einfluss steigender Frequenzen auf die Bruchlastspiel-zahl bestätigt werden. Der positive Frequenzeinfluss wurde – übereinstimmend mit den Erkenntnissen an Reinharzproben – auf geringer ausgeprägte zyklische Kriech- [149] [150] und Schädigungsvorgänge [151] bezogen. Der festgestellte positive Frequenzeinfluss gilt jedoch ausschließlich im niedrigen Frequenzbereich, in denen von einem quasi-isothermen Verformungsverhalten ausgegangen werden kann. Mis-hnaevsky et al. [151] bestätigen diese Vermutung, indem sie in ihrem entwickelten Modell die Temperatur der Probe als konstant annehmen. In der Praxis werden hin-gegen i. d. R. Frequenzen > 1 Hz eingesetzt, weshalb thermische Einflüsse infolge der Eigenerwärmung berücksichtigt werden müssen. Die Frequenz steht nach Glei-chung 2.18 als Multiplikator der induzierten Energie in direktem Zusammenhang mit der Eigenerwärmung.

In Untersuchungsreihen mit Frequenzen > 1 Hz konnten verschiedene Zusam-menhänge zwischen der Lebensdauer und Frequenz ermittelt werden. So zeigt sich beispielhaft in [149] kein Einfluss der Frequenz zwischen 1 und 6 Hz, wohingegen in [152] eine Erhöhung der Frequenz zwischen 1 und 10 Hz zu einer Reduktion der Schädigungszunahme pro Zyklus und dadurch zu einer Lebensdauerverlängerung führt. Demgegenüber wurde an verschiedenen Gewebe-CFK eine Reduktion der Bruchlastspielzahl mit steigender Frequenz von 0,5 auf 15 Hz erkannt [153]. Als Ursache dafür wird die zunehmende Eigenerwärmung (Abbildung 2.18) genannt. Bis zu einer Oberflächentemperatur von ca. 38 °C ist der Einfluss der Frequenz auf die Bruchlastspielzahl hingegen vernachlässigbar. Dies lässt darauf schließen, dass es eine materialabhängige, kritische Eigenerwärmung gibt, ab der eine zusätzliche Temperatursteigerung in einer kürzeren Lebensdauer resultiert.

Diese Vermutung kann durch Ergebnisse von Barron et al. [142] gestützt werden. An matrixdominierenden Lagenaufbauten (angle-ply) steigt die Bruchlastspielzahl mit Änderung der Frequenz von 5 auf 10 Hz, jedoch folgt bei weiterer Erhö-hung auf 20 Hz eine Reduktion der Bruchlastspielzahl auf ein Niveau unterhalb der Ergebnisse von 5 Hz. Der lebensdauerreduzierende Einfluss der Frequenz auf matrixdominierende Lagenaufbauten ist ausgeprägter als auf faserdominierende Lagenaufbauten und wird größtenteils auf die Eigenerwärmung zurückgeführt. Demgegenüber kann die Zunahme der Bruchlastspielzahl durch Steigerung der Frequenz von 5 auf 10 Hz mutmaßlich mit einer Reduktion der zyklischen Kriechvorgänge bei gleichzeitiger Unterschreitung einer kritischen Eigenerwär-mung begründet werden. Dieser Aspekt wird durch die Autorinnen/en nicht näher

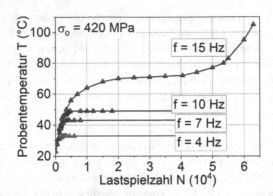

Abbildung 2.18 Frequenzabhängige Temperaturentwicklung bis zur stationären Phase an Gewebe-CFK mit thermoplastischer Matrix, nach [153]

beleuchtet, ähnliche Zusammenhänge finden sich jedoch auch in [154]. Unabhängig von dem Lagenaufbau wird der Effekt der Frequenzänderung mit der Reduktion der Oberspannung geringer, sodass ab relativen Oberspannungen von 0,4 (angle-ply) bzw. 0,8 (cross-ply) zwischen 5 und 20 Hz kein nachweisbarer Unterschied in der Lebensdauer erkennbar ist [142].

Beanspruchungsabhängiger Frequenzeinfluss
Der Einfluss der Beanspruchung oberhalb eines Grenzwerts resultiert aus der induzierten Energie pro Zeiteinheit. Bei Annahme eines linear-elastischen Verhaltens steigt die Dehnung proportional zur Beanspruchung und führt bei konstanter Frequenz zu einer höheren induzierten Energie pro Zeiteinheit, wodurch es zu einer zunehmenden Eigenerwärmung kommt [67] [155] [156].

Vieille und Taleb [83] untersuchten die Entwicklung des Schädigungsgrads D (basierend auf der totalen Mitteldehnung) von CF-EP in Abhängigkeit der Frequenz (1 und 10 Hz) für verschiedene relative Oberspannungen (0,5 bis 0,7). Die Frequenz von 10 Hz führt unter hoher Beanspruchung zu einer deutlichen Beschleunigung der Schädigungsentwicklung, wohingegen sich unter niedriger Beanspruchung eine Lebensdauerverlängerung durch eine verlangsamte Schädigungszunahme gegenüber den Ergebnissen unter 1 Hz ergibt. Bei Betrachtung der Temperaturentwicklung wird deutlich, dass sich bei 10 Hz ab einer relativen Oberspannung von 0,6 keine stationäre Phase 2 einstellt, was auf thermisch beeinflusste und dadurch beschleunigte Schädigungsprozesse schließen lässt. Ähnliche Zusammenhänge konnten in [157] unter 3P-Biegung an CF-Polyphenylensulfid (PPS) mit 10 und (effektiv) ca. 1.000 Hz festgestellt werden. Die Reduktion der Lebensdauer unter ca. 1.000 Hz ist laut den Autorinnen/en auf die höhere Eigenerwärmung zurückzuführen. Aufgrund der großen Differenz zwischen den Frequenzen wird dieser Effekt bereits ab einer relativen Oberspannung von ca. 0,35 deutlich.

Einen Grenzwert der Beanspruchung untersuchten auch Jeannin et al. [65] mit 5 und 30 Hz an unidirektional flachsfaserverstärktem EP bis $5 \cdot 10^6$ Lastspiele. Unterhalb einer relativen Oberspannung von ca. 0,5 ist kein Frequenzeinfluss erkennbar. Mit Steigerung der relativen Oberspannung nimmt die Differenz in der Bruchlastspielzahl zu. Insbesondere im LCF-Bereich bis $2 \cdot 10^4$ Lastspiele ist ein negativer Effekt durch die höhere Frequenz ersichtlich, der durch die höhere Eigenerwärmung begründet wird. Unter einer relativen Oberspannung von 0,9 stellen sich Oberflächentemperaturen von 13 °C (5 Hz) und 78 °C (30 Hz) ein. Unter Erwartung einer Kerntemperatur in Nähe des Tg des Matrixmaterials wird die Temperaturerhöhung durch die Autorinnen/en als zu hoch bewertet. Alle anderen Versuche mit relativen Oberspannungen von bis zu 0,8 werden als zulässig angesehen, obwohl die Eigenerwärmung unter 30 Hz bis zu 20 K höher ist als für 5 Hz. Eine ähnliche Einschätzung wird auch in [158] getroffen, nachdem in 4P-Biegeversuchen unter niedriger Beanspruchung kein Einfluss der Frequenz im Bereich 20–90 Hz auf die Biegesteifigkeit festgestellt wurde. Durch die Autorinnen/en [158] wird geschlussfolgert, dass die Frequenz solange keinen Einfluss ausübt, wie die Probentemperatur durch die Eigenerwärmung deutlich unterhalb des Tg bleibt und gleichzeitig ausgeprägte zyklische Kriechvorgänge ausgeschlossen werden können. Die verallgemeinernde Aussage ist im Hinblick auf den nachgewiesenen Einfluss der Umgebungstemperatur und Eigenerwärmung (u. a. [83] [142]) in Frage zu stellen.

Auf Basis der oben aufgeführten Erkenntnisse kann der Frequenzeinfluss auf FVK (in Anlehnung an Hahn und Turgenc [159]) wie folgt zusammengefasst werden: Solange die Eigenerwärmung vernachlässigbar ist, führt eine Steigerung der Frequenz zu einer Erhöhung der Bruchlastspielzahl durch Reduktion der zyklischen Kriechvorgänge. Sobald sich eine ausgeprägte (kritische) Eigenerwärmung einstellt, findet ein gegenläufiger Trend statt. Aus wirtschaftlichen Gründen wird daher angestrebt, die maximal möglichen Frequenzen zu realisieren, die zu keiner negativen Beeinflussung der Ermüdungseigenschaften infolge der Eigenerwärmung führen. Geeignete Frequenzen müssen daher material- und beanspruchungsabhängig ermittelt werden.

Kenngrößen zur Ermittlung geeigneter Frequenzen
Die einschlägigen Normen (ISO 13003 [57], ASTM D7791-12 [160]) legen den Frequenzbereich für Ermüdungsuntersuchungen auf 1–25 Hz fest, die ASTM D7791-12 empfiehlt zusätzlich für den Regelfall 5 Hz. Darüber hinaus wird in der ISO 13003 die zulässige Temperaturerhöhung der Probe durch Eigenerwärmung auf 10 K

begrenzt und darauf hingewiesen für temperatursensitive Materialien die zulässige Temperaturerhöhung gegebenenfalls zu reduzieren. Effekte hinsichtlich der Wechselwirkung von Frequenz und Eigenerwärmung bzw. dissipierter Energie sowie des mechanischen Verformungsverhaltens werden jedoch nicht berücksichtigt. Daher wurden in der Vergangenheit verschiedene Ansätze zur Ermittlung geeigneter (variabler) Frequenzen untersucht.

El Fray und Altstädt [161] [162] nahmen in MSV eine beanspruchungsabhängige Frequenzanpassung vor. Das Beanspruchungsspektrum wurde in vier Bereiche unterteilt und die Frequenz von 1 Hz (höchster Beanspruchungsbereich) bis 4 Hz (niedrigster Beanspruchungsbereich) angepasst. Da keine relevante Eigenerwärmung stattfand, wurde die Frequenzanpassung positiv beurteilt. Einen signifikanten Einfluss der Eigenerwärmung erwarteten auch van Wingerde et al. [48] und verwendeten aufgrund dessen material- und beanspruchungsabhängig verschiedene Frequenzen. Es wurde festgestellt, dass die Frequenzen zur Begrenzung der Eigenerwärmung deutlich unterhalb der in der Vergangenheit genutzten Frequenzen lagen. Mit dem Ziel kürzerer Versuchszeiten wurde in [163] eine Frequenzanpassung in Ermüdungsuntersuchungen mit variabler Beanspruchungsamplitude genutzt. Mittels eines automatisierten Abgleichs der aktuellen zur vorherigen Beanspruchungsamplitude wird die adaptive Frequenzanpassung in situ durchgeführt, sobald das Messsystem eine Änderung verzeichnet. Die Frequenzdaten müssen dazu in einer Rainflow-Matrix hinterlegt sein. Die Frequenz wird nach oben dadurch begrenzt, dass diese keinen Einfluss auf die Lebensdauer ausüben darf. Inwiefern dies bewertet wird bleibt offen. Ein methodisch bzw. mathematisch nachvollziehbarer Ansatz zur Ermittlung der Frequenzen wird in den oben aufgeführten Arbeiten nicht beschrieben.

Einen methodischen Ansatz erläutert Zilch-Bremer [53] auf Basis einer adaptiven in situ Frequenzanpassung. Während zyklischer Untersuchungen von Kunststoffen wurde die Frequenz angepasst, um die Werkstoffkennwerte unter vergleichbaren Bedingungen zu ermitteln. In diesem Zusammenhang sollte die Eigenerwärmung konstant gehalten werden, um eine thermische Beeinflussung der mechanischen Kennwerte ausschließen zu können. Dazu wurde eine automatisierte Frequenz-Temperatur-Regelung genutzt, auf Basis derer die Frequenz in definierten Schritten zwischen vorab festgelegten Grenzwerten variiert wird. In den Untersuchungen wurde ein Frequenzbereich von 1 bis 15 Hz genutzt und das Vorgehen auf Grundlage der geringen Schwankungen der Probentemperatur ($-0{,}2$ bis $0{,}4$ K) erfolgreich validiert.

Einen mathematischen Ansatz beschreiben Bernasconi und Kulin [155] anhand des Zusammenhangs zwischen Temperatur und Verlustenergiedichterate ($\dot{w}_v$) für

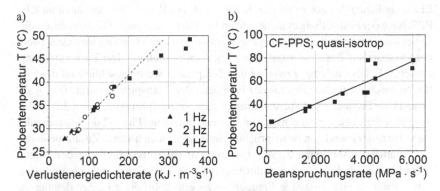

Abbildung 2.19 Probentemperatur in stationärer Phase im Verhältnis zur a) Verlustenergiedichterate (nach [155]) und b) Beanspruchungsrate (nach [153])

kurzglasfaserverstärktes Polyamid 6 (PA6). Um den Effekt der beiden Einflussgrößen darzustellen, ermittelten sie die Verlustenergiedichte und bezogen diese auf die Zeit, indem die Verlustenergiedichterate als das Produkt aus Hysteresis-Fläche und Frequenz gebildet wurde (Gleichung 2.19). Die Probentemperatur zeigt über der Verlustenergiedichterate für Frequenzen zwischen 1 und 4 Hz eine nahezu lineare Steigung (Abbildung 2.19a). Mit steigender Beanspruchung weichen die Messergebnisse stärker von der Linearität ab, was darauf zurückgeführt wird, dass die induzierte Energie nicht mehr vollständig in Wärme dissipieren kann. Die Verlustenergie selbst zeigt kein ausgeprägt zeitabhängiges Verhalten. In Ermüdungsversuchen an kurzglasfaserverstärktem Polypropylen (PPGF30) unter konstanter Beanspruchung blieb die Hysteresis-Fläche trotz Änderung der Frequenz von 3 auf 22 Hz nahezu konstant [164]. Zwar zeigt sich weiterhin ein zeitbezogener Einfluss der Frequenz auf zyklische Kriechvorgänge, hinsichtlich der Verlustenergie können Dehnraten-effekte jedoch scheinbar trotz des viskoelastischen Werkstoffverhaltens zum Großteil vernachlässigt werden. Diese Erkenntnis bestätigt grundsätzlich die Anwendbarkeit der Methode von Bernasconi und Kulin [155] und ermöglicht eine modellbasierte Beschreibung der frequenzabhängigen Verlustenergiedichterate ohne Berücksichtigung viskoelastischer Einflüsse.

$$\dot{w}_v = f \cdot \oint \sigma_n d\varepsilon_t \tag{2.19}$$

$$\dot{\sigma}_a = f \cdot \sigma_a \tag{2.20}$$

Einen ähnlichen Ansatz verfolgten Růžek et al. [153] in Untersuchungen an CF-PPS. Nach der Feststellung eines negativen Einflusses steigender Frequenzen auf die Lebensdauer aufgrund erhöhter Eigenerwärmungen definierten sie einen Grenzwert der Frequenz auf Basis einer kritischen Temperaturerhöhung. Der Zusammenhang zwischen Beanspruchung, Frequenz und Temperatur wurde anschließend modellbasiert beschrieben. Dazu wurde der Parameter der Beanspruchungsrate ($\dot{\sigma}_a$) – als Produkt der Frequenz und Spannungsamplitude – eingeführt (Gleichung 2.20). Der Vergleich der gemessenen stationären Probentemperatur (Phase 2 der Eigenerwärmung) über der jeweiligen Beanspruchungsrate zeigt einen linearen Zusammenhang der Parameter (Abbildung 2.19b). Die mathematische Beschreibung der Wechselwirkung ermöglicht es den Autorinnen/en eine zulässige Beanspruchungsrate – und dadurch eine zulässige Frequenz – zu ermitteln, die zu einer definierten Eigenerwärmung führt (bspw. ca. 2.000 MPa $\cdot$ s^{-1} für 40 °C). Mit den oben aufgeführten Ansätzen lassen sich somit durch Festlegung von Grenzwerten für die Verlustenergiedichterate [155] oder Beanspruchungsrate [153] und Umstellen der mathematischen Gleichung geeignete bzw. zulässige Frequenzen berechnen.

2.3 Ermüdungs- und Schädigungsverhalten im VHCF-Bereich[11]

Das Ermüdungs- und Schädigungsverhalten von FVK im Bereich sehr hoher Lastspielzahlen (VHCF-Bereich) ist trotz der in den vergangenen Jahren zunehmenden Untersuchungen im Vergleich zu metallischen Werkstoffen [165] wenig erforscht. In Abhängigkeit des Anwendungsbereichs können im Einsatz von FVK aktuell Lastspielzahlen von 10^9 (bspw. in Rotorblättern von Windkraftanlagen [8]) bis zu 10^{10} (bspw. im Antriebsstrang [166]) auftreten. Ein umfangreiches Verständnis über das Ermüdungsverhalten von FVK im VHCF-Bereich ist jedoch nicht vorhanden. Dies hat zum Teil rein praktische Gründe, wie bspw. eine hohe Versuchsdauer von fast 12 Tagen für die Untersuchung von 10^7 Lastspielen bei normkonformer Prüfung mit 10 Hz. Die Untersuchung von bis zu 10^9 Lastspielen ist mit solch konventionellen Methoden unter wirtschaftlichen und technischen (Eigenermüdung des Prüfsystems [167]) Gesichtspunkten nicht möglich. Daher werden zur Reduktion der Versuchsdauer höhere Frequenzen eingesetzt. Dabei gilt es den Einfluss der Frequenz (Abschnitt 2.2.3) zu berücksichtigen und kritische Eigenerwärmungen zu vermeiden, um eine

---

[11]Inhalte dieses Kapitels basieren zum Teil auf der studentischen Arbeit [93].

Beeinträchtigung der Ermüdungseigenschaften ausschließen und die Vergleichbarkeit der Ergebnisse zwischen Untersuchungen im LCF- bis HCF-Bereich und VHCF-Bereich sicherstellen zu können.

In Horst et al. [168] werden aktuelle Prüfstrategien zur Aufbringung erhöhter Frequenzen vorgestellt. Eine standardisierte Methode zeichnet sich nicht ab. Vor- und Nachteile sind bei allen von der Norm abweichenden Methoden zu finden. Daher finden stetig Weiterentwicklungen statt, auf die in diesem Kapitel eingegangen wird. Der Umfang an vorhandener Literatur zur Untersuchung von GFK unter axialer Beanspruchung ist gering. Es werden daher zusätzlich Untersuchungsreihen unter Biegebeanspruchung und an alternativen FVK berücksichtigt.

2.3.1 Prüfverfahren zur Untersuchung des VHCF-Bereichs

Biegebeanspruchung
Balle et al. [169] [170] entwickelten eine Methode unter Verwendung eines Ultraschallprüfsystems (USF) zur Erzielung hoher Frequenzen. Durch Nutzung der Resonanz in einem 3P-Biegeversuch wird eine Frequenz von 20 kHz eingestellt. Dazu wird die Probengeometrie so angepasst, dass die erste transversale Biegemode mit der Resonanzfrequenz der Sonotrode (20 kHz) übereinstimmt. Die Frequenz ist nicht variabel, hingegen kann durch Variation des Puls-Pause-Verhältnisses die effektive Frequenz angepasst werden. Dabei werden Pausensequenzen integriert, in denen keine Erregung der Probe stattfindet (Abbildung 2.20). Dies reduziert maßgeblich die Temperaturentwicklung [171] [172]. Vor und nach den Pausen wird die Probe zyklisch beansprucht. Das Pulsverhältnis (X_{puls}) ergibt sich aus der Dauer der effektiven Schwingung ($t_{puls,eff}$) in Relation zur Gesamtdauer der Puls-Pause-Sequenz (t_{ges}). Die effektive Frequenz (f_{eff}) wird durch Multiplikation des Pulsverhältnisses mit der Frequenz gebildet und beträgt in den Versuchsreihen von Balle et al. 965 Hz. Zur Durchführung der Versuche ist ein stetiger Kontakt zwischen Sonotrode und Prüfkörper notwendig, weshalb die Versuche unter Mittellast durchgeführt werden. Es wird eine konstante Mittellast gewählt, die in variierenden Spannungsverhältnissen von 0,21 bis 0,51 resultiert [169]. Bei diesem Prüfverfahren handelt es sich um ein weggeregeltes Vorgehen. Aufgrund der bekannten Steifigkeitsreduktion (Abschnitt 2.2.2) ist daher davon auszugehen, dass die mechanische Beanspruchung während eines Versuchs nicht konstant bleibt.

Abbildung 2.20
Puls-Pause-Vorgehen zur
Reduktion der
Temperaturentwicklung bei
Prüfung unter
hochfrequenter Belastung,
nach [92]

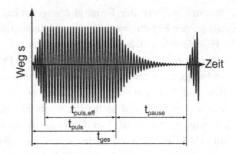

Adam und Horst [158] [167] sehen Nachteile im 3P-Biegeverfahren aufgrund der lokalen, maximalen Beanspruchung unter der Krafteinleitung. Sie entwickelten eine Methode zur 4P-Biegung an einem elektrodynamischen Prüfsystem, mit dem Frequenzen von bis zu 90 Hz erreicht werden. Positiv anzumerken ist, dass die Frequenz aufgrund des nicht-resonanten Prüfverfahrens in einem Bereich von 20 bis 90 Hz variiert werden kann. Die Bewertung des Ermüdungsverhaltens erfolgt online mittels Lasertriangulation und Thermografie, sowie die Schädigungsermittlung mittels Durchlichtfotografie. In einer weiteren Methode wird – basierend auf einem elektrodynamischen Shaker – mit einem schwingenden Feder-Masse-System ein Biegemoment an den Enden einer Probe eingeleitet [174] [175]. Das Prüfverfahren erlaubt die Aufbringung des Biegemoments ohne Indizierung von Scherspannungen [174]. Die Beanspruchung und effektive Frequenz von 180 Hz kann durch die verwendete Masse variiert werden und liegt für die maximale Auslenkung bei 125 Hz [175] [176].

Axiale Beanspruchung
In dieser Arbeit wurde eine Methode entwickelt, um GFK im VHCF-Bereich hinsichtlich des Ermüdungs- und Schädigungsverhaltens unter axialer Beanspruchung zu untersuchen. Hosoi et al. [60] realisierten dies mit einem servohydraulischen Prüfsystem. Quasi-isotropes GF-EP wurden mit 100 Hz und relativen Oberspannungen von maximal 0,35 bis zu Lastspielzahlen von $3 \cdot 10^8$ untersucht. Die Ergebnisse zeigen eine gute Übereinstimmung mit ergänzenden Versuchen unter 5 Hz. Vermutlich aufgrund der langen Versuchsdauer von 35 Tagen bei 100 Hz für $3 \cdot 10^8$ Lastspiele wurden jedoch nur wenige Versuche durchgeführt, sodass Hosoi et al. tiefer gehende Untersuchungen empfehlen [177]. Höhere Frequenzen werden mit dem durch Mandell und Samborsky [61] vorgestellten Konzept erreicht. Die Probe wird zwischen einem Lastrahmen und einem Lautsprecherchassis eingespannt, mit dem Frequenzen von bis zu 300 Hz realisiert

werden. Versuche bis 10^{10} Lastspiele belegen die Anwendbarkeit dieser Methode. Jedoch können nur maximale Prüfkräfte von 5 N aufgebracht werden, weshalb in den Versuchsreihen auf Kleinstproben mit 45 E-Glasfasern zurückgegriffen wurde.

Eine Möglichkeit, die Versuchsdauer weiter zu reduzieren und größere Prüfkräfte aufzubringen, besteht in der Nutzung eines elektrodynamischen Schwingungserregers. Ein solches System wurde durch Alpinis [178] entwickelt und erzeugt Frequenzen im Bereich 300–500 Hz. In einer Spule, die sich in einer Führung in einem konstanten Magnetfeld befindet, fließt ein Wechselstrom. Durch die Wechselwirkung mit dem Magnetfeld wird die Spule aus ihrer Ruheposition in Bewegung gesetzt, die im direkten Zusammenhang mit der Stromstärke und Frequenz steht. Der Prüfkörper ist mit der Spule verbunden und am anderen Ende fixiert oder mit einem Gewicht versehen und wird dadurch sinusförmig belastet. Das gesamte System arbeitet dabei in Resonanz. Es wurden Versuche an unidirektionalem GF-Polyester (PE) unter 400 Hz und vergleichende Untersuchungen an einem konventionellen Prüfsystem unter 17 Hz durchgeführt. Der Ergebnisse weisen ähnliche Ermüdungsfestigkeiten auf. Frequenzen von > 30 Hz werden auch mit dem von Lorsch et al. [179] entwickelten Resonanzprüfsystem auf Basis eines Zwei-Massen-Schwingers realisiert. Es konnten Versuche an FVK-Rohren im Spannungsverhältnis von $R = -1$ durchgeführt werden. Ein Vergleich zu konventionellen Versuchen war hingegen nicht möglich, da die mit dem Prüfsystem realisierbaren maximalen Dehnungsamplituden von 0,17 nicht ausreichten, um ein Versagen im LCF- bis HCF-Bereich zu erzielen [179].

Eine weitere Methode – basierend auf dem Resonanzprinzip – wird in [180] vorgestellt. Unter Verwendung eines USF wurden Proben axial mit 20 kHz zyklisch beansprucht. Mittels FE-Simulation wurde eine adäquate Probengeometrie ermittelt. Als problematisch erwies sich die Anbringung der Probe an das Prüfsystem. Dies wurde durch einen Adapter gelöst, auf den der obere Teil der Probe geklebt wird. Die Messlänge schwingt frei. Untersucht wurden CFK-Gewebeplatten bis > 10^9 Lastspiele bei $R = -1$. Flore et al. [166] bedienten sich dem gleichen Prinzip. Mit einem USF prüften sie quasi-unidirektionales GF-EP mit einer effektiven Frequenz von ca. 1 kHz (Puls-Pause-Verhältnis: 1:20) unter zugschwellenden Beanspruchungen, die in Bruchlastspielzahlen von ca. 10^7 und ca. 10^9 resultierten. Die Proben wurden beidseitig mit einem Adapter aus Titan verklebt, der so ausgelegt war, dass in der Probenmitte die höchste Beanspruchung wirkt. Durch den beidseitigen Adapter können im Lastrahmen statische Beanspruchungen aufgebracht werden, wodurch das Spannungsverhältnis variiert werden kann. Die Ergebnisse wurden mit konventionellen Versuchen unter 10 Hz verglichen. Es zeigt sich im Bereich von 10^7 Lastspielen eine sehr gute Übereinstimmung, wohingegen die Versuche bis ca. 10^9 Lastspielen außerhalb des Streubandes für 90 % Ausfallwahrscheinlichkeit liegen. Die Regelung des Prüfsystems findet bei diesem Prüfverfahren (identisch zu [170]) wegbasiert statt, daher muss der Einfluss der Steifigkeitsreduktion berücksichtigt werden. Dazu wurden die in der Wöhlerkurve angegebenen Oberspannungen durch Flore et al. [166] um die kurz vor Versagen vorhandene Steifigkeitsreduktion korrigiert/reduziert, woraus eine konservative Abschätzung resultierte. Die Wöhlerkurve änderte sich nur geringfügig, da die Steifigkeitsreduktion maximal 5,15 % betrug. Dies ist auf den unidirektionalen Aufbau des Laminats zurückzuführen. Für quasi-isotrope Laminate ist eine ausgeprägtere Steifigkeitsreduktion zu erwarten, weshalb dieser Ansatz nicht ohne Weiteres verallgemeinert und auf variierende Lagenaufbauten übertragen werden kann. Die Vergleichbarkeit von spannungs- und weggeregelten Versuchen ist daher im Einzelfall (auf Basis der Steifigkeitsreduktion) zu bewerten.

Temperaturentwicklung
Durch die Energieeinbringung beim Ermüdungsversuch wird bei jedem Lastspiel Energie dissipiert und führt zu einer Erwärmung der Probe. In den oben vorgestellten Methoden werden zur Charakterisierung des Ermüdungsverhaltens im VHCF-Bereich erhöhte Frequenzen im Vergleich zu konventionellen (normkonformen) Prüfungen eingesetzt, weshalb die Eigenerwärmung unter identischer Beanspruchung ausgeprägter ist. Die Eigenerwärmung ist daher ein in der Literatur intensiv diskutiertes Thema und einer der Hauptgründe dafür, dass bspw. die an metallischen Werkstoffen erfolgreich eingesetzten USF nicht problemlos auf FVK adaptiert werden konnten [173] [175]. Grundsätzlich sind sich die Forscher/innen einig, dass der Frequenzeinfluss gering/vernachlässigbar ist, sofern die Eigenerwärmung der Probe gering gehalten wird, und dadurch der Vergleich von Ergebnissen aus konventionellen und VHCF-Prüfungen legitim ist [60] [168] [179]. Vor diesem Hintergrund wurden verschiedene Ansätze zur Begrenzung der Eigenerwärmung unter erhöhten Frequenzen entwickelt. Grundsätzlich werden folgende Maßnahmen vermehrt in der Literatur gefunden:

• Luft- oder Wasserkühlung der Probe [166] [170] [178] [181]
• Anpassung/Verringerung der Probengeometrie bzw. -abmessungen [8] [60] [166] [180] [181]
• Puls-Pause-Strategien der Lastaufbringung [166] [170]

Domínguez et al. [180] gelang es – trotz Einsatz eines USF mit 20 kHz – die Temperaturerhöhung bei Beanspruchungen äquivalent zu Bruchlastspielzahlen von ca. 6 bis $8 \cdot 10^8$ auf kleiner 30 K zu begrenzen. Dies wird insbesondere durch Nutzung sehr geringer Probendicken (0,3 mm) erreicht, mit denen aufgrund des großen Oberflächen-zu-Volumen-Verhältnisses die Wärmeabgabe (Kühlung) der Probe optimiert wird. Angaben zu einem Puls-Pause-Verhältnis oder dem Einsatz von Kühlung werden nicht gemacht. In Untersuchungsreihen an unverstärkten Polymeren [182] [183] führten die gleichen Autorinnen/en die Versuche in einer Immersion durch. Eine Wasserkühlung wird auch in [178] verwendet und die Proben zur Vermeidung von Feuchteaufnahme mit Wachs imprägniert. Ohne Kühlung kommen die Methoden von Adam und Horst [167], Mandell und Samborsky [8] und Hosoi et al. [177] aus. Die Begrenzung der Temperaturerhöhung auf maximal 15 K wird zum einen durch geringe Probendicken (1,1–2,0 mm) und zum anderen durch Frequenzen ≤ 100 Hz ermöglicht. Die von Hosoi et al. [10] ermittelte Temperaturerhöhung von maximal 14 K bezieht sich auf Messungen zu Versuchsbeginn. Die Aufweitung der Hysterese infolge der Schädigungsentwicklung wird nicht berücksichtigt, weshalb zu Versuchsende höhere Temperaturen erwartet werden. In diesem Zusammenhang wird in [181] zu Versuchsbeginn eine homogene Oberflächentemperatur von 40 °C gemessen, die nach Eintritt erster Schädigungen – trotz Nutzung geringer Probendicken von 1 mm – lokale Hotspots von über 100 °C aufweist.

Zur Bewertung der Temperaturerhöhung nehmen Hosoi et al. [177] Bezug auf den Tg. Die Temperaturerhöhung wird als unkritisch angesehen, solange diese weit unter dem Tg des untersuchten Materials liegt. Diese These wird durch andere Forscher/innen aufgegriffen und gestützt [158] [169]. Quantitative Angaben werden in Backe et al. [169] gemacht und eine Probentemperatur von größer 50 % Tg als unzulässig definiert, gleichbedeutend mit 45 °C für den verwendeten, thermoplastischen CFK. In aktuellen Untersuchungen der Forscher/innen zeigt sich jedoch, dass Versuche im Übergang vom HCF- zum VHCF-Bereich unterschiedliche Ermüdungsfestigkeiten für konventionelle (10 Hz) und hochfrequente (effektiv 965 Hz) Versuche aufweisen [157]. Dies folgt aus der verschieden ausgeprägten Temperaturerhöhung. Eine allgemeine Zulässigkeit des 50 % Tg-Grenzwerts ist daher in Frage zu stellen, insbesondere, weil daraus für duroplastische FVK hohe zulässige Probentemperaturen resultieren würden. Flore et al. [166] nutzten an einer USF bspw. ein GF-EP mit einem Tg von 160 °C. Aus Abschnitt 2.2.3 wird deutlich, dass eine Probentemperatur von 80 °C zu veränderten Eigenschaften der Matrix führen würde und dies eine Vergleichbarkeit mit quasi-isothermen Versuchen ausschließt. Flore et al. gelang es, die Probentemperatur unter 25 °C zu halten, indem die effektive Frequenz durch ein

Puls-Pause-Verhältnis auf ca. 1 kHz und die Probendicke auf 1,25 mm reduziert sowie die Probe luftgekühlt wurde.

An dieser Stelle muss betont werden, dass in den oben erläuterten Untersuchungsreihen die Temperatur stets an der Probenoberfläche gemessen wurde. Trotz oftmals vergleichbarer Probendicken von ca. 1 bis 2 mm weisen die Messreihen signifikante Unterschiede in der Probentemperatur (25 bis > 100 °C) auf. Dies ist wohl maßgeblich durch den Einsatz und Umfang von Luft-/Wasserkühlung beeinflusst. Durch die Kühlung über die Oberfläche ist jedoch ein Temperaturgradient zwischen Probenkern und Oberfläche vorhanden, der ggf. unter Berücksichtigung der Varianz der vorgestellten Messreihen signifikant ist. Daher gilt es kritisch zu prüfen, ob die Messung der Oberflächentemperatur bei simultaner Oberflächenkühlung ein geeignetes Vorgehen darstellt, um auf die tatsächlich wirkende Eigenerwärmung schließen zu können.

2.3.2 Schädigungsmechanismen und -entwicklung

Grundsätzlich ist zu diskutieren, ob eine Charakterisierung der Ermüdungseigenschaften im VHCF-Bereich notwendig ist. Nach Talreja [58] besitzen FVK eine Dauerfestigkeit, die durch die Region III im Ermüdungslebensdauerdiagramm (engl.: fatigue-life diagram) (Abbildung 2.21) repräsentiert wird. Dabei sind die auftretenden Dehnungen zu gering, um Matrixrisse zu initiieren und/oder eine für ein Versagen ausreichende Geschwindigkeit des Risswachstums auslösen zu können.

In Untersuchungen von Wu et al., Hosoi et al. und Adam und Horst wird die These von Talreja gestützt. So konnten durch Wu et al. [184] an cross-ply Gewebe-CFK unter Biegebelastung – auf Basis des unter verschiedenen Beanspruchungen ermittelten Wachstums der Oberflächenrissdichte – ein Grenzwert der Totaldehnung berechnet werden, an dem eine Dauerfestigkeit vorliegt. Eine Validierung des Grenzwerts fand hingegen nicht statt. Hosoi et al. konnten unter axialen relativen Oberspannungen von 0,2 an quasi-isotropem CFK [60] und GFK [177] bis zu Lastspielzahlen von 2 bzw. $3 \cdot 10^8$ keine Schädigungen detektieren, weshalb im VHCF-Bereich ein Grenzwert bzgl. der Schädigungsinitiierung und somit eine Dauerfestigkeit vermutet wurde. Der Vergleich der Schädigungsentwicklung eines quasi-isotropen mit einem cross-ply GFK [10] zeigt Unterschiede hinsichtlich der Initiierung von Transversalrissen und Delaminationen. Zwar sind die Schädigungsmechanismen grundsätzlich identisch, jedoch sind für cross-ply Laminate deutlich höhere relative Oberspannungen zur Entwicklung einer vergleichbaren Rissdichte notwendig. Bis zu einer relativen Oberspannung von 0,4 (äquivalent zu einer Dehnungsamplitude von 0,23) konnten kaum Transversalrisse bis 10^8 Lastspiele detektiert werden. Die Beobachtungen lassen darauf schließen, dass ein Lageneinfluss auf den vermuteten Schädigungsgrenzwert existiert. Adam und Horst untersuchten die Schädigungsentwicklung von cross-ply [158] [167] und angle-ply [158] GFK unter 4P-Biegung bis maximal $1{,}5{\cdot}10^8$ Lastspiele. Die Schädigungsentwicklung zeigte sich in den Versuchsreihen erwartungsgemäß abhängig von der Beanspruchung. So bildeten sich bei initialen Dehnungen von 51 % (cross-ply) bzw. 46 % (angle-ply) – in Bezug auf die statische Dehnung bis Zwischenfaserbruch – keine bzw. marginale Delaminationen aus. Auch die Transversalrissdichte stieg bei niedrigen Beanspruchungen, äquivalent zu den Ergebnissen von Hosoi et al., nur gering an. Die Autorinnen/en nehmen basierend auf dem Schädigungsverlauf einen Grenzwert der initialen Dehnung von 0,19 bis 0,22 % (cross-ply) bzw. 0,26 % (angle-ply) für die Schädigungsausbreitung an.

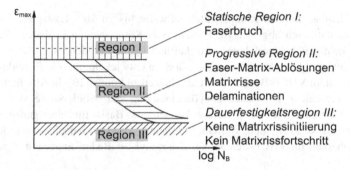

Abbildung 2.21 Schematisches Ermüdungslebensdauerdiagramm (engl.: fatigue-life diagram) für einen unidirektionalen FVK mit Darstellung von drei Regionen einhergehend mit verschiedenen Schädigungsmechanismen, nach [85]

In aktuellen Versuchsreihen finden sich zu den oben aufgeführten Forscher/innen gegensätzliche Erkenntnisse. In Untersuchungen an cross-ply CFK [157] [170], unidirektionalem GFK [166] und flachsfaserverstärktem EP [65] ist keine Dauerfestigkeit bzw. kein diesbezüglicher Trend erkennbar. Balle et al. [170] können unter 3P-Biegung an cross-ply CFK auch bei Durchläufern bis 10^9 Lastspiele eine signifikante Zunahme der Rissdichte detektieren, was widersprüchlich zu einer theoretischen Dauerfestigkeit ist. In den aktuellen Versuchen dieser Forscher/innen [157] wird diese Vermutung weiter bestärkt, indem an zusätzlichen Proben ein Versagen bei ca. $2{\cdot}10^9$ Lastspielen eintrat. In Untersuchungen von Flore et al. [166] an unidirektionalem GFK unter axialer zugschwellender Beanspruchung zeigt sich ein ähnliches Bild. Die Wöhlerkurve weist zwar vom Übergang des HCF- in den VHCF-Bereich ein Abflachen auf, doch tritt in Versuchen bis ca. $1,6 \cdot 10^9$ Lastspielen – unter einer Beanspruchung einhergehend mit einer initialen Dehnungsamplitude von nur ca. $0,11~\%$ – noch ein Versagen ein. Dadurch wird mit Bezug auf die Theorie von Talreja [58] belegt, dass es auch bei niedrigen Dehnungsamplituden weiterhin zu einem Versagen von FVK-Strukturen kommt. Zwar ist nicht auszuschließen, dass bei noch geringeren Dehnungsamplituden und/oder anderen Struktureigenschaften eine Dauerfestigkeit vorhanden ist, jedoch wird durch die aktuellen Forschungsergebnisse die Notwendigkeit zur Untersuchung des VHCF-Bereichs bis mindestens $2 \cdot 10^9$ Lastspiele deutlich.

2.3.3   Lebensdauerorientierte Betrachtung

Im Brückenbau müssen Komponenten teilweise bis zu 10^{10} Lastspiele ertragen [6]. Eine statistisch abgesicherte Prüfung von Komponenten in diesem Bereich ist mit heutigen Prüfverfahren wirtschaftlich kaum möglich. Von daher ist es notwendig, geeignete Modellierungsansätze zu entwickeln, um die Ermüdungseigenschaften im VHCF-Bereich exakt abschätzen zu können [6]. In Abschnitt 2.2.1 wurden verschiedene Ansätze zur Beschreibung der Wöhlerkurve vom LCF- bis HCF-Bereich vorgestellt. Diese können als Basis für eine ganzheitliche Beschreibung des Ermüdungsverhaltens fungieren, müssen jedoch hinsichtlich der Anwendbarkeit im VHCF-Bereich verifiziert und bei Bedarf angepasst werden.

Beschreibung der Wöhlerkurve im VHCF-Bereich
In Abbildung 2.22 sind ausgewählte Versuchsergebnisse aus der Literatur dargestellt. Es zeigt sich, dass die Beschreibung der Wöhlerkurve in Abhängigkeit des Materials und der Beanspruchung durch konventionelle Ansätze auf Basis einer linearen Regression [10] [166] [178] oder Potenzfunktion [65] erfolgt, oder der Verlauf vom HCF- in den VHCF-Bereich eine Änderung erfährt und deshalb komplexere Modelle notwendig sind [61] [185].

---

[12]Reprinted from Composites Science and Technology, Vol. 141, Flore, D.; Wegener, H.; Mayer, H.; Karr, U.; Oetting, C. C., Investigation of the high and very high cycle fatigue behaviour of continuous fibre reinforced plastics by conventional and ultrasonic fatigue testing, Page 135, Elsevier (2017), with permission from Elsevier.

Reprinted/adapted by permission from Springer Nature: Springer Mechanics of Composite Materials, Acceleration of Fatigue Tests of Polymer Composite Materials by Using High-Frequency Loadings by R. Alpinis; Springer-Verlag (2004)

Abbildung 2.22
Gegenüberstellung von
Modellierungsansätzen für
Wöhlerkurven auf Basis von
linearer Regressionen [166]
[178] und Potenzfunktion
[65] vom LCF- bis
VHCF-Bereich[12]

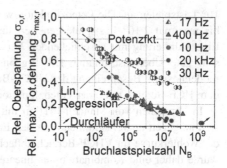

Alpinis [178] nutzt zur Beschreibung der Wöhlerkurve von unidirektionalem GFK zwischen ca. $4 \cdot 10^3$ bis $2 \cdot 10^8$ Lastspiele eine lineare Regression in halblogarithmischer Darstellung. Durch die Aufteilung der Wöhlerkurve in zwei lineare Regressionen – bezogen auf das jeweils verwendete Prüfverfahren (17 bzw. 400 Hz) – wird die Übereinstimmung deutlich verbessert. Alpinis interpretiert dies als Frequenzeinfluss. Da sich die Bruchlastspielzahlen – hervorgerufen durch die verschiedenen Prüfverfahren – nur im Bereich von ca. $5 \cdot 10^5$ bis $5 \cdot 10^6$ Lastspielen überschneiden und ansonsten der LCF-Bereich mit 17 Hz sowie der VHCF-Bereich mit 400 Hz untersucht wurde, kann der sich ändernde Verlauf der Wöhlerkurve möglicherweise auch auf ein sich änderndes Werkstoffverhalten zurückgeführt werden. Unabhängig davon ist der Übereinstimmungskoeffizient für den LCF- bis HCF-Bereich deutlich höher als für den HCF- bis VHCF-Bereich. Vergleichbare Rückschlüsse können durch die Auswertungen von Flore et al. [166] gezogen werden. Die Versuchsergebnisse an quasi-unidirektionalem GFK im VHCF-Bereich ($> 3 \cdot 10^7$ Lastspiele) werden bei halblogarithmischer Darstellung der Wöhlerkurve durch eine lineare Regression auf Basis aller Daten unzureichend abgebildet. Durch Einsatz einer für Metalle typischen doppelogarithmischen Darstellung wird die Beschreibung mittels linearer Regression optisch verbessert, allerdings sind die Ergebnisse im VHCF-Bereich außerhalb des Streubandes für eine 90 % Ausfallwahrscheinlichkeit. Daher ist die Tauglichkeit einer linearen Regression zur Beschreibung des Werkstoffverhaltens von GFK unter sehr hohen Lastspielzahlen in Frage zu stellen.

Jeannin et al. [65] wenden eine Potenzfunktion zur Beschreibung des Ermüdungsverhaltens von unidirektional flachsfaserverstärktem EP von ca. $2 \cdot 10^2$ bis

Reprinted from Composites Part B: Engineering, Vol. 165, Jeannin, T.; Gabrion, X.; Ramasso, E.; Placet, V., About the fatigue endurance of unidirectional flax-epoxy composite laminates, Page 695, Elsevier (2019), with permission from Elsevier.

10^8 Lastspielen an. Die Potenzfunktion wurde ursprünglich auf Basis von Daten bis maximal $2 \cdot 10^6$ Lastspiele generiert und in den VHCF-Bereich extrapoliert. Eine Validierung mit anschließenden Versuchen bis 10^8 Lastspielen belegt eine sehr gute Übereinstimmung. Die Ergebnisse lassen daher vermuten, dass die modellbasierte Beschreibung des VHCF-Bereichs auf Basis von Ergebnissen aus dem HCF-Bereich mit einer Potenzfunktion zulässig ist.

In Versuchen von Mandell [61] an mit PE imprägnierten E-Glasfasern zeigt sich hingegen übereinstimmend mit den Ergebnissen von Flore et al. [166], dass die Wöhlerkurve im VHCF-Bereich abflacht. Zur Beschreibung der Wöhlerkurve wurde daher eine Kombination aus linearer Regression (bis 10^7 Lastspiele) und Potenzfunktion (ab 10^7 Lastspiele) genutzt. Die kombinierte Funktion beschreibt den Verlauf der Wöhlerkurve deutlich besser als eine einzelne Funktion, allerdings werden die Ergebnisse im VHCF-Bereich ab ca. 10^9 Lastspielen noch zu konservativ und daher nicht ausreichend gut beschrieben. Auch in gemeinsamen Untersuchungen von Sutherland und Mandell [185] an unidirektionalem GFK wird deutlich, dass die Beschreibung der Wöhlerkurve vom LCF- bis VHCF-Bereich mit einer einzelnen Potenzfunktion unzureichend erfolgt. Die Autorinnen/en wenden daher eine Kombination mehrerer Potenzfunktionen auf Grundlage der Ergebnisse von 1 bis 10^8, 10^3 bis 10^8 und 10^5 bis 10^8 Lastspielen an. Das Abflachen der Wöhlerkurve wird durch die Änderung der Neigungskennzahl k von 11,3 bis 14,3 bei Reduktion des betrachteten Lastspielzahlbereichs verdeutlicht. Die Wöhlerkurve wird durch die Potenzfunktionen zusammengesetzt und kann die Versuchsergebnisse mit einer hohen Genauigkeit abbilden.

2.4   Schädigungsanalyse mittels Computertomographie[13]

Die Untersuchung von FVK mittels Computertomographie (CT) erlaubt eine tiefer gehende Analyse und Bewertung der Mikrostruktur und des Schädigungsgrads durch zerstörungsfreie dreidimensionale Abbildung des Prüfkörpers [186]. Gegenüber der zweidimensionalen Untersuchung, bspw. durch Licht- oder Rasterelektronenmikroskopie, können somit volumetrische Zusammenhänge, wie die Ausprägung von Rissnetzwerken oder Delaminationen, näher betrachtet werden. Dies ist insbesondere für FVK aufgrund der heterogenen Struktur von besonderer Relevanz und einer der Hauptgründe für den in jüngerer Vergangenheit stetig steigenden Einsatz der Computertomographie zur zerstörungsfreien Untersuchung

---

[13]Inhalte dieses Kapitels basieren zum Teil auf Vorveröffentlichungen [227] [266] und auf den studentischen Arbeiten [115] [192] [234].

von FVK [187]. Eine besondere Präparation des Prüfkörpers ist für die compu-tertomographische Untersuchung i. d. R. nicht notwendig. Hingegen müssen sich die einzelnen Materialien (Faser und Matrix) und Fehlstellen (Luft) auf Basis der Schwächungskoeffizienten bzw. Grauwerte separieren lassen.

2.4.1 Grundlagen der Computertomographie

Das Prinzip der Computertomographie basiert auf der Röntgenstrahlung, deren Freisetzung mit einer Röntgenröhre erfolgt. Nähere Informationen zum Prinzip der Röntgenprüfung und Funktionsweise der Röntgenröhre sind u. a. in [188] [189] zu finden. Die Röntgenstrahlen durchdringen den Prüfkörper und werden detektiert, wodurch der Prüfkörper zweidimensional abgebildet wird. Die nach der Durchstrahlung des Prüfkörpers verbleibende Strahlungsintensität (I) wird dabei durch die auftretende Schwächung bestimmt (Gleichung 2.21). Der Schwä-chungskoeffizient resultiert aus verschiedenen materialspezifischen Eigenschaften (Dichte, Ordnungszahl, Atomgewicht), sodass die Strahlungsintensität nach Pro-bendurchstrahlung maßgeblich durch das Material des Prüfkörpers beeinflusst wird [187]. Im Falle eines FVK ergibt sich der Schwächungskoeffizient aus der Summe der einzelnen Schwächungskoeffizienten anteilig an der Materialdicke in Strahlungsrichtung (Gleichung 2.22). Durch diesen Zusammenhang lassen sich daher auch Fehlstellen bzw. Risse sichtbar machen, die lokal den Schwächungs-koeffizienten beeinflussen, wodurch die detektierte Strahlungsintensität partiell abweicht [2]. Die zweidimensionale Abbildung des Volumens eines Prüfkörpers ermöglicht jedoch nur begrenzte Analysen. Abmessungen von Fehlstellen werden bspw. nur in der Ebene senkrecht zur Strahlenrichtung abgebildet [190].

$$I = I_0 \cdot e^{-(\mu \cdot h)} \qquad (2.21)$$

$$I = I_0 \cdot e^{-(\mu_1 \cdot h_1 + \mu_2 \cdot h_2 + \mu_3 \cdot h_3 + \ldots)} \qquad (2.22)$$

mit I_0 der Anfangsintensität der Röntgenstrahlung, h der Materialdicke und μ dem materialspezifischen Schwächungskoeffizienten.

Computergestützte dreidimensionale Volumenabbildung
Die dreidimensionale Computertomographie erweitert die konventionelle Rönt-genprüfung durch Aufzeichnung mehrerer Röntgenaufnahmen in verschiedenen Winkeln des Prüfkörpers zur Röntgenquelle und durch Zusammensetzung der

Röntgenaufnahmen zu einem Volumen. Der Prüfkörper wird dazu auf einem automatisiert gesteuerten Drehtisch (Manipulatortisch) positioniert und durchläuft mehrere Röntgenaufnahmen nach inkrementellen Winkelveränderungen, auch Projektionen oder Schnittbilder genannt. Aus den Projektionen wird mittels eines mathematischen Algorithmus das Volumen berechnet bzw. zusammengesetzt. Je höher die Anzahl an Projektionen ist, desto exakter kann das Volumen des Prüfkörpers rekonstruiert werden. Ein anschauliches Beispiel für die schrittweise Erzeugung eines CT-Scans ist detailliert in [189] aufgeführt.

Die Darstellung des erzeugten Volumens erfolgt durch Voxel [186], die durch Grauwerte visualisiert werden. Voxel können als dreidimensionale Pixel angesehen werden und bestimmen die Abbildungsschärfe des Objekts. Die Größe der Voxel hängt von der Detektorauflösung und dem Abstand zwischen Prüfkörper und Röntgenquelle ab. Je näher das Objekt während der Durchstrahlung an der Röntgenquelle ist, umso mehr Fläche nimmt die Abbildung auf dem Detektor ein. Dadurch steigt die Auflösung, wobei mit steigender Auflösung die Größe des abbildbaren Objektabschnitts sinkt.

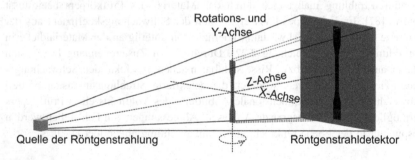

Abbildung 2.23 Prinzip der Computertomographie mittels Röntgenstrahlung zur Abbildung des Prüfkörpers, nach [191]

In Kombination mit der Auflösung bestimmt die Differenz der Schwächungskoeffizienten die Detailerkennbarkeit von Objekten [186]. Bei einer zu geringen Auflösung werden in Voxel, in denen verschiedene Schwächungskoeffizienten zusammenlaufen, Mittelwerte der Schwächungskoeffizienten gebildet. Diese als Partialvolumeneffekt bekannte Mittelwertbildung führt dazu, dass Konturen verschwimmen und Merkmale, die kleiner sind als die Voxelgröße, u. U. nicht mehr ausreichend erkennbar sind [187]. Neben der Erhöhung der Auflösung können softwareseitige Algorithmen genutzt werden, um den Einfluss des Partialvolumeneffekts zu reduzieren und die Auswertung zu optimieren. So zeigen bspw. Sub-Pixel-Konturgenerierungen insbesondere bei geringen Auflösungen deutliche Vorteile ggü. der konventionellen Kantendetektion [192]. Unabhängig davon sollte die Auflösung nach Möglichkeit größer als das kleinste Merkmal des zu untersuchenden Objekts sein, um Fehlinterpretationen grundsätzlich zu vermeiden.

In diesem Zusammenhang konnten Faserbrüche mit einer Voxelgröße von 11,8 μm in Gewebe-GF-EP nicht festgestellt werden [193]. Hingegen ließ sich dieser Schädigungsmechanismus mit einer Voxelgröße von 1,6 μm sehr gut detektieren [194]. In anderen Untersuchungen zur Mikrostruktur an Gewebe-GF-EP konnten bspw. mit Voxelgrößen von ca. 12 μm Faserbündel sehr gut abgebildet werden [195]. Trotz Erhöhung der Auflösung (6 μm) war eine Separierung einzelner Fasern nicht möglich. Demgegenüber konnten Lufteinschlüsse hinsichtlich Lage, Form und Größe exakt bestimmt werden. Vergleichbare Ergebnisse wurden durch Schilling et al. [196] auch an unidirektionalem GF-EP gewonnen. Die gute Detailerkennbarkeit der Lufteinschlüsse lässt sich auf einen ausreichend hohen Unterschied im Schwächungskoeffizienten zwischen Luft und Matrix/Fasern zurückführen. Aus diesem Grund konnten auch Risse mit einer Rissbreite von 0,5 bis 1 μm trotz einer Voxelgröße von 4 μm detektiert werden. Eine solch hohe Auflösung ist aber nicht grundsätzlich zwingend erforderlich. So sind größere Matrixrisse und Delaminationen bspw. auch mit Voxelgrößen von 19 μm erkennbar [196].

Quantitative Bestimmung von Fehlstellen und Schädigungen
Zur quantitativen Bestimmung des Volumens von Fehlstellen und Schädigungen wird i. d. R. der Flächeninhalt unter der Kurve des CT-Histogramms genutzt. Das CT-Histogramm stellt die Grauwertverteilung anhand der Voxelanzahl über den Grauwerten dar. In Abbildung 2.24 ist beispielhaft ein CT-Histogramm eines FVK aufgeführt. Die drei Maxima spiegeln die Einzelkomponenten in Form von Luft, Matrix und Fasern wider. Die Minima können zur Separierung der Einzelkomponenten genutzt werden. Durch Definition eines Grenzwerts sind somit die den Einzelkomponenten zugehörigen Flächeninhalte – und damit die Anteile am Gesamtvolumen – bekannt.

---

[14]Reprinted from Composites Science and Technology, Vol. 66, Schell, J. S. U.; Renglli, G. H.; van Lenthe, R.; Müller, R.; Ermanni, P., Micro-computed tomography determination of glass fibre reinforced polymer meso-structure, Page 2021, Elsevier (2006), with permission from Elsevier.

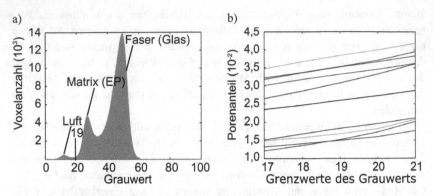

Abbildung 2.24 a) Separierung der Einzelkomponenten anhand eines CT-Histogramms mit schematisch dargestelltem Grenzwert und b) grenzwertabhängiger Porenanteil, nach [195][14]

In Untersuchungen von Little et al. [197] wurde gezeigt, dass mit diesem Vorgehen zur Ermittlung des Poren- bzw. Luftanteils eine geringere Standardabweichung ggü. der Nutzung des archimedischen Prinzips realisiert werden konnte. Im Beispiel aus Abbildung 2.24 wurde der Porenanteil von zehn Proben auf Basis des CT-Histogramms ermittelt. Dabei kann durch Variation des Grenzwerts (im Beispiel 19 ± 2) festgestellt werden, dass dieser einen signifikanten Einfluss auf den berechneten Porenanteil ausübt [195].

Kontraststeigernde Mittel

Aus den Erläuterungen folgt, dass die Differenz der Grauwerte (Kontrast) eine maßgebliche Eigenschaft eines CT-Scans ist, die die Genauigkeit zur Separierung der Einzelkomponenten vorgibt. Der Kontrast zwischen Faser, Matrix und Schädigung (Luft) ist jedoch i. d. R. gering und beschränkt daher die Möglichkeiten zur exakten Ermittlung von Schädigungen [187]. Der Einsatz von Kontrastmittel stellt eine Möglichkeit zur optimierten Schädigungsermittlung dar, indem dieses durch Kapillarwirkung in die Fehlstellen eindringt und dort der Kontrast aufgrund des hohen Dichteunterschieds zwischen Kontrastmittel und Faser/Matrix erhöht wird. Der Hauptbestandteil vieler Kontrastmittel ist Zinkjodid [94] [193] [198]. Als Nebenbestandteile werden in den aufgeführten Untersuchungsreihen Isopropylalkohol/Ethanol, Kodak Photo-Flo und destilliertes Wasser beigemischt. Die Tränkdauer, während der die Proben im Kontrastmittel liegen, variiert beachtlich zwischen 30 min [198] und 24 h [94].

Voxelgröße: 2 µm

Voxelgröße: 2 µm

ohne Kontrastmittel — 200 µm

mit Kontrastmittel — 200 µm

Abbildung 2.25 Vergleich der Erkennbarkeit eines Risses in einem GF-EP – ohne und mit Einsatz eines Kontrastmittels, nach [199]

Yu et al. [199] verglichen verschiedene Ansätze zur Optimierung der Erkennbarkeit von Schädigungen. Durch die Nutzung von Kontrastmittel konnten Risse in einem Gewebe-GF-EP kenntlich gemacht werden. Beispielhaft ist dies in Abbildung 2.25 verdeutlicht. Trotz der hohen Auflösung (Voxelgröße 2 µm) ist der Riss in der 90°-Lage ohne Verwendung von Kontrastmittel kaum zu erkennen. Hingegen grenzt sich der Riss nach Infiltrierung des Kontrastmittels klar von Fasern und Matrix ab. Eine signifikante Verbesserung der Erkennbarkeit von Rissen durch Verwendung von Kontrastmittel wurde auch in [196] festgestellt. Risse mit Breiten von 0,5 bis 1 µm konnten selbst bei einer Auflösung von nur 20 µm detektiert werden, was einem Anteil von ≤ 5 % der Voxelgröße entspricht. Ohne Kontrastmittel waren Schädigungen erst ab einem Anteil von 25 % der Voxelgröße zu erkennen. Die optimierte Erkennbarkeit in den oben aufgeführten Arbeiten ist der erhöhten Röntgenstrahlschwächung durch das Kontrastmittel zuzuschreiben, die den Kontrast verstärkt [200].

Negativ anzumerken ist, dass das Kontrastmittel nur die Fehlstellen infiltrieren kann, die in Verbindung mit der Probenoberfläche stehen. Das Kontrastmittel kann somit u. U. nicht in alle Schädigungen eindringen, wodurch der Schädigungsgrad nicht vollumfänglich abgebildet werden kann [94] [200]. Auch die Auswirkungen auf das mechanische Verhalten und die resultierenden Kennwerte müssen berücksichtigt werden [187]. Hinsichtlich des Schädigungsverhaltens in Ermüdungsuntersuchungen führte der Einsatz von Kontrastmittel zu einem beschleunigten Risswachstum in 0°-Lagen, wodurch insbesondere die Ermüdungseigenschaften im Bereich > 10^5 Lastspiele beeinträchtigt wurden. Letzteres verdeutlicht zudem die Zeitabhängigkeit des Einflusses von Kontrastmittel, weshalb die Ermüdungsuntersuchung von FVK möglichst ohne die Nutzung von Kontrastmittel zu empfehlen ist.

Akquisitionsparameter

Zur Durchführung von CT-Scans müssen eine Vielzahl an Parametern (Akquisitionsparameter) festgelegt werden. Diese variieren in Abhängigkeit des Werkstoffs und CT-Systems oder der Aufnahmequalität. Beispielsweise kann zur Durchstrahlung von Werkstoffen mit hohem Schwächungskoeffizient die Energie der Röntgenstrahlung angehoben werden, indem durch Steigerung der Röntgenstrahlung die Beschleunigung der Elektronen erhöht wird. Dies resultiert jedoch simultan in einer Erhöhung der Streustrahlung aufgrund der geringeren Wellenlänge der Röntgenstrahlung und führt dadurch ggf. zu einer Reduktion des Kontrasts [12]. Daher müssen im Hinblick auf die Anforderungen des CT-Scans geeignete Akquisitionsparameter ermittelt werden. Tabelle 2.3 gibt einen Überblick bezüglich der in der Literatur genutzten Akquisitionsparameter zur computertomographischen Untersuchung von GF-EP. Auffällig ist die große Streuung eines jeden Parameters über die verschiedenen Untersuchungsreihen.

Tabelle 2.3 Zusammenstellung von Akquisitionsparametern zur computertomographischen Untersuchung von GF-EP aus wissenschaftlichen Arbeiten, nach [191][15]

Quelle	Röhrenspannung (kV)	Röhrenstrom (μA)	Belichtungszeit (ms)	Voxelauflösung (μm)	Anzahl Projektionen
[94]	60	84	3.000	1,7	3.001
[94]	70	90	k. A.	10,7	3.142
[192]	40	400	500	5,6–29,4	k. A.
[193]	70	90	1.000	11,8	3.142
[196]	25	138	8.500	6,1	k. A.
[200]	80	140	500	1,0; 4,0	2.300
[201]	60	134	500	4,2	3.142
[202]	125–130	120–190	500	8,0–20,0; 75,0	1.905

2.4.2 Schädigungsanalyse mittels ex situ und in situ Computertomographie

Bislang wurde die Schädigungsentwicklung von FVK meist mittels zweidimensionaler Aufnahmen analysiert. Beispielhaft genannt seien hier Untersuchungen mittels (Durchlicht-)Fotografie [203] [204] und Licht- und Rasterelektronenmikroskopie [94] [123]. In letzter Zeit hat sich die Aufmerksamkeit zunehmend auf die volumetrische Betrachtung von Schädigungsmechanismen konzentriert, was auf eine breitere Verfügbarkeit von CT-Systemen für den Labor- und Forschungsbedarf zurückgeführt werden kann. Die Möglichkeit, wiederholte CT-Scans an Proben während der Ermüdungsuntersuchung durchzuführen, bietet das Potenzial, die Initiierung und den Verlauf der Schädigung zu ermitteln.

Verdeutlicht wird der zunehmende Einsatz der Computertomographie an FVK anhand einer seit 2009 stetig steigenden jährlichen Publikationsleistung (unter www.sciencedirect.com bei gemeinsamer Nutzung der Stichwörter „X-ray computed tomography" und „fiber-reinforced", Stand 14.12.2019). Der häufigste Ansatz zur Beobachtung der Schädigungsentwicklung mittels CT ist die Durchführung von intermittierenden Prüfungen [187], in denen der Prüfkörper bspw. nach einer definierten Anzahl an Lastspielen computertomographisch untersucht wird. Die computertomographische Analyse des Schädigungsgrads kann dabei ex situ oder in situ – d. h. unter gleichzeitiger statischer Last – durchgeführt werden [205]. Mit den Systemen zur Aufbringung einer statischen Last im CT (im Folgenden in situ CT-Stage genannt) sind jedoch nur geringe Frequenzen möglich (bspw. 0,05 Hz in [194]), weshalb im Regelfall eine alternierende Durchführung von konventionellen Ermüdungsprüfungen und CT-Scans genutzt wird. In der Literatur finden sich zwei Hauptstrategien: Die Verwendung mehrerer Proben zur Untersuchung des Einflusses verschiedener Beanspruchungsbedingungen [194] [206] und die Verwendung einer Probe/mehrerer Proben zur Beobachtung der Schädigungsentwicklung über mehrere Phasen der Lebensdauer [193] [207]. Letzteres stellt einen

---

[15]Reprinted from Composites Science and Technology, Vol. 89, Nikishkov, Y.; Airoldi, L.; Makeev, A., Measurement of voids in composites by X-ray Computed Tomography, Page 94, Elsevier (2013), with permission from Elsevier.
Reprinted from Composites Science and Technology, Vol. 89, Schilling, P. J.; Karedla, B. R.; Tatiparthi A. K.; Verges, M. A.; Herrington, P. D., X ray computed microtomography of internal damage in fiber reinforced polymer matrix composites, Page 65, Elsevier (2005), with permission from Elsevier.
Reprinted from Composites Science and Technology, Vol. 72, Sket, F.; Seltzer, R.; Molina-Aldareguía, J. M.; Gonzalez, C.; LLorca, J., Determination of damage micromechanisms and fracture resistance of glass fiber/epoxy cross-ply laminate by means of X-ray computed microtomography, Page 351, Elsevier (2012), with permission from Elsevier.
Reprinted from Composites Science and Technology, Vol. 131, Sisodia, S. M.; Garcea, S.C.; George, A. R.; Fullwood, D. T.; Spearing, S. M.; Gamstedt, E. K., High-resolution computed tomography in resin infused woven carbon fibre composites with voids, Page 15, Elsevier (2016), with permission from Elsevier.
Reprinted from Composites Science and Technology, Vol. 90, Scott, A. E.; Siclair, I.; Spearing, S. M.; Mavrogordato, M. N.; Hepples, W., Influence of voids on damage mechanisms in carbon/epoxy composites determined via high resolution computed tomography, Page 148, Elsevier (2014), with permission from Elsevier.

Schwerpunkt dieser Arbeit dar. Nach Kenntnisstand des Autors sind keine Unter-suchungsergebnisse zur Schädigungsentwicklung von GF-PU vorhanden. Daher wird die Schädigungsentwicklung im Folgenden anhand der aktuellen Literatur zu vergleichbaren FVK mittels ex situ und in situ Computertomographie näher betrachtet.

Schädigungsanalyse mittels ex situ Computertomographie
Yu et al. [94] untersuchten bidirektionales Gewebe-GF-EP nach Versagen durch zyklisch schwellende Beanspruchung ($R = 0,1$, $\sigma_{o,r} = 0,45$) mittels Licht- und Rasterelektronenmikroskopie und Computertomographie (inkl. Kontrastmit-tel). Es zeigt sich, dass die CT-Scans die Ergebnisse aus den zweidimensionalen Betrachtungen grundsätzlich bestätigen und darüber hinaus durch volumetrische Informationen ergänzen. So konnte für die zweidimensional ermittelte ober-flächliche Rissausbreitung in den matrixreichen Regionen durch CT-Scans eine Wechselwirkung mit innenliegenden Matrixrissen festgestellt werden. Die Riss-dichte war gleichmäßig verteilt, wohingegen die Glasfasern in lokal begrenzten Bereichen versagten. In anschließenden Untersuchungen betrachteten Yu et al. [193] die Schädigungsentwicklung des obigen GF-EP unter identischen Ver-suchsbedingungen und $\sigma_{o,r} = 0,40$. Der Schädigungsverlauf wurde durch eine stufenweise Entwicklung von Faser-Matrix-Ablösungen, Transversalrissen, Dela-minationen und Faserbruch dominiert. Auffällig ist die frühe (0,1 % N_B) und ausgeprägte Initiierung der Transversalrisse, die nach 60 % N_B großteils gesättigt scheint. Eine ähnliche Entwicklung zeigen die (interlaminaren) Delaminationen, jedoch ist das Sättigungsverhalten weniger ausgeprägt. Von daher sind Delami-nationen voraussichtlich maßgeblich für das anschließende Versagen und werden diesbezüglich von Yu et al. [193] als hauptverantwortlich für die Steifigkeitsreduk-tion von 20 % angesehen. Die Autorinnen/en bekräftigen das enorme Potenzial computertomographischer Analysen zur Beschreibung der Schädigungsentwick-lung von FVK und empfehlen eine weitere Optimierung der Auflösung, um eine exaktere Abgrenzung der Schädigungsmechanismen zu ermöglichen. Eine Bewer-tung des potenziellen Einflusses des Kontrastmittels auf das Ermüdungsverhalten findet hingegen nicht statt.

Die Optimierung der Auflösung kann – wie oben erläutert – durch eine Reduk-tion des betrachteten Volumens realisiert werden. Dabei werden unter moderater Auflösung Interessensbereiche (engl.: regions of interest, ROI) festgestellt, diese aus der Probe herauspräpariert und unter höherer Auflösung analysiert. Dieser Ansatz wurde durch Lambert et al. [129] und Jespersen et al. [208] verfolgt, wodurch die Voxelgröße von 25 auf 8 μm bzw. von 3,4 auf 1,2 μm reduziert wer-den konnte. Dabei muss berücksichtigt werden, dass die Probe im Anschluss nicht weiter geprüft werden kann. Zudem werden durch die Reduktion des Volumens möglicherweise globale Schädigungsmechanismen nur unzureichend abgebildet (bspw. Delaminationen). Lambert et al. [129] konnten trotz der Reduktion der Voxelgröße von 25 auf 8 μm weiterhin ein Volumen von ca. 3·4·5 mm³ betrachten. Sie untersuchten die Schädigungsentwicklung von GF-EP [0/45/−45]₃ₛ an insgesamt sechs Proben nach definierten Lastspielzahlen. Zu Beginn bildeten sich – wie bekannt – Transversalrisse. Anschließend entwickelten sich ab 40–60 % N_B zwischen den äußeren 45°-Lagen Delaminationen. Das Versagen wurde durch Delaminationen zwischen den inneren Lagen und Faserbrüche in 0°-Lagen eingeleitet, die als kritische Schädigungsmechanismen bezeichnet wurden. Nachteilig ist hinsichtlich des beschriebenen Vorgehens festzuhalten, dass die Schädigungsentwicklung lediglich durch wenige verschiedene Proben untersucht wurde und daher zwar Trends erkannt werden können, aber eine aufeinander aufbauende Schädigungsentwicklung nur bedingt beschrieben werden kann [187].

Die Computertomographie bietet auch zur nachfolgenden Vervollständigung durchgeführter Schädigungsuntersuchungen ein hohes Potenzial hinsichtlich der Ermittlung von Struktur-Eigenschafts-Beziehungen. In Abschnitt 2.2.3 sind Untersuchungen zum Einfluss von Poren auf die Ermüdungseigenschaften aufgeführt. Diese basieren auf einfachen Zusammenhängen von bspw. Porenanteil zu Lebensdauer. Durch die Computertomographie lassen sich diese Ergebnisse um die Betrachtung der lokalen und globalen porenabhängigen Beeinflussung der Schädigungsentwicklung erweitern, um Wechselwirkungen zu identifizieren. Sisodia et al. [127] erkannten an einem quasi-isotropen CF-EP mit Hilfe lichtmikroskopischer Untersuchungen, dass insbesondere die Rissdichte in 90°-Lagen mit zunehmendem Porenanteil steigt. Anschließende computertomographische Untersuchungsreihen belegen eine direkte Abhängigkeit der lokalen Porenverteilung vom Laminataufbau und Fertigungsprozess [201]. An 90°- und ± 45°-Faserbündeln findet – sowohl in Anzahl als auch Größe – eine deutlich ausgeprägtere Porenbildung statt, als an den 0°-Faserbündeln. Dies lässt sich auf den Fertigungsprozess bzw. die Injektionsrichtung von 0° zurückführen. Je höher der Winkel der Faserbündel zur Injektionsrichtung, desto höher ist der dortige Porenanteil. Die Faserbündel wirken wie eine Barriere für die Fließfront des Harzes und fördern damit die Bildung von Lufteinschlüssen. Darüber hinaus registrieren die Autorinnen/en eine Anhäufung von Poren an Bindfäden (vergleichbar zu Ergebnissen in [209]) und den Grenzflächen der Lagen.

Schädigungsanalyse mittels in situ Computertomographie
Die volumetrische Untersuchung eines Werkstoffs mittels ex situ Computertomographie gewährt zwar einen guten Einblick in den (qualitativen) strukturellen

Zustand, jedoch kann sich dieser von der Struktur eines akut unter Belastung stehenden Werkstoffs unterscheiden. Nach der Entlastung eines Werkstoffs können Rissschließungsphänomene die Untersuchungsergebnisse verfälschen [210]. Aufgrund des größtenteils elastischen Verhaltens von FVK kommt es nach der mechanischen Entlastung zur Rissschließung, weshalb die Schädigungen nur unzureichend detektiert werden können, insbesondere Defekte in 90°-Lagen [199]. Daraus folgend eignet sich die ex situ Computertomographie nicht zur Erzeugung quantitativer Schädigungskennwerte [209].

Durch die Aufbringung einer statischen Zugbeanspruchung können die Rissschließungsphänomene reduziert und damit der tatsächliche Schädigungsgrad realistischer abgebildet werden [199]. Aus diesem Grund wurden in jüngerer Vergangenheit an FVK vermehrt CT-Untersuchungen unter statischer Last durchgeführt. Dazu wird eine in situ CT-Stage verwendet, die die Strukturabbildung mittels CT unter simultaner Lastaufbringung ermöglicht. In der Literatur finden sich verschiedene Eigenanfertigungen [210] [211], deren maßgebliche Eigenschaft die Lastübertragung über einen rohrförmigen Rahmen ist, wodurch eine homogene Schwächung der Röntgenstrahlung realisiert wird.

In situ CT-Scans können kontinuierlich oder intermittierend durchgeführt werden. Beim kontinuierlichen Vorgehen findet der CT-Scan simultan zur Ermüdungsprüfung statt. Damit in diesem Fall die Mikrostruktur zur konturgenauen Abbildung während des CT-Scans nahezu unverändert bleibt, sind sehr schnelle Aufnahmen notwendig [205]. Das kontinuierliche Vorgehen eignet sich somit ausschließlich in Kombination mit neuesten Synchrotron CT-Systemen, deren Scandauer im Sekunden- bis wenige Minuten-Bereich liegt [212]. Mit konventionellen CT-Systemen ist die Dauer zur Generierung ausreichender Auflösungen zu hoch. Im Folgenden werden daher nur Untersuchungsreihen im intermittierenden Verfahren berücksichtigt.

Die in situ Computertomographie wurde bereits umfangreich zur Untersuchung des Schädigungsverhaltens unter quasi-statischer Belastung verwendet [194] [213] [214]. Die dabei generierten Erkenntnisse zur Rissausbreitung stimmen mit den Ergebnissen aus anderen Veröffentlichungen überein [210] [215], wodurch die generelle Eignung des Verfahrens bestätigt wird. Ein Nachteil der statischen Lastaufbringung während des CT-Scans zeigt sich jedoch in Form von Kriechvorgängen. Strukturveränderungen, die während der Aufnahme auftreten, führen zu einer Unschärfe der Merkmale und verursachen Bewegungsartefakte [216], mit einer Verschlechterung der Bildqualität als direkte Folge. In situ CT-Scans erscheinen daher unschärfer als vergleichbare ex situ CT-Scans [210]. Des Weiteren sind in den in situ CT-Scans durch die Kriechvorgänge – insbesondere unter hoher Beanspruchung – nichtlineare Werkstoffreaktionen zu erkennen, die zu einer Reduktion der Steifigkeit führen. In ex situ CT-Scans konnte ein solches Verformungsverhalten nicht erkannt werden. Kriecheffekte beeinflussen somit die Werkstoffeigenschaften. Es muss daher hinterfragt werden, inwiefern eine Probe nach einem in situ CT-Scan für weitere Untersuchungen – im Sinne eines repräsentativen Werkstoffverhaltens – geeignet ist.

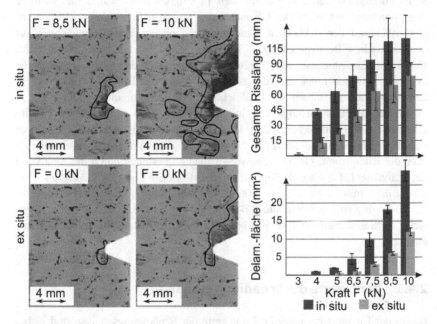

Abbildung 2.26 Ex situ und in situ CT-Scans eines vorgeschädigten CF-EP, nach [209][16]

Der Einfluss einer statischen Last während des CT-Scans auf den Umfang detektierbarer Schädigungen wurde bereits u. a. für Druckversuche [210] und Zugversuche [209] an CF-EP untersucht. Die Ergebnisse zeigen, dass durch in situ Computertomographie Rissschließungsphänomene vermieden werden können, wodurch sich das ermittelte Schadensbild von ex situ CT-Scans deutlich unterscheidet. Dies ist beispielhaft für detektierbare Delaminationen an bidirektionalem CF-EP in Abbildung 2.26 veranschaulicht. Durch das in situ Vorgehen werden in den Untersuchungen Delaminationen sowohl früher als auch umfangreicher mit bis über 200 % mehr Delaminationsfläche sichtbar gemacht [209]. In

Untersuchungen zur Rissentwicklung zeigte sich eine Zunahme der detektierbaren Risslänge um 30 bis 100 % [209].

Intermittierende Ermüdungsuntersuchungen in Kombination mit in situ CT-Scans wurden u. a. von Garcea et al. [194] [206] [217] zur Bewertung des Einflusses von Partikelverstärkungen auf den Schädigungsverlauf von gekerbten Proben aus CF-EP durchgeführt. Zur Vermeidung einer Beeinflussung des Schädigungsgrads der Probe durch den in situ CT-Scan wurde die statische Beanspruchung auf 90 % der Oberspannung aus dem Ermüdungsversuch reduziert. Während der zyklischen Beanspruchung entstanden – vergleichbar zur quasi-statischen Beanspruchung – Transversalrisse an den freien Kanten der Kerbe und Longitudinalrisse (0°-Lagen) beginnend in der Kerbe. Faserbrüche in 0°-Lagen waren unter Ermüdungsbeanspruchung deutlicher ausgeprägt als in quasi-statischen Versuchen [194]. Gleiches gilt für Delaminationen [206].

Zusammengefasst ermöglichen in situ CT-Scans im Vergleich zu ex situ CT-Scans eine realistischere Abbildung des Schädigungsgrads. Demgegenüber beeinflusst die statische Beanspruchung sowohl die Werkstoffeigenschaften als auch die Bildqualität. Optimierungsmöglichkeiten bestehen durch die Reduktion der Scandauer [210] oder die Begrenzung der statischen Last [206]. Aufgrund dessen ist die Ermittlung geeigneter Akquisitionsparameter notwendig. Unter dieser Voraussetzung sind durch in situ CT-Scans quantitative Aussagen über die Kennwerte der Schädigungsanalyse, wie bspw. Defektanzahl und Delaminationsfläche, möglich.

2.4.3 Kennwerte der Schädigungsanalyse

Die in der Literatur betrachteten Kennwerte der Schädigungsanalyse sind insbesondere die Rissdichte (engl.: crack density) in Bezug auf Anzahl ($\rho_{cd,n}$) und Länge ($\rho_{cd,l}$) sowie deren Wachstumsrate. Dabei wird die Summe der Risse bzw. Risslängen [170] oder die durchschnittliche Risslänge (Summe der Risslängen in Relation zur Rissanzahl) [218] auf eine geometrische Ausgangsgröße der Probe (Messlänge oder Oberfläche) bezogen. Die Berechnung erfolgt bei Bezugnahme auf die Oberfläche mittels der Gleichungen 2.23 und 2.24. Die Risse und Risslängen werden dazu üblicherweise auf Basis von Auflichtfotografie/-mikroskopie

---

[16]Reprinted from Composites Science and Technology, Vol. 110, Böhm, R.; Stiller, J.; Behnisch, T.; Zscheyge, M.; Protz, R.; Radloff, S.; Gude, M.; Hufenbach, W., A quantitative comparison of the capabilities of in situ computed tomography and conventional computed tomography for damage analysis of composites, Page 66, Elsevier (2015), with permission from Elsevier.

[203] oder Durchlichtfotografie/-mikroskopie [199] ermittelt (Abbildung 2.27a).

$$\rho_{cd,n} = \frac{\sum_{i=1}^{n} Anzahl\ der\ Risse}{Oberfläche}\ in\ \frac{1}{mm^2} \tag{2.23}$$

$$\rho_{cd,l} = \frac{\sum_{i=1}^{n} Länge\ aller\ Risse}{Oberfläche}\ in\ \frac{mm}{mm^2}\ bzw.\ \frac{1}{mm} \tag{2.24}$$

Dieses Vorgehen wurde bereits Anfang der 1990er Jahre durch Reifsnider [91] zur Beobachtung der Initiierung und Ausbreitung von Schädigungen auf Basis der Transversalrissdichte – mit Bezug auf die betrachtete Messlänge – genutzt, und von einer Vielzahl an Forscher/innen adaptiert. Die Ergebnisse zeigen, dass während der Schädigungsentwicklung die Transversalrissdichte zunächst typischerweise rapide zunimmt (s. auch Abschnitt 2.2.2). Mit steigender Rissdichte nimmt die Wachstumsrate ab, bis die Rissdichte nahezu stagniert, einhergehend mit dem CDS. Dieses grundsätzliche Schädigungsverhalten wird weiterhin in aktuellen Untersuchungen beobachtet [89] [218] und konnte auch bereits im VHCF-Bereich belegt [175] [219] und für eine Lebensdauerabschätzung genutzt [184] werden.

Mit Bezug auf quasi-isotrope Lagenaufbauten wurde festgestellt, dass die Entwicklung der Zwischenfaserrisse in ± 45°-Faserbündeln verzögert stattfindet und mit einer geringeren Anzahl einhergeht. So wurde durch Tong [96] beobachtet, dass die Rissdichte in ± 45°-Lagen vor Versagen nur ca. 25–30 % derer in 90°-Lagen entsprach. Demgegenüber wuchs die Länge der Zwischenfaserrisse in 45°-Lagen schneller. Dabei konnte sowohl für die Rissdichte als auch -länge – im Gegensatz zu der Entwicklung in den 90°-Lagen – in den ± 45°-Lagen kein Sättigungsverhalten detektiert werden.

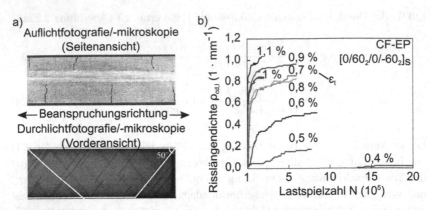

Abbildung 2.27 a) Beispiele für die Ermittlung der Rissanzahl und -längen mittels Auflicht-[89] und Durchlichtfotografie/-mikroskopie [203] und b) ein repräsentatives Beispiel für den Verlauf der totaldehnungsabhängigen Rissdichte über der Lebensdauer mit ausgeprägtem Sättigungsverhalten, nach [203].[17]

Quaresimin et al. [203] führten die gewichtete längenbezogene Rissdichte ein. Sie klassifizieren Risse nach ihrer Länge und normieren sie mit Bezug auf die Probenbreite zwischen 0,125 und 1. Eine Normierung der Risslänge wird auch in Arbeiten von Adam und Horst [167] [219] und Hosoi et al. [218] [220] genutzt, jedoch wird auf eine zusätzliche Klassifizierung verzichtet. Die Normie-rung beeinflusst zwar die ausgegebenen Werte, da diese relativ und nicht absolut dargestellt werden, jedoch bleibt der qualitative Verlauf bestehen. In den Unter-suchungen wurde übereinstimmend ein Sättigungsverhalten der längenbezogenen Rissdichte festgestellt. In den Untersuchungen von Hosoi et al. ist das Sättigungs-verhalten hingegen deutlich geringer ausgeprägt (insbesondere in [220]) und tritt erst kurz vor einer durchschnittlichen normierten Risslänge von 1 auf. Dies bedeu-tet, dass ab einer gewissen Lastspielzahl eine Stagnation der Rissdichte eintritt,

---

[17]Reprinted from Engineering Fracture Mechanics, Vol. 216, Pakdel, H.; Mohammadi, B., Stiffness degradation of composite laminates due to matrix cracking and induced delamination during tension-tension fatigue, Page 6, Elsevier (2019), with permission from Elsevier.

Reprinted from Composites Part B: Engineering, Vol. 65, Quaresimin, M.; Carraro, P. A.; Mikkelsen, L. P.; Lucato, N.; Vivian, P.; Brøndsted, P.; Sørensen, B. F.; Varna, J.; Talreja, R., Reprint of: Damage evolution under cyclic multiaxial stress state: A comparative analysis between glass/epoxy laminates and tubes, Pages 5 and 6, Elsevier (2014), with permission from Elsevier.

die jeweiligen Risse sich jedoch bis zur Penetration der vollständigen Probenbreite weiterbilden.

Auch in Untersuchungen an CF-PPS wurde bis in den VHCF-Bereich eine zum Sättigungsverhalten abweichende Entwicklung der längenbezogenen Rissdichte erkannt [170]. Es zeigte sich ein exponentieller Anstieg bis zum Versuchsende, den die Autorinnen/en darauf zurückführen, dass auch Delaminationen in der Berechnung berücksichtigt wurden. Eine Separierung der Schädigungsmechanismen wurde durch Adam und Horst [158] [219] durchgeführt. Sowohl die längenbezogene Rissdichte als auch die Delaminationsdichte wiesen ein ausgeprägtes Sättigungsverhalten auf. Darüber hinaus wurde in Versuchen mit Bruchlastspielzahlen $> 2 \cdot 10^7$ eine verlangsamte Delaminationswachstumsrate festgestellt. Letzteres steht in Übereinstimmung mit Ergebnissen von Ogihara et al. [95]. Der exponentielle Anstieg aus [170] kann somit durch Adam und Horst sowie Ogihara et al. nicht bestätigt werden.

Die oben aufgeführten Untersuchungsreihen zeigen übereinstimmend ein Sättigungsverhalten hinsichtlich der Rissdichte. Zur längenbezogenen Rissdichte und zum Delaminationsverhältnis finden sich hingegen divergierende Ergebnisse. Ein Grund dafür scheint u. a. die komplexere Ermittlung dieser Schädigungskennwerte zu sein. In diesem Zusammenhang ist beispielhaft die zweidimensionale Erfassung der Risse und Delaminationen in einem dreidimensionalen Körper mehrerer Lagen zu nennen, wodurch es z. B. zu Überlagerungen der Schädigungen (insbesondere Delaminationen) kommen kann, die das Ergebnis beeinflussen. Die dreidimensionale Betrachtung des Schädigungsumfangs mittels in situ Computertomographie kann diesbezüglich neue und exaktere Informationen zum Schädigungsablauf und zur Ausprägung der verschiedenen Kennwerte liefern, indem die Schädigungsmechanismen u. a. separiert ausgewertet und den Lagen zugeordnet werden können.

Werkstoffe – Glasfaserverstärktes Polyurethan und Epoxid 3

3.1 Werkstoffkomponenten und -aufbau

In der vorliegenden Arbeit werden glasfaserverstärktes Polyurethan (GF-PU) und Epoxid (GF-EP) gegenübergestellt. Die Strukturen bestehen aus einem 16-lagigen Gewebe mit quasi-isotropem Aufbau $[45/-45/0/90]_{2S}$ und einem Faservolumengehalt von 46 %. Als Fasermaterial wird Hex-Force 07781 1270 (E-Glas, 9 μm Faserdurchmesser, 300 g·m^{-2} Flächengewicht) in 8h Atlasbindung verwendet. Die Glasfasern weisen eine Silan TF970 Schlichte auf, die laut Hersteller mit beiden Harzen kompatibel ist (Abbildung 3.1).

Abbildung 3.1
Schematische Darstellung
des verwendeten
Lagenaufbaus

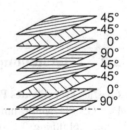

45°
-45°
0°
90°
45°
-45°
0°
90°

Inhalte dieses Kapitels basieren zum Teil auf Vorveröffentlichungen [223] [226] und auf den studentischen Arbeiten [192] [228].

Elektronisches Zusatzmaterial Die elektronische Version dieses Kapitels enthält Zusatzmaterial, das berechtigten Benutzern zur Verfügung steht https://doi.org/10.1007/978-3-658-34643-0_3.

© Der/die Autor(en), exklusiv lizenziert durch Springer Fachmedien Wiesbaden GmbH, ein Teil von Springer Nature 2021
D. Hülsbusch, *Charakterisierung des temperaturabhängigen Ermüdungs- und Schädigungsverhaltens von glasfaserverstärktem Polyurethan und Epoxid im LCF- bis VHCF-Bereich,* Werkstofftechnische Berichte I Reports of Materials Science and Engineering, https://doi.org/10.1007/978-3-658-34643-0_3

Bei dem EP handelt es sich um das für die Verwendung in der Luftfahrt zertifizierte Matrixsystem Hex-Ply 914. Das PU ist eine Entwicklung der Fa. Rühl und basiert auf einer für das Herstellungsverfahren (Abschnitt 3.2) geeigneten mehrstufigen Modifikation bestehender Harzsysteme. Die verwendete finale Konfiguration ist eine Kombination des langsam reagierenden Polyols puropreg 185-2 L IT mit internem Trennmittel und dem niedrigviskosen Isocyanat puronate 905. In Tabelle 3.1 sind die Eigenschaften der Reinharze aufgelistet. Zu betonen ist die deutliche Differenz in der Bruchdehnung (A) und Glasübergangstemperatur (Tg) von PU und EP. Die Messungen zur Glasübergangstemperatur von PU wurden am Institut für Werkstofftechnik und Kunststoffverarbeitung der Hochschule für Technik Rapperswil (IWK) mittels dynamischer Differenz-Thermoanalyse (DSC) durchgeführt. Die Angaben von EP basieren auf dem Datenblatt des Herstellers [221].

Tabelle 3.1 Eigenschaften der Polyurethan- und Epoxid-Reinharze, nach [222]

	Elastizitätsmodul E (GPa)	Zugfestigkeit σ_M (MPa)	Bruchdehnung A (10^{-2})	Glasübergangstemperatur Tg (°C)
Polyurethan	3,1	63	9,1	130 (DSC)
Epoxid	3,9	48	1,5	190 (DMA)

3.2   Herstellungsverfahren

Glasfaserverstärktes Polyurethan

Das GF-PU wurde mittels eines am IWK entwickelten RTM-Prozesses hergestellt. Abbildung 3.2 zeigt schematisch den RTM-Prozess. Die Polyol- (POL) und Isocyanat-Komponenten (ISO) werden separat unter erhöhter Temperatur gelagert und deren Füllmengen über Dosiereinheiten (Isotherm, PSM90) geregelt. Anschließend werden die Komponenten im Hochdruck-Mischkopf (Isotherm, GP600) zusammengeführt und es beginnt die chemische Reaktion, durch die der Duroplast gebildet wird. Das Gemisch wird unter erhöhtem Druck in eine auf 85 °C vorgewärmte, geschlossene Werkzeugform injiziert, in sich eine aus den Glasfasern vorgefertigte Preform mit 4 mm Dicke befindet, die mit dem Gemisch durchtränkt wird. Die Preform dient der besseren Handhabung und dem Entgegenwirken von Faserverschiebungen während der Injektion. Um der Preform Stabilität zu verleihen, weist je eine Seite zweier gegenüberliegender Gewebe einen Binder auf.

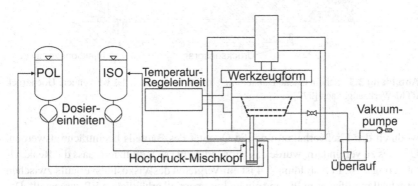

Abbildung 3.2 Schematische Darstellung des RTM-Prozesses zur Verarbeitung von PU, nach [222]

Das verwendete Hochdruck RTM-Werkzeug ist schematisch in Abbildung 3.3 dargestellt. Der Einspritzvorgang wird über eine Punktinjektion an der Plattenunterseite in vertikaler Richtung (out-of-plane) durchgeführt. Voruntersuchungen zeigten, dass dadurch gegenüber einer in-plane Injektion die Faserverschiebung signifikant reduziert werden kann [223]. Das PU wird über eine Dauer von 41 s und einer Injektionsrate von 7 $g \cdot s^{-1}$ eingespritzt. Über ein Entlüftungsventil und eine dahinter befindliche Vakuumpumpe wird ein Vakuum von 0,6 bar aufgebaut, um Lufteinschlüsse zu vermeiden. Das Entlüftungsventil befindet sich an der gegenüberliegenden Seite zur Injektion, um zusätzlich eine definierte Menge des Gemisches (Überlauf) zu entfernen, in dem zu Beginn des Prozesses noch Anteile an Luft enthalten sind. Unter einem Fülldruck von ca. 35 bar und 85 °C findet die Reaktion zur Aushärtung des Harzsystems über eine Dauer von ca. 180 s (inkl. Injektion) statt. Durch ein Nachdrücken des Gemisches in die Kavität wird einer möglichen Formänderung während des Aushärtevorgangs (ca. 300 s bis zur Entformung) aufgrund von Härtungsschwindung entgegengewirkt. Mit zwei Drucksensoren (Kistler, 6161 A) wird die Druckverteilung und damit die Homogenität des Fließ- und Aushärtevorgangs gemessen bzw. bewertet.

Das Gemisch aus Polyol und Isocyanat ist ein niedrigviskoses, hochreaktives Harz und dadurch ideal geeignet, um Zykluszeiten zu reduzieren. Jedoch muss berücksichtigt werden, dass durch eine zu schnelle Reaktion teilweise verfrüht ausgehärtete Zonen in der Werkzeugform – insbesondere an der Fließfront – entstehen,

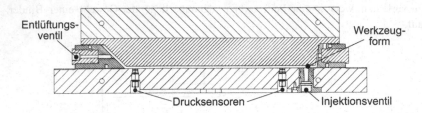

Abbildung 3.3 Schematische Darstellung eines Schnitts durch das verwendete Hochdruck RTM-Werkzeug, nach [222]

wodurch das Fließverhalten und die Qualität des Bauteils beeinträchtigt werden. Um dies zu verhindern, wurde das verwendete PU so modifiziert, dass die Reaktivität geringer ist. In Abbildung 3.4 ist ein Vergleich des Viskositätsverlaufs zwischen dem final modifizierten PU und einem kommerziell erhältlichen EP dargestellt. Die Gelierzeit und Dauer bis zur Aushärtung betragen beim PU ca. 50 und 120 s, wohingegen die des EP bei ca. 130 und 175 s liegen. Dadurch ergeben sich Vorteile für das PU hinsichtlich der Zykluszeit, jedoch ist die Differenz zwischen der Gelierzeit und vollständigen Aushärtung deutlich größer als beim EP-Harz, weshalb der Injektionsprozess bedeutend früher abgeschlossen sein muss. Daher sind höhere Injektionsvolumenströme notwendig, die u. a. zu einer Faserverschiebung führen können. Durch eine Verzögerung der Aushärtung, bspw. durch Reaktionshemmer – bei gleichzeitiger Reduktion der Dauer zur vollständigen Aushärtung – kann das PU weiter für den RTM-Prozess optimiert werden.

Abbildung 3.4 Vergleich des Viskositätsverlaufs zwischen PU und EP im RTM-Prozess bei einer Werkzeugtemperatur von 85 °C, nach [224]

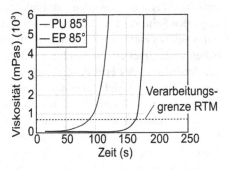

Glasfaserverstärktes Epoxid

Das GF-EP wurde durch den Lieferanten Fa. FACC im Autoklavverfahren hergestellt. Die Strukturen werden serienmäßig in Exterieurbauteilen der Luftfahrtindustrie, u. a. für Nosecones von Turbinen, eingesetzt. Sie sind somit luftfahrtzertifiziert
und entsprechen höchsten Qualitätsanforderungen. Die gefertigten Platten aus GF-
EP weisen einen identischen Lagenaufbau und Materialeinsatz wie diejenigen aus
GF-PU auf. Der wesentliche Unterschied liegt, neben dem verwendeten Harz, in
der Art des Gewebehalbzeugs. Wird bei GF-PU mit trockenen Gewebelagen eine
Preform für den Einsatz im RTM-Prozess gefertigt, so wird bei GF-EP ein Prepreg
(Hexel, Hexply 914, Prepreggewicht 476 $g \cdot m^{-2}$, Lagendicke 0,25 mm) verwendet.
Die Prepregs werden in definierter Orientierung aufeinandergelegt und anschlie-
ßend im Autoklavverfahren unter erhöhtem Druck (7 bar) und Temperatur (175 °C)
für eine Stunde ausgehärtet. Nähere Informationen zum Herstellungsprozess sind
dem Datenblatt zu entnehmen [221].

Temperprozess

Temperprozesse werden vielfach angewandt, um die mechanischen Eigenschaften
faserverstärkter Kunststoffe zu optimieren. Werden Kunststoffe, wie für GF-PU und
-EP zutreffend, im Herstellungsprozess unterhalb ihrer Glasübergangstemperatur
verarbeitet, so sind nicht alle Doppelbindungen abgesättigt, bzw. der Kunststoff ist
unvollständig ausgehärtet. Eine vollständige Aushärtung ist jedoch notwendig, um
die bestmöglichen Eigenschaften des Kunststoffs zu gewinnen [21]. Bei einem Temperprozess wird daher der Werkstoff unter erhöhter Temperatur für einen definierten
Zeitraum ausgelagert, um ein Nachhärten der Kunststoffkomponente zu erzielen.

Der Temperprozess für GF-EP ist durch den Hersteller vorgegeben und beträgt
exklusive Aufwärm- und Abkühlphasen 190 °C für 4 h [221]. Für das neu entwickelte GF-PU hingegen war der Einfluss des Temperns sowie der Temperatur und
Dauer noch unbekannt, weshalb ein geeigneter Temperprozess identifiziert wurde.
Daher wurden verschiedene Temperzyklen untersucht und anhand der scheinbaren interlaminaren Scherfestigkeit (ILSS) bewertet. Das Tempern fand in einer
Klimakammer (Binder, MKF 115) statt. Die ILSS-Versuche wurden unter 70 °C
mit dem Versuchsaufbau und -vorgehen entsprechend Anhang A durchgeführt. In
Abbildung 3.5 sind die Ergebnisse dargestellt. Jeder Temperzyklus führt im Vergleich zum ungetemperten GF-PU zu einer deutlichen Erhöhung der ILSS. Darüber
hinaus zeigt sich, dass neben der Temperatur auch die Dauer einen signifikanten
Einfluss auf die Aushärtung ausübt. So kann unter 120 °C durch einen 3 h längeren Temperzyklus (4 zu 7 h) die ILSS nochmals gesteigert werden. In allen Fällen
zeugt eine geringe Standardabweichung von einer hohen Reproduzierbarkeit und
somit gleichbleibender Materialqualität. Aufgrund der deutlichen Verbesserung der

mechanischen Eigenschaften – ohne Berücksichtigung wirtschaftlicher Aspekte – wurde der Temper-zyklus von 120 °C für 7 h für GF-PU ausgewählt und an allen Proben durchgeführt.

Es wird darauf hingewiesen, dass der Einfluss des Temperzyklus in Zugversuchen an GF-PU weder bestätigt noch widerlegt werden konnte ($\sigma_{M,ungetempert}$ = 343,3 MPa; $\sigma_{M,getempert}$ = 346,3 MPa). Dies kann darauf zurückgeführt werden, dass durch den Temperprozess die Kunststoffkomponente nachgehärtet wird, wodurch im Speziellen in Untersuchungen unter matrixdominierender Belastung ein Einfluss durch das Tempern ersichtlich ist. Zugversuche, in denen ein faserdominierender Belastungsfall vorliegt, sind für die Bewertung des Temperzyklus daher größtenteils ungeeignet.

Abbildung 3.5 Einfluss verschiedener Temperzyklen auf die interlaminare Scherfestigkeit von GF-PU, nach [225]

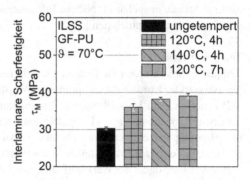

3.3   Mikrostrukturelle Charakterisierung

Zur mikrostrukturellen Charakterisierung wurden Proben aus GF-PU und -EP computertomographisch (CT) und rasterelektronenmikroskopisch (REM) untersucht und hinsichtlich der Faser-Matrix-Anbindung und des Porenanteils bewertet.

Computertomographische Charakterisierung
Die computertomographischen Untersuchungen wurden wie in Abschnitt 4.4 erläutert durchgeführt. Die Voxelgröße betrug 7 µm. Im GF-EP konnten im Ausgangszustand keine Poren detektiert werden. Die Abbildung 3.6 a) und b) zeigen den CT-Scan des Messbereichs einer GF-PU Probe und deren quantitative Auswertung. Der ermittelte Porenanteil ist mit weniger als 0,001 % sehr gering und konnte

in zwei Validierungsuntersuchungen bestätigt werden. Die Poren waren fast ausnahmslos kreisförmig und wiesen einen durchschnittlichen Durchmesser von ca. 50 μm auf.

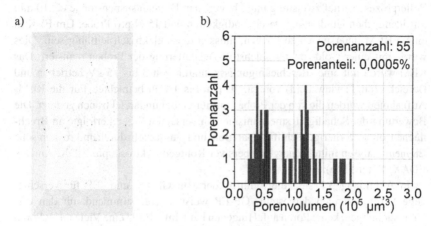

Abbildung 3.6 a) CT-Scan von GF-PU mit Darstellung der Poren und b) die ermittelte Porenanzahl über dem Porenvolumen

Die Poren waren in den folgenden charakteristischen Bereichen lokalisiert [191] [226]:

- Kreuzungsbereiche von 45°/−45° und 0°/90°-Faserbündeln
- zwischen parallelen Faserbündeln in 45°/−45°-Richtungen
- zwischen den parallelen Faserbündeln senkrecht zur Injektionsrichtung, mittig im Laminat.

Während die Porenverteilung bei sich kreuzenden Faserbündeln in Injektionsrichtung tendenziell zunimmt (wie in [201] beschrieben), sind nur geringe Porenanteile in matrixreichen Bereichen zwischen der 0°- und 90°-Lage zu finden. Dementsprechend scheinen Faserbündel, die senkrecht zur Injektionsrichtung verlaufen, nicht zu hohen Porenanteilen in der Matrix zu führen.

Rasterelektronenmikroskopische Charakterisierung
Die rasterelektronenmikroskopischen (REM) Untersuchungen dienten einer Analyse der Mikrostruktur und wurden mit einem Tescan MIRA3 XMU durchgeführt.

Die Schliffe wurden mechanisch aus den Proben herauspräpariert, kalt eingebettet und anschließend mit SiC-Schleifpapier bearbeitet. Der Schleifprozess erfolgte automatisiert mit verschiedenen Korngrößen je 1,5 bis 2 min mit 150 U/min (Schleifteller) und 80 U/min (Probenhalter) gegenläufig mit 20 N pro Probe. Der Polierprozess verlief zweistufig mit 3 bzw. 1 μm Diamantsuspension je ca. 10 min mit identischen Umdrehungsgeschwindigkeiten und 15 N pro Probe. Um FVK in einem REM untersuchen zu können, müssen diese elektrisch leitfähig sein. Dies wurde mit einer Gold- oder Kohlenstoff-Besputterung der Proben realisiert. Das REM wurde mit einer Beschleunigungsspannung von 3 bis 15 kV betrieben und Bereiche (engl.: view field) von ca. 10 μm bis 1 mm betrachtet. Für die REM-Aufnahmen wurden die von der Probe emittierten Sekundärelektronen genutzt. Die Bewertung der Schädigungsmechanismen an versagten Proben erfolgte an Bruchflächen ohne vorherige Schliffpräparation und zusätzlich durch mikroskopische Elementanalysen mittels energiedispersiver Röntgenspektroskopie (EDX, Ametek EDAX, Octane Pro).

In Abbildung 3.7 sind die Schliffbilder von GF-PU und -EP für verschiedene Vergrößerungen dargestellt. GF-EP weist, übereinstimmend mit den CT-Untersuchungen, keine Poren auf. Hingegen kann im GF-PU eine Vielzahl an Poren festgestellt werden. Die Porenanzahl ist signifikant höher als die im CT ermittelte. Dies ist auf die Porengröße zurückzuführen. Der überwiegende Teil der Poren weist einen Durchmesser von ca. 1 μm auf, weshalb diese im CT (Voxelgröße 7 μm) nicht detektiert werden können. Unter Berücksichtigung dieser Poren ergibt sich für das GF-PU ein durchschnittlicher (flächenbezogener) Porengehalt von ca. 1,2 %. Die Poren sind vorwiegend in matrixreichen, und teilweise in Zwischenfaserbereichen vorzufinden. Die Grenzschichten sind fast ausnahmslos porenfrei, weshalb davon ausgegangen werden kann, dass die Faser-Matrix-Anbindung nicht durch die Poren beeinflusst wird.

Hinsichtlich des Porenanteils ist anzumerken, dass dieser in der ursprünglichen Konfiguration des PU bei durchschnittlich ca. 2,2 % lag. Abbildung 3.8 zeigt einen Vergleich der Schliffbilder mit ursprünglicher und modifizierter Harzkonfiguration. Die invertierte Darstellung der Grauwerte verdeutlicht die Unterschiede im Porenanteil. Die vorwiegend innerhalb der Matrix befindlichen Poren sind in der ursprünglichen Harzkonfiguration deutlich größer und kommen vermehrt vor. Durch Modifikation der Harzchemie – u. a. durch Einsatz von Zeolithen – wurde die Restfeuchte der Harzkomponenten reduziert, wodurch der durchschnittliche Porengehalt auf ca. 1,2 % gesenkt werden konnte. Daraus lässt sich schließen, dass sich ein Großteil der Poren aufgrund von Ausgasen der Restfeuchte während des RTM-Prozesses unter erhöhter Temperatur bildet. Zusätzliche Reduktionen der Restfeuchte bzw. Anpassungen der Harzchemie bergen somit Potenzial zur weiteren Optimierung

a) 50-fache Vergrößerung   b) 100-fache Vergrößerung   c) 500-fache Vergrößerung

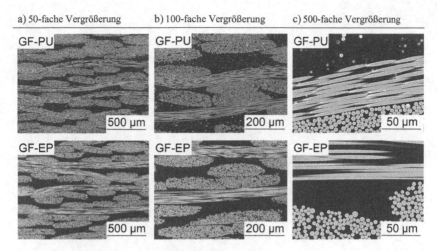

Abbildung 3.7 Rasterelektronenmikroskopische Schliffbilder von GF-PU und -EP in a) 50-facher, b) 100-facher und c) 500-facher Vergrößerung

des Porenanteils. Die in Kapitel 5 vorgestellten Untersuchungen wurden mit der modifizierten Harzkonfiguration durchgeführt.

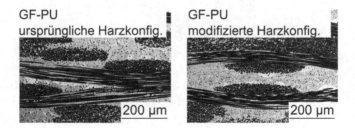

Abbildung 3.8 Rasterelektronenmikroskopische Schliffbilder von GF-PU mit ursprünglicher und modifizierter Harzkonfiguration – Invertierte Darstellung zur Verdeutlichung der Poren

Experimentelle Verfahren und Methodenentwicklung

Im Folgenden werden die eingesetzten Prüfstrategien erläutert. Alle Untersuchungsreihen wurden unter variierender Umgebungstemperatur von -30, 23 und 70 °C durchgeführt. Die Prüfstrategie zur Charakterisierung des Ermüdungs- und Schädigungsverhaltens im LCF- bis VHCF-Bereichs basiert auf einer Kombination von lebensdauer-, vorgangs- und schädigungsorientierten Untersuchungen. Alle Versuche wurden spannungsgeregelt unter einer zugschwellenden Beanspruchung ($R = 0{,}1$) mit sinusförmiger Last-Zeit-Funktion durchgeführt.

4.1 Prüfstrategien

Mehrstufenversuche

Messtechnisch instrumentierte Mehrstufenversuche (MSV) dienten der Abschätzung der Ermüdungseigenschaften auf Basis der beanspruchungsabhängigen Werkstoffreaktion. Die Versuchsparameter von MSV haben einen großen Einfluss auf das resultierende Ergebnis. Daher müssen materialabhängig geeignete Versuchsparameter ermittelt werden [55]. In Voruntersuchungen wurden die Versuchsparameter Stufenhöhe ($\Delta\sigma_o$) und Stufenlänge (ΔN) variiert (Abbildung 4.1). Es zeigte sich, dass mit größerer Stufenhöhe und geringerer Stufenlänge erwartungsgemäß höhere Oberspannungen bei Versagen erreicht werden. Bei Stufenhöhen von ≤ 20 MPa bzw. Stufenlängen von $\geq 5 \cdot 10^4$ bildet sich ein Plateau aus.

Elektronisches Zusatzmaterial Die elektronische Version dieses Kapitels enthält Zusatzmaterial, das berechtigten Benutzern zur Verfügung steht https://doi.org/10.1007/978-3-658-34643-0_4.

D. Hülsbusch, *Charakterisierung des temperaturabhängigen Ermüdungs- und Schädigungsverhaltens von glasfaserverstärktem Polyurethan und Epoxid im LCF- bis VHCF-Bereich,* Werkstofftechnische Berichte | Reports of Materials Science and Engineering, https://doi.org/10.1007/978-3-658-34643-0_4

Abbildung 4.1 Einfluss
der Stufenhöhe und -länge
auf die erreichbare
Oberspannung von GF-PU
in MSV unter 23 °C, nach
[227]

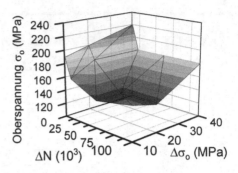

Die Versuche sollten im HCF-Bereich versagen und mehrere Stufen beinhalten,
um auf Basis der Werkstoffreaktionen Informationen über einen weiten Bereich
der äquivalenten Wöhlerkurve bereitzustellen. Die Versuchsparameter des MSV
wurden in Anlehnung an Abbildung 4.1 wie folgt festgelegt: $\sigma_{o,start} = 60$ MPa,
$\Delta\sigma_o = 20$ MPa und $\Delta N = 10^4$.

Einstufenversuche
Messtechnisch instrumentierte Einstufenversuche (ESV) wurden auf unterschiedlichen Beanspruchungsniveaus mit konstanter Oberspannung (σ_o) durchgeführt, um
das Ermüdungsverhalten vorgangsorientiert anhand der Werkstoffreaktionen und
lebensdauerorientiert auf Basis der Bruchlastspielzahl (N_B) bewerten zu können
(Abbildung 2.9a). Zur lebensdauerorientierten Charakterisierung wurden Wöhlerkurven ermittelt und entsprechend ISO 13003 [57] halblogarithmisch, mit der
Bruchlastspielzahl in logarithmischer und der Oberspannung in linearer Skalierung,
dargestellt. Diese Darstellungsweise ist für FVK zur Beschreibung des Verlaufs
der Wöhlerkurven im LCF- bis HCF-Bereich üblich [6] [228]. Zusätzlich finden
in dieser Arbeit doppellogarithmische Darstellungen in Anlehnung an die Vorgehensweise für metallische Werkstoffe Anwendung, um Zusammenhänge und
Differenzen zwischen dem Ermüdungsverhalten im LCF- bis VHCF-Bereich zu
identifizieren bzw. zu verdeutlichen. Die Beanspruchungsniveaus werden sowohl
absolut als auch relativ dargestellt, um eine Vergleichbarkeit zwischen den material-
und temperaturspezifischen Ermüdungseigenschaften zu ermöglichen. Die mathematische Beschreibung des LCF- bis VHCF-Bereichs erfolgt in Anlehnung an
Basquin mittels Potenzfunktionen nach Gleichung 2.4.

Sequenzielle Mehr- und Einstufenversuche

Zur Untersuchung des Schädigungsverhaltens wurde eine sequenzielle Prüfstrategie eingeführt. Zyklische Beanspruchungsphasen und in situ CT-Scans finden in dem sequenziellen Vorgehen alternierend statt. Voruntersuchungen zeigten, dass durch den in situ CT-Scan, insbesondere durch das verwendete Kontrastmittel (Abschnitt 4.4.1), die Ermüdungseigenschaften der Probe signifikant beeinflusst werden. Eine Weiternutzung der Probe im Anschluss an den CT-Scan war somit nicht möglich.

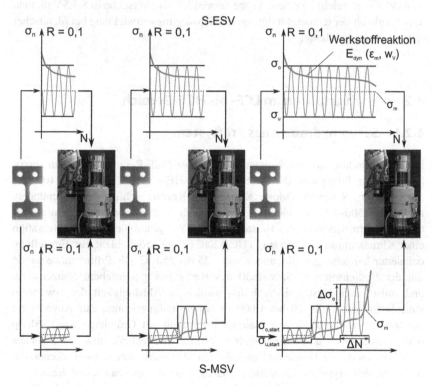

Abbildung 4.2 Prüfstrategie des sequenziellen Ein- und Mehrstufenversuchs

Abbildung 4.2 zeigt die verwendete Prüfstrategie. In sequenziellen MSV (S-MSV) wurde nach jeder Stufe der Schädigungsgrad ermittelt. Zur Untersuchung jeder Stufe wurde eine neue Probe verwendet und der Versuch auf der Stufe der

Start-Oberspannung ($\sigma_{o,start}$) begonnen. Die S-MSV dienten dem Vergleich der temperaturabhängigen Schädigungsentwicklung bei identischer absoluter Beanspruchung. In sequenziellen ESV (S-ESV) wurden die Versuche im LCF- bis HCF-Bereich nach einer definierten Steifigkeitsreduktion beendet. Der Schädigungsgrad wurde in Abständen von je 2,5 bis 5 % Steifigkeitsreduktion ermittelt. Die relative Oberspannung betrug 0,55. Im VHCF-Bereich wurden die S-ESV mit einer um 50 % geringeren Beanspruchung ($\sigma_{o,r} = 0{,}275$) durchgeführt und nach einer festgelegten Lastspielzahl beendet. Konsistent zum Vorgehen in S-MSV wurde in S-ESV für jede Steifigkeitsreduktion (LCF- bis HCF-Bereich) bzw. Lastspielzahl (VHCF-Bereich) eine neue Probe verwendet. Die Versuche in S-ESV dienten dem Vergleich der temperaturabhängigen Schädigungsentwicklung bei identischer relativer Beanspruchung.

4.2   Prüfverfahren im LCF- bis HCF-Bereich

4.2.1 Servo-hydraulisches Prüfsystem

Für die Ermüdungsuntersuchungen im LCF- bis HCF-Bereich wurde ein servo-hydraulisches Prüfsystem der Fa. Shimadzu (EHF-UV 100, $F_{max} = \pm 100$ kN) mit einer 30 kN Kraftmessdose (Klasse 1 im Kraftbereich der Untersuchungen, nach DIN 7500-1 [229]) eingesetzt. Die Regelung des Servoventils erfolgt mittels des Controllers 4830 des Herstellers. Das Prüfsystem bietet durch Integration einer Klimakammer (Shimadzu, THC1-200SP) die Möglichkeit zur Einstellung definierter Umgebungsbedingungen von −35 bis 250 °C. Die Prüfmethode wurde mit der Bediensoftware Servo4830 des Herstellers geschrieben. Spitzenwerte und vollständige Hysteresis-Schleifen wurden in Abhängigkeit der erwarteten Bruchlastspielzahl alle 10 bis 1.000 Lastspiele aufgezeichnet. Zur Auswertung der Messdaten wurde ein webbasiertes Programm auf Grundlage von C-Sharp (C#) konzeptioniert und am Fachgebiet Werkstoffprüftechnik entwickelt, das aus CSV-Dateien die Lastspiele und zugehörigen Messwerte automatisch erkennt, die resultierenden Hysteresis-Schleifen darstellt und die mechanischen Kennwerte berechnet. Diese werden tabellarisch und graphisch ausgegeben, wodurch ein Vergleich der Kennwertverläufe ermöglicht wird.

Um in S-ESV die Versuche nach definierten Steifigkeitsreduktionen zu beenden, wurde ein DAQ-Modul (NI-9222) in Kombination mit einem cDAQ-Chassis (NI cDAQ-9178) der Fa. National Instruments eingesetzt und ein LabView-Programm genutzt, das die Ausgabe von Kennwerten in Echtzeit ermöglicht. Das

Programm berechnet sekündlich den dynamischen E-Modul (Gleichung 2.8) und bezieht diesen auf den Ausgangswert. Letzterer berechnet sich durch Mittelwertbildung der Messwerte 4 bis 8 des dynamischen E-Moduls. Dieses Vorgehen wird unter dem Gesichtspunkt der Reproduzier- und Vergleichbarkeit der Ergebnisse als geeignet angesehen, da u. a. der Einfluss möglicher Setzeffekte zu Versuchsbeginn reduziert wird. Zusätzlich wird das LabView-Programm genutzt, um die Temperaturänderung aufzuzeichnen.

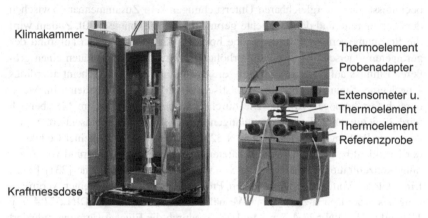

Abbildung 4.3 Versuchsaufbau für Prüfverfahren im LCF- bis HCF-Bereich, nach [114]

Versuchsaufbau

In Abbildung 4.3 ist der Versuchsaufbau dargestellt. Er zeigt die finale Entwicklungsstufe des Probenadapters. Die Nutzung konventioneller Spannzeuge war aufgrund der speziellen Probengeometrie nicht möglich. Im Rahmen dieser Arbeit wurden daher iterativ Probenadapter entwickelt, mit Autodesk Inventor 2017 konstruiert und hinsichtlich der mechanischen Kennwertverläufe unter zyklischer Beanspruchung bewertet. Eine ausführliche Darstellung und Validierung der Entwicklungsstufen ist dem Anhang B zu entnehmen. Der Probenadapter ist aus Edelstahl (X5CrNi18-10) gefertigt, um auch in Prüfungen mit variierender Temperatur und Luftfeuchte eine hohe Korrosionsbeständigkeit aufzuweisen. Ein taktiles Extensometer, das in dem Großteil der Versuche zum Einsatz kam, ist mittig an der Probe fixiert. Thermoelemente sind seitlich an der Messfläche und zur Referenz an einer unbelasteten Probe angebracht.

Probengeometrie

Die Probengeometrie wird maßgeblich durch die geometrischen Restriktionen der in situ CT-Stage vorgegeben (Abschnitt 4.4). Abbildung 4.4 zeigt eine Probe aus GF-PU mit Maßangaben in mm. Die Probe weist einen schmalen Messbereich auf, um hochauflösende CT-Scans mit Voxelgrößen von 7 μm zu ermöglichen. Die Bohrungen dienen der Positionierung und Fixierung in der in situ CT-Stage und im Probenadapter. Die grundsätzliche Schädigungsentwicklung wird durch die geänderte Probenbreite ggü. normkonformen Proben mutmaßlich nicht wesentlich beeinflusst, da in vergleichbaren Untersuchungen kein Zusammenhang zwischen der Probenbreite und der Rissdichte gefunden werden konnte [230]. Zudem wird die Spannungsverteilung in der Probe homogenisiert. Zwar haben aufgrund des geringeren Querschnitts Spannungserhöhungen bzw. Inhomogenitäten einen größeren Einfluss auf die Eigenschaften, die Spannungsverteilung scheint allerdings – nach einer Simulation mit linear-elastischem Verformungsverhalten – im Messbereich fast homogen zu sein. Die durchschnittliche Spannung im Messbereich wird somit gut durch die berechnete/angenommene Spannung repräsentiert. Normkonforme Probengeometrien nach DIN 527-4 führen hingegen zu einer Reduktion der Festigkeit bzw. zu einer unterschätzten wahren Festigkeit aufgrund von Spannungskonzentrationen im Übergang von Spannzeug zu Messfläche [231] [232]. Ein weiterer Vorteil der verwendeten Probengeometrie liegt in einer Vergrößerung des Oberflächen-zu-Volumen-Verhältnisses (0,83 ggü. 0,7 [DIN 527-4 Typ 1B] und 0,51 [DIN 527-4 Typ 2 und 3]), wodurch die Eigenerwärmung reduziert wird (Abbildung 4.5b).

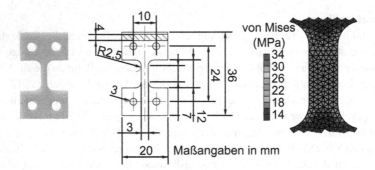

Abbildung 4.4 Darstellung einer Probe aus GF-PU, deren technische Zeichnung mit Maßangaben in mm und eine Simulation der Spannungsverteilung im Prüfbereich bei einer Auslenkung von 10 μm, nach [92] [114]

Abbildung 4.5

Temperaturänderung der in dieser Arbeit verwendeten Probengeometrie (CT-Probe) im Vergleich zu einer Probengeometrie nach DIN 527-4 Typ 1B in einem MSV mit konstanter Frequenz an GF-EP, nach [233]

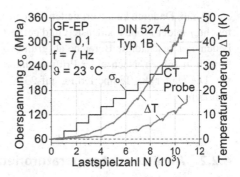

Ein weiterer probenbedingter Einflussfaktor ist die Kantenqualität, die direkte Auswirkungen auf die Rissinitiierung ausübt [234]. Daher wurde die Probenbearbeitung standardisiert. Die Proben wurden aus den Platten mittels Wasserstrahlschnitt präpariert und die Schnittflächen anschließend händisch stufenweise mit Schleifpapier (P800 bis P2000) geglättet. Die Rauheit konnte dadurch signifikant reduziert werden. Dieses Vorgehen wurde für die MSV an GF-PU genutzt. In den weiteren Untersuchungsreihen wurde auf die Fertigung mittels Mikro-Wasserstrahlschnitt zurückgegriffen. Es zeigte sich, dass dadurch ggü. dem konventionellen Wasserstrahlschnitt eine deutlich geringere Rauheit bei vergleichbarer Reproduzierbarkeit zum Vorgehen der manuellen Nachbehandlung erzielt werden konnte (Rauheitsmessungen s. Anhang B, Abbildung 12.8).

Anwendung der Klimakammer

Die Temperierung der Proben erfolgte im Versuchsstand mittels der in Abbildung 4.3 gezeigten Klimakammer. Um Einflüsse infolge der Temperierung zu vermeiden, wurde ein standardisiertes Vorgehen ausgearbeitet. Während der Aufheiz- und Abkühlvorgänge kommt es zu Formänderungen der Probe, die zu hohen Beanspruchungen führen können. Um dem entgegenzuwirken, fand die Temperierung stets unter simultaner Kraftregelung des Prüfsystems ($F_{soll} = 0$ N) statt. Des Weiteren muss die Dauer zur Einstellung des Temperatur-Gleichgewichts berücksichtigt werden. Diese wurde auf 2 h festgelegt, da Vorversuche zeigten, dass sich nach dieser Dauer die Solltemperatur am Spannzeug einstellt. Das Spannzeug reagiert aufgrund des großen Volumens deutlich langsamer auf Temperaturänderungen als die Probe, weshalb davon ausgegangen werden kann, dass die Probe zu diesem Zeitpunkt eine homogene Temperatur über den Querschnitt aufweist.

Nach dem Versuchsende wurden die Proben im eingebauten Zustand auf 23 °C temperiert. Dies erfolgte bei einer Prüftemperatur von −30 °C über eine Dauer von ca. 80 min. Dadurch kann vermieden werden, dass wärmere Luft (mit höherer Luftfeuchte) an der Probe kondensiert und gefriert. Letzteres könnte bei Eindringen der Feuchte in geschädigte Bereiche aufgrund von Expansion zu einem Schädigungsfortschritt führen. Nach einer Prüfung unter 70 °C liegt diese Problematik nicht vor. Die Dauer der Temperierung auf 23 °C wurde daher auf mindestens 30 min reduziert.

4.2.2   Ansätze zur temperaturorientierten Frequenzermittlung

Aus Abschnitt 2.2.3 folgt, dass die Eigenerwärmung einen signifikanten Einfluss auf das Ermüdungsverhalten von FVK ausübt und maßgeblich durch die Frequenz beeinflusst wird. Daraus ergibt sich – im Hinblick auf eine Vergleichbarkeit der Versuchsergebnisse – die Notwendigkeit zur Selektion geeigneter Frequenzen. In den einschlägigen Normen (ISO 13003 [57], ASTM D7791-12 [160]) ist der Frequenzbereich auf 1 bis 25 Hz festgelegt und die zulässige Temperaturerhöhung in der ISO 13003 auf 10 K begrenzt. Effekte hinsichtlich der Wechselwirkungen zwischen Frequenz und bspw. Eigenerwärmung werden jedoch nicht berücksichtigt. Daher wurden zur Ermittlung geeigneter Frequenzen zwei Ansätze, basierend auf einer konstanten Dehnrate (Abbildung 4.6a) und induzierten Energiedichterate (Abbildung 4.6b), entwickelt und validiert.

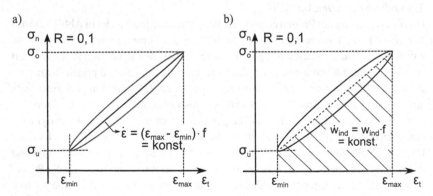

Abbildung 4.6 Ansätze zur Ermittlung von Frequenzen auf Basis einer konstanten a) Dehnrate und b) induzierten Energiedichterate

Dehnratenansatz

Wie in Abschnitt 2.1.2 erläutert, weisen FVK ein dehnratensensitives Materialverhalten auf, was dazu führt, dass mit variierenden Dehnraten unter ansonsten identischer Beanspruchung die mechanischen Eigenschaften voneinander abweichen. Die Hypothese des Dehnratenansatzes ist, dass eine konstante Dehnrate unter zyklischer Beanspruchung, unabhängig von dem mechanischen Beanspruchungsniveau, zu einer identischen Eigenerwärmung führt. Dies geht auf Untersuchungen von Růžek et al. [153] zurück, in denen unter zyklischer Beanspruchung ein linearer Zusammenhang zwischen der Beanspruchungsrate und der Temperaturänderung gezeigt wurde. Äquivalent zum Vorgehen aus [153] entspricht die Dehnrate der Dehnungsänderung pro Zeiteinheit (Abbildung 4.6a) und ist in zyklischen Untersuchungen direkt abhängig von der aufgebrachten Beanspruchung und Frequenz.

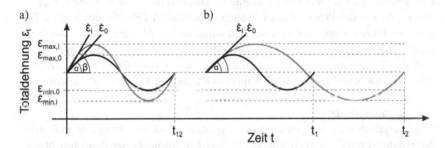

Abbildung 4.7 Schematische Darstellung der Dehnrate für verschiedene Beanspruchungen für a) identische Frequenzen und b) eine Frequenzanpassung zur Realisierung einer konstanten Dehnrate, nach [235]

Die Dehnrate ($\dot{\varepsilon}$) wird gebildet, indem über dem dynamischen E-Modul eine konstante Prüfgeschwindigkeit angenommen wird. Aus Abbildung 4.7a) wird deutlich, dass bei einer konstanten Frequenz eine höhere mechanische Beanspruchung zu einer Steigerung der Dehnrate führt, was durch die Winkel α und β symbolisiert wird. Durch Reduktion der Frequenz, und somit durch eine längere Zykluszeit, kann die Dehnrate konstant gehalten werden (Abbildung 4.7b). Unter vereinfachter Annahme eines linear-elastischen Verformungsverhaltens kann die beanspruchungsspezifische Frequenz mittels der Spitzenwerte der Dehnung oder der dazu proportionalen Spannung nach den Gleichungen 4.1 bis 4.3 berechnet werden. In diesem Ansatz fließen keine Materialkennwerte in die Berechnung ein. Die ermittelten Frequenzen sind somit materialunabhängig und ausschließlich durch die Bezugsfrequenz und Dehnungs- bzw. Spannungsdifferenz beeinflusst.

$$\Delta\varepsilon_{t,0} = 2 \cdot (\varepsilon_{max,0} - \varepsilon_{min,0}) \tag{4.1}$$

$$\dot{\varepsilon}_0 = \Delta\varepsilon_{t,0} \cdot f_0 \tag{4.2}$$

$$f\left(\dot{\varepsilon} = konst.\right) = f_0 \cdot \frac{\Delta\varepsilon_{t,i}}{\Delta\varepsilon_{t,0}} \asymp f_0 \cdot \frac{\Delta\sigma_{o,i}}{\Delta\sigma_{o,0}} \tag{4.3}$$

mit $\Delta\varepsilon_{t,0}$ und $\Delta\sigma_{o,0}$ sowie $\Delta\varepsilon_{t,i}$ und $\Delta\sigma_{o,i}$ als ursprüngliche bzw. aktuelle Dehnungs- bzw. Spannungsdifferenz, f_0 als Bezugsfrequenz und $\dot{\varepsilon}_0$ als Bezugsdehnrate in Anlehnung an Abbildung 4.7.

Der Dehnratenansatz wurde an GF-EP angewandt und validiert. Die Untersuchungen wurden mit einem servo-hydraulischen Prüfsystem (Instron 8801, $F_{max} = \pm 100$ kN) mit der Probengeometrie nach DIN 527-4 TYP 1B durchgeführt. Die weiteren Prüfparameter entsprachen den Angaben aus Abschnitt 4.2.1. Die Dehnung wurde mittels taktilem Extensometer (Instron 2620-601, $l_0 = 50$ mm ± 5 mm) und die Temperaturänderung mit einem auf der Probenoberfläche platzierten Thermoelement und einem Referenzthermoelement (beide Typ K) gemessen.

Energieratenansatz

Der Energieratenansatz beruht auf der Hypothese, dass eine konstante induzierte Energiedichte pro Zeiteinheit, unabhängig von dem mechanischen Beanspruchungsniveau, in einem ungeschädigten Probenzustand zu einer identischen Eigenerwärmung führt. Die induzierte Energiedichte (kurz: induzierte Energie (w_{ind})) ist dabei für einen vollständigen Zyklus die Summe aus der in Abschnitt 2.2.1 erläuterten Verlust- (w_v) und Speicherenergiedichte (w_s) (Gleichung 4.4). Wird die Viskoelastizität im ungeschädigten Zustand vernachlässigt, resultiert daraus ein linear-elastisches Werkstoffverhalten (Gleichung 4.5). Die induzierte Energiedichterate (kurz: induzierte Energierate ($\dot{w}_{ind}$)) ist das Produkt aus Frequenz und induzierter Energie (Gleichung 4.6), und kann mit den gegebenen Annahmen unter Verwendung der Spitzenwerte der Dehnung und Spannung berechnet werden (Gleichung 4.7).

$$w_{ind} = w_v + w_s \tag{4.4}$$

$$w_{ind} = \frac{w_v}{2} + w_s \tag{4.5}$$

$$\dot{w}_{ind} = w_{ind} \cdot f \qquad (4.6)$$

$$\dot{w}_{ind} = f \cdot \left[\sigma_u (\varepsilon_{max} - \varepsilon_{min}) + \frac{1}{2} (\sigma_o - \sigma_u)(\varepsilon_{max} - \varepsilon_{min}) \right] \qquad (4.7)$$

Der Energieratenansatz wurde an GF-PU und -EP angewandt und die Untersuchungen mit dem Versuchsaufbau nach Abschnitt 4.2.1 durchgeführt. Zur Ermittlung des Verhältnisses zwischen Frequenz und Temperaturerhöhung sowie zur Ermittlung von Messdaten als Basis zur Berechnung der induzierten Energie wurden Frequenzsteigerungsversuche (FSV) auf verschiedenen Beanspruchungsniveaus (GF-PU: 110 bis 160 MPa und GF-EP: 140 bis 260 MPa Oberspannung) durchgeführt. In den FSV wurde die Frequenz unter konstanter zyklischer Beanspruchung, beginnend mit 0,5 Hz, stufenweise nach jeweils 16,6 min ($\hat{=} 10^4$ Lastspielen bei $f = 10$ Hz) um 0,5 Hz gesteigert. Die Nutzung konstanter Zeitintervalle im Gegensatz zu einer konkreten Lastspielzahl diente dem Ziel, ein möglichst gleichmäßiges Erwärmungsverhalten zu realisieren. Dies hat zum Vorteil, dass auch bei hohen Frequenzen eine ausreichende Zeit zur Einstellung einer stabilen, auswertbaren Temperatur gegeben ist. Jedoch muss berücksichtigt werden, dass durch die variierende Lastspielzahl pro Stufe die relative Schädigungseinbringung beeinflusst wird.

Energieratenansatz an Polyamid 6

Zur Validierung des Energieratenansatzes wurde dieser am Beispiel eines unverstärkten Polyamid 6 (PA6) angewandt, da bei diesem Thermoplast von einem signifikanten Einfluss einer variierenden Eigenerwärmung auf die Bruchlastspielzahl ausgegangen wurde. Das Material wurde durch die Fa. Robert Bosch bereitgestellt. Als Probengeometrie diente der sogenannte Becker-Zugstab [236]. Die Proben wurden aus Platten der Abmessungen 80·80·2,4 mm^3 gefräst und die Messlänge mit Schleifpapier (P1200) geglättet. Die Glasübergangstemperatur (Tg) wurde an dem Laboratorium für Werkstoffprüfung der Hochschule Ravensburg-Weingarten (HRW) mittels DSC bestimmt und betrug 81 °C. Für alle zyklischen Versuche wurde ein servo-hydraulisches Prüfsystem (MTS, Mini Bionix 858, F_{max} = ±25 kN) eingesetzt.

Zur grundsätzlichen Bewertung des Einflusses von Eigenerwärmungen auf das mechanische Verhalten von PA6 wurde der temperaturabhängige dynamische E-Modul in Voruntersuchungen unter zyklischer Beanspruchung und steigender Umgebungstemperatur (in Anlehnung an eine dynamisch-mechanische Analyse) ermittelt. Zur Vermeidung von zusätzlichen Einflüssen wurden für diese Versuche optische Messverfahren eingesetzt. Die Dehnung wurde mit einem Videoexten-someter (Limess, RTSS) und die Oberflächentemperatur der Probe mit einer Thermokamera (microEpsilon, TIM 160) gemessen. Da optische Messsysteme nur bedingt in Kombination mit Klimakammern eingesetzt werden können, wurde ein neuartiger, offener Versuchsaufbau entwickelt. Die Temperatur wurde dabei mittels eines Infrarotstrahlers (Heizleistung 1 kW) über den Abstand zur Probe variiert. Der ermittelte Zusammenhang zwischen dem Abstand des Infrarotstrahlers (s, in cm) und der sich einstellenden Probentemperatur kann durch eine Exponentialfunktion beschrieben werden (Gleichung 4.8, $R^2 = 0{,}99$).

$$T(s) = 34{,}5 + 64{,}2 \cdot e^{-0{,}054s} \tag{4.8}$$

In den Versuchen zum Energieratenansatz wurde die Dehnung mit einem taktilen Extensometer (MTS, 632.13 F-20, $l_0 = 10$ mm $\pm 1{,}5$ mm), und die Temperatur mittels drei Thermoelementen Typ K gemessen. Die Temperaturänderung wurde nach Gleichung 4.9 und 4.10 berechnet.

$$\Delta T = \Delta T_i - \Delta T_0 \tag{4.9}$$

$$\Delta T_i = T_{mitte} - \frac{T_{oben} + T_{unten}}{2} \tag{4.10}$$

mit ΔT_i als Temperaturänderung zum Zeitpunkt i und ΔT_0 als Temperaturänderung zu Versuchsbeginn, ermittelt als Durchschnittswert der ersten 5 Sekunden.

4.2.3 Messmethoden

Zur Detektion von Werkstoffreaktionen wurden taktile und optische Dehnungs-messungen und validierende Temperaturmessungen durchgeführt. Abbildung 4.8 zeigt schematisch die Messbereiche der verschiedenen Dehnungsmessverfahren.

Taktile Dehnungsmessung
Für taktile Dehnungsmessungen kam ein Extensometer der Fa. Sandner (EXA5-0,5o, Klasse 1 nach DIN 9513 [237]) mit einer Ausgangsmesslänge (l_0) von 5 mm und einem Messbereich von $\pm 0{,}5$ mm zum Einsatz. Dadurch wurde die Dehnung über 70 % der freien Messlänge erfasst. Die Wahrscheinlichkeit, dass die Messlänge

Abbildung 4.8
Messbereiche der taktilen
(a) und optischen
Dehnungsmessverfahren
mittels Laserextensometrie
(b) und
Fernfeldmikroskopie (c)

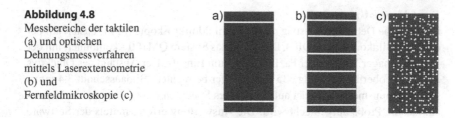

den Versagensbereich beinhaltet, ist demzufolge höher als bei konventionellen Messungen an Probentypen der DIN 527-4, wodurch höhere Dehnungswerte erwartet wurden [232] [238]. Das Extensometer wurde mit Federsteckern statt Ring-Gummis angebracht, um Einflüsse der sich ändernden Materialeigenschaften des Gummis unter variierender Umgebungstemperatur ausschließen zu können. Das Extensometer ist für einen Temperaturbereich von -270 bis $220\,°C$ und somit für den Einsatz in den Versuchsreihen dieser Arbeit geeignet. Die Messwerte wurden mit den in Abschnitt 4.2.1 erläuterten Methoden aufgezeichnet.

Optische Dehnungsmessung
Optische Dehnungsmessverfahren wurden verwendet, um exemplarisch lokale Materialkennwerte aus mehreren Zonen der freien Messlänge mit der zonenspezifischen Schädigungsentwicklung zu korrelieren und mit den Ergebnissen unter Nutzung des taktilen Extensometers zu vergleichen.

Laserextensometrie
Eingesetzt wurde ein Laserextensometer (LEX) der Fa. Fiedler Optoelektronik (P-50, $l_0 = 50$ mm, Klasse 0,5 nach DIN 9513 [237]) mit einer Scanrate von 400 Hz. Die Messmarken wurden in einem Abstand von 0,5 mm angebracht, woraus sich 5 Zonen mit je 1 mm Messlänge ergaben. Der Messabstand zur Probe betrug 275 mm. Der Versuchsaufbau ist in Abbildung 4.9a) dargestellt. Die freie Messstrecke zwischen Laserextensometer und Probe wurde zusätzlich mit Schaumstoff abgeschirmt, um Einflüsse von Lichteinfall und Luftverwirbelung zu minimieren. Letzteres ist der Grund, wieso eine simultane Anwendung der Klimakammer nicht möglich war. Durch deren Funktionsweise entstehen hohe Luftverwirbelungen, die zur Ablenkung des Laserstrahls und dadurch zur Beeinträchtigung des Messergebnisses führen. Gleiches gilt für die Anwendung der Fernfeldmikroskopie (s. u.). Daher wurden die Versuche mit optischer Dehnungsmessung ausschließlich unter Raumtemperatur durchgeführt.

Fernfeldmikroskopie

Die optische Dehnungsmessung mittels Fernfeldmikroskopie (FFM) basiert auf der digitalen Bildkorrelation (DIC). Dazu kam das System QM100 – kombiniert mit der Kamera Imager M-lite – der Fa. LaVision zum Einsatz. Der Abstand des Objektivs zur Probenoberfläche betrug 335 mm und der betrachtete Bildausschnitt 3·4 mm². Die Dehnungsmessung findet auf Basis eines Specklemusters statt, das im Vorhinein auf die Probe aufgebracht wird. Die Auswertung erfolgt mittels der Software Strainmaster DIC 1.4.0 der Herstellerfirma. Da die Messraten zur kontinuierlichen Aufzeichnung von Hysteresis-Schleifen nicht ausreichend sind, wurden diese über Schwebung bei einer Aufnahmefrequenz von 6,94 Hz zusammengesetzt. Die Lichtquelle (Veritas, miniConstellation 120 28°) wurde in identischer Frequenz gepulst, um eine strahlungsinduzierte Erwärmung der Probe zu vermeiden.

a)
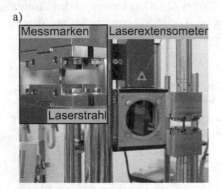
b)
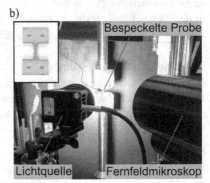

Abbildung 4.9 Versuchsaufbau mit optischen Dehnungsmesssystemen, a) Laserextenso-metrie und b) Fernfeldmikroskopie

Temperaturmessung

Die angepassten Frequenzen (Abschnitt 5.1) ließen über die Versuchsreihen eine weitestgehend identische Temperaturänderung von ca. 2 K erwarten, weshalb die Temperatur nur zu Validierungszwecken aufgezeichnet wurde. Die Messung erfolgte an der seitlichen Oberfläche der Probe und an einer unbelasteten Referenzprobe mit Thermoelementen Typ K. Die Thermoelemente wurden mit einem

Polyimid-Klebeband angebracht. Durch die Berücksichtigung der Referenztemperatur können Schwankungen der Umgebungstemperatur innerhalb der Klimakammer kompensiert werden. Die Temperaturänderung (ΔT_i) wurde nach Gleichung 4.11 berechnet. Die Messwertaufzeichnung wurde mit dem in Abschnitt 4.2.1 erläuterten LabView-Programm durchgeführt.

$$\Delta T_i = T_{Probe,i} - T_{Referenz,i} - \Delta T_0 \qquad (4.11)$$

mit ΔT_0 und ΔT_i als Temperaturdifferenz von Probe und Referenzprobe zu Versuchsbeginn und zum Zeitpunkt i.

Hysteresis-Messverfahren
Hysteresis-Kennwerte stellen in dieser Arbeit die Grundlage zur Beurteilung des Ermüdungsverhaltens dar. Mittels der oben aufgeführten Dehnungsmessmethoden wurden Hysteresis-Schleifen aufgezeichnet und die im Folgenden erläuterten Kennwerte ermittelt.

Zyklisches Kriechen und Steifigkeit
Das zyklische Kriechen wird anhand der totalen Mitteldehnung bestimmt und durch die Verschiebung der Hysteresis-Schleife zu höheren Totaldehnungen visualisiert. Es stellt die Akkumulation plastischer Verformungsvorgänge dar, weshalb erwartet wird, dass ein Temperatureinfluss auf Basis des zyklischen Kriechens erkannt werden kann. Letzteres bezieht sich u. a. auf Verformungsvorgänge wie Faserumorientierungen, die durch eine höhere Duktilität der Matrix unter steigender Temperatur mutmaßlich ausgeprägter stattfinden können.

Die Steifigkeit (bzw. Steifigkeitsreduktion) hat sich als eine der aussagekräftigsten Informationen zum Ermüdungs- und Schädigungsverhalten herausgestellt (Abschnitt 2.2.2). Um eine genaue Rückmeldung zur Steifigkeit zu erhalten, müssen möglichst viele Einflussfaktoren, wie bspw. das zyklische Kriechen, in der Kennwertermittlung ausgeschlossen werden. Aufgrund dessen wird der dynamische E-Modul (E_{dyn}) anstelle des Sekantenmoduls verwendet und nach Gleichung 2.8 berechnet. Wie für das zyklische Kriechen wird auch für die Steifigkeit eine ausgeprägte Temperaturabhängigkeit durch die Änderung der Matrixduktilität erwartet. Um dennoch eine temperaturübergreifende Vergleichbarkeit der Steifigkeitsverläufe zu ermöglichen, wird der dynamische E-Modul zusätzlich normiert ($E_{dyn,norm}$), indem dieser auf den Ausgangswert bezogen wird.

Eine Besonderheit stellen die Steifigkeitsverläufe für die Untersuchungen in S-ESV dar. Da die Versuche nach einer definierten Steifigkeitsreduktion beendet werden, liegen mit geringer werdender Steifigkeitsreduktion zunehmend mehr

Versuchsergebnisse vor. Um dies für eine statistische Absicherung zu nutzen, wurden die temperaturabhängigen (normierten) Steifigkeitsverläufe ausgewertet und über der normierten Lastspielzahl bis zu einer Lebensdauer von 0,4 gemittelt. Durch dieses Vorgehen entstehen zwar leichte Sprünge (da mit zunehmender Lebensdauer stufenweise weniger Versuchsdaten vorliegen), der daraus resultierende Steifigkeitsverlauf weist jedoch aufgrund einer Vielzahl an Versuchsdaten (bis zu zehn Versuche) eine hohe statistische Absicherung auf. Dies ermöglicht belastbare Interpretationen hinsichtlich des Temperatureinflusses.

Verlustenergie
In der Theorie bildet eine Hysteresis-Schleife eine kontinuierliche Abfolge von Werkstoffzuständen ab. In der Realität liegen allerdings diskrete Messergebnisse zu definierten Zeitpunkten vor. Bei der Ermittlung der Verlustenergie wird die Fläche innerhalb der Hysteresis-Schleife berechnet. Dies wurde zunächst durch die Differenzbildung zwischen den Integralen des Belastungs- und Entlastungsasts realisiert. In der Praxis zeigte sich jedoch, dass bei diesem Vorgehen bereits geringe Unregelmäßigkeiten im Datensatz einen signifikanten Einfluss auf das Ergebnis ausüben. Um diesen Fehler zu reduzieren, wurde eine Dreiecksmethode zur Berechnung der Verlustenergie entwickelt und in dem webbasierten Programm (s. o.) implementiert. Die Fläche innerhalb der Hysteresis-Schleife wird durch die diskreten Randpunkte in Teilflächen in Form von Dreiecken unterteilt. Da die Seitenlängen eines jeden Dreiecks durch die Koordinaten der Randpunkte bekannt sind, kann die zugehörige Teilfläche mit dem Satz des Heron kalkuliert werden. Die Summe aller Teilflächen repräsentiert die Verlustenergie (Gleichung 4.12). In einer Validierung zeigte sich, dass die Verlustenergie bei Anwendung der Dreiecksmethode ggü. der Integralmethode weniger durch Unregelmäßigkeiten im Datensatz beeinflusst wird. Aufgrund dessen wird die Dreiecksmethode genutzt.

$$w_v = \sum_{i=1}^{n} \sqrt{s_i(s_i - a_i)(s_i - b_i)(s_i - c_i)} \qquad (4.12)$$

mit a, b und c den Seitenlängen und s dem halben Umfang ($s = 0{,}5(a + b + c)$) eines Dreiecks.

Die Verlustenergie wird über die Nennspannung und Totaldehnung gewonnen. Aufgrund dessen handelt es sich um einen volumenbezogenen Kennwert, der eine Energiedichte widerspiegelt (Einheit $J \cdot mm^{-3}$). Daraus resultiert der in Abschnitt 2.2.1 eingeführte Kennwert der Verlustenergiedichte (w_v). Zur Vereinfachung wird jedoch im Folgenden auf die Dichtebezeichnung verzichtet.

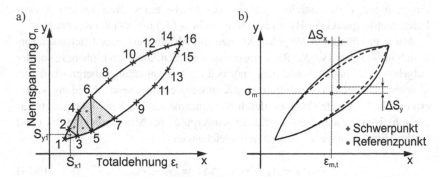

Abbildung 4.10 a) Dreiecksmethode zur Bestimmung des Flächenschwerpunkts und b) Darstellung der relativen Änderung zum Referenzschwerpunkt, nach [239]

Flächenschwerpunkt
Als zusätzlicher Kennwert wird der Flächenschwerpunkt der Hysteresis-Schleife eingeführt. Der Flächenschwerpunkt ist ein geometrischer Kennwert der Hysteresis-Schleife, der bislang in der Forschung kaum Beachtung findet. In einer punktsymmetrischen Hysteresis-Schleife liegt der Flächenschwerpunkt auf der Achse des dynamischen E-Moduls auf der Mittelspannung und totalen Mitteldehnung. In Untersuchungen an Verbindungssystemen aus dem Bauingenieurwesen wurde teilweise eine reproduzierbare Änderung des Flächenschwerpunkts erkannt, die zu einer Abschätzung der Lebensdauer genutzt werden konnte [240]. Dieser Ansatz soll an den vorliegenden FVK untersucht und das Potenzial des Kennwerts zur Beschreibung des Ermüdungsverhaltens bewertet werden. Der Flächenschwerpunkt einer Hysteresis-Schleife wird über die Schwerpunkte der Teilflächen berechnet. Dafür wird die Hysteresis-Schleife – äquivalent zum Verfahren bei der Ermittlung der Verlustenergie – in aneinander liegende Dreiecke aufgeteilt (Abbildung 4.10a). Der Schwerpunkt einer Teilfläche entspricht dem arithmetischen Mittel der Dreieckskoordinaten in x- und y-Richtung. Der Flächenschwerpunkt (S) der Hysteresis-Schleife wird durch die Summe der Schwerpunkte – jeweils multipliziert mit der Teilfläche des zugehörigen Dreiecks (w_i) – in Relation zur Gesamtfläche (w_v) berechnet.

$$S = \frac{1}{w_v} \sum_{i=1}^{n} \frac{1}{3}(a_i + b_i + c_i) \cdot w_i \qquad (4.13)$$

mit a, b und c den Seitenlängen, w_i der Fläche eines Dreiecks und S dem Flächenschwerpunkt der Hysteresis-Schleife in x- (S_x) und y- (S_y) Richtung.

Mit dem erläuterten Vorgehen können die Absolutwerte des Flächenschwerpunkts in x- (S_x) und y- (S_y) Richtung ermittelt werden. Diese sind abhängig von der aufgebrachten Spannung und daher nur bedingt beanspruchungsübergreifend vergleichbar. Die relative Darstellung des Kennwerts entsprechend Abbildung 4.10b) ermöglicht die Vergleichbarkeit durch Bezugnahme des Flächenschwerpunkts auf einen fiktiven, idealen Referenzflächenschwerpunkt bei Mittelspannung (σ_m) und totaler Mitteldehnung ($\varepsilon_{m,t}$) nach den Gleichungen 4.14.

$$\Delta S_x = x_s - \varepsilon_{m,t}; \quad \Delta S_y = y_s - \sigma_m \tag{4.14}$$

mit ΔS_x und ΔS_y den relativen Änderungen des Flächenschwerpunkts in x- und y-Richtung.

4.3   Prüfverfahren im VHCF-Bereich

Aufgrund des exponentiellen Zusammenhangs zwischen der zulässigen Frequenz und der Oberspannung für eine gleichbleibende Eigenerwärmung (Abschnitt 5.1.2), ergeben sich mit dem Energieratenansatz auf geringen Beanspruchungsniveaus hohe Frequenzen. Somit ist es möglich, mit vertretbarem Zeitaufwand Untersuchungen im VHCF-Bereich durchführen zu können. Das servo-hydraulische Prüfsystem ermöglicht jedoch nur maximale Frequenzen von 30 Hz. Daher ist es notwendig, alternative Prüfsysteme und -verfahren zu nutzen. Wie im Stand der Technik bereits ausgeführt, sind nur wenige Untersuchungen bekannt, die sich dieser Thematik für FVK widmen. Als potenziell erfolgversprechend scheinen sich in diesen Untersuchungen Resonanzprüfsysteme herauszustellen. Zur Ermittlung des Ermüdungs- und Schädigungsverhaltens von GF-PU und -EP im VHCF-Bereich wurden daher Prüfmethoden auf Grundlage der Verwendung von zwei verschiedenen Resonanzprüfsystemen entwickelt und validiert. Ziel war es, eine reproduzierbare und zu den Ergebnissen aus dem LCF- bis HCF-Bereich vergleichbare Ermittlung des Ermüdungs- und Schädigungsverhaltens im VHCF-Bereich unter 23 °C zu ermöglichen. Um die Prüfsysteme voneinander abzugrenzen, werden diese im Folgenden als Resonanzprüfsystem (mit $f \approx 1$ kHz) und Ultraschallprüfsystem (mit $f \approx 20$ kHz) bezeichnet.

4.3.1   Resonanzprüfsystem

Das verwendete Resonanzprüfsystem (Rumul, Gigaforte, $F_{max} = \pm 25$ kN, 50 kN Kraftmessdose Klasse 1 im Kraftbereich der Untersuchungen, nach DIN 7500–1 [229]) realisiert Frequenzen in einem Bereich von ca. 1 kHz bei maximalen Auslenkungen (s_{max}) von $\pm 0,1$ mm. Die Regelung des Prüfsystems erfolgt mittels der Steuerung Tutos. Die Prüfmethode wurde mit den LabView-basierten Softwaremodulen Woehler und Block XP der Fa. Rumul erstellt. Die Spitzenwerte wurden sekündlich aufgezeichnet. Es handelt sich bei dem Resonanzprüfsystem um ein elektromagnetisches Prüfsystem bestehend aus zwei Sub-Schwingsystemen mit vier in Reihe geschalteten Massen. [241]

Das erste Sub-Schwingsystem wird durch eine seismische Masse und einen Schwingkörper gebildet, die direkt mit Federelementen und indirekt durch mehrere Schwingungserreger (Elektromagneten) verbunden sind. Das zweite Sub-Schwingsystem enthält den Schwingkopf und die Traverse, zwischen denen die Probe als verbindendes Federelement wirkt. Die beiden Sub-Schwingsysteme werden durch den Resonator – bestehend aus Schwingkopf, Schwingkörper und Schwingfeder – verbunden. Der Resonator wird durch das erste Sub-Schwingsystem in eine Schwingung mit ca. 1 kHz versetzt und regt das zweite Sub-Schwingsystem an, indem der Schwingkopf sowohl Bestandteil des Resonators als auch des zweiten Sub-Schwingsystems ist. Dadurch wird die Probe zyklisch belastet. Das Prüfsystem ermöglicht durch die Aufbringung von Mittellasten über die zur seismischen Masse verschiebbare Traverse zusätzlich zug- und druckschwellende Prüfungen. [242]

Versuchsaufbau und Messmethoden
In Abbildung 4.11 ist der Versuchsaufbau des Resonanzprüfsystems an GF-PU dargestellt. Die Probengeometrie ist identisch zu der in Abschnitt 4.2.1. Die Spannvorrichtung entspricht der in Abschnitt 4.2.1 und wurde von der Fa. Rumul auf Basis der Angaben des Autors gefertigt. Dadurch konnte der Einspannvorgang ggü. der Nutzung der ursprünglichen Spannvorrichtung des Prüfsystems für Flachproben optimiert und zusätzlich vergleichbare Prüfbedingungen zu den Versuchen im LCF- bis HCF-Bereich geschaffen werden. Eine Druckluftkühlung mit Flachdüsen wurde beidseitig zur Probe ausgerichtet und diente der Reduktion der Eigenerwärmung. Die Oberflächentemperatur der Probe wurde mit einem Thermoelement Typ K aufgezeichnet.

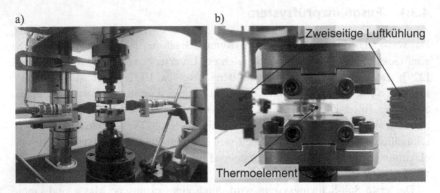

Abbildung 4.11 Versuchsaufbau des Resonanzprüfsystems als a) Übersichts- und b) Detaildarstellung

Messmethoden

Die Probe ist Bestandteil des zweiten Sub-Schwingsystems und beeinflusst durch die Probensteifigkeit die Resonanzfrequenz im Bereich von ± 3 %. Durch eine Änderung der Probensteifigkeit infolge der Schädigungsentwicklung findet somit eine Reduktion der Resonanzfrequenz statt. Die Änderung der Resonanzfrequenz kann daher als Messgröße genutzt werden.

Ein geeignetes Messsystem zur Dehnungsmessung stand nicht zur Verfügung, weshalb alternativ die Wegamplitude am Schwingkopf mittels Wegaufnehmer nach dem Prinzip der Laser-Triangulation aufgezeichnet wurde. Zwar beinhaltet diese Messgröße u. a. Wegänderungen infolge von Relativbewegungen in der Spannvorrichtung, jedoch scheint überwiegend die Probensteifigkeit die Wegamplitude zu beeinflussen. Dies wird in Abbildung 4.12 deutlich, in der ein Vergleich der Wegamplitude mit dem dynamischen E-Modul von GF-EP unter einstufiger Beanspruchung im HCF-Bereich dargestellt ist. Die Wegamplitude entspricht dem qualitativen, gespiegelten Verlauf des dynamischen E-Moduls. Daher wird angenommen, dass im VHCF-Bereich eine Aussage über die Steifigkeitsentwicklung auf Basis der Wegamplitude nach Gleichung 2.9 zulässig ist.

Da die Übertragbarkeit der quantitativen, relativen Entwicklung der Wegamplitude auf die relative Degradation des dynamischen E-Moduls nicht bekannt ist, musste für S-ESV der aus Abschnitt 4.2.1 bekannte Ansatz der steifigkeitsorientierten Versuchsunterbrechung angepasst werden. Die Versuche zur Untersuchung des Schädigungsverhaltens im VHCF-Bereich wurden nach definierten Lastspielzahlen – in Bezug auf eine vorab ermittelte Bruchlastspielzahl – gestoppt.

Abbildung 4.12
Vergleich der Wegamplitude
und des dynamischen
E-Moduls während eines
ESV an GF-EP unter 23 °C
und $\sigma_o = 180$ MPa

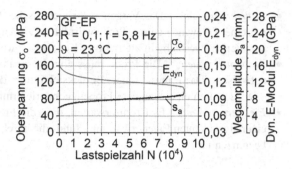

4.3.2   Ultraschallprüfsystem[1]

Neben dem Resonanzprüfsystem wurde die Anwendbarkeit eines Ultraschallprüfsystems (USF) zur zusätzlichen Reduktion des Zeitaufwands geprüft. Das Ultraschallprüfsystem (Shimadzu, USF-2000 A, $s_{max} = \pm 50$ µm) basiert auf dem inversen piezoelektrischen Effekt. Eine hochfrequente elektrische Energie wird dabei in eine mechanische Schwingung konvertiert und über ein Horn in die Probe transmittiert. Als Regelgröße fungiert die Auslenkung des Horns. Untersuchungen an dem USF finden daher weggeregelt statt. Da die Versuche im VHCF-Bereich i. d. R. unter geringen Beanspruchungen durchgeführt werden, kann zu Versuchsbeginn vereinfacht von einem linear-elastischen Verformungsverhalten der Probe ausgegangen und die wirkenden Spannungen über die Auslenkung berechnet werden. Somit ist eine (begrenzte) Vergleichbarkeit der Ergebnisse mit denen aus spannungsgeregelten Versuchen gegeben.

Zur Durchführung von Untersuchungen an dem USF muss die Probe unter Berücksichtigung der Steifigkeit, Dichte und Probenform so ausgelegt sein, dass in Kombination mit dem Horn eine Resonanz im Frequenzbereich des Prüfsystems ($f = 20 \pm 0,5$ kHz) erreicht wird [243]. Die dabei vorliegende, stehende Welle weist bei idealer Auslegung Schwingungsbäuche an Verbindungsstellen (von Horn zu Probe) und einen Schwingungsknoten (höchst-beanspruchte Stelle) in der Probenmitte auf. Eine schematische Darstellung der sich ausbildenden Welle ist dem Anhang C (Abbildung 12.9) beigefügt. Für FVK ergeben sich bei diesem Prüfverfahren folgende Herausforderungen:

---

[1]Inhalte dieses Kapitels basieren zum Teil und auf der studentischen Arbeit [93].

- *Probenanbindung* – Das Vorgehen für metallische Werkstoffe, die Anbindung mit einem Gewinde an der Probenstirnfläche zu realisieren, ist für FVK nicht adaptierbar, weshalb ein alternatives Konzept notwendig ist.
- *Resonanzfrequenz* – Die Probe muss eine Resonanzfrequenz von ca. 20 kHz aufweisen. Dazu muss unter Berücksichtigung der Probenanbindung und -eigenschaften eine geeignete Probengeometrie ermittelt werden.
- *Eigenerwärmung* – Es ist zu erwarten, dass die Frequenz von ca. 20 kHz zu einer signifikanten Eigenerwärmung führt, die durch geeignete Maßnahmen zu begrenzen ist.

Versuchsaufbau und Messmethoden

Abbildung 4.13 Versuchsaufbau und Adapter-Probe-Verbund am eingesetzten Ultraschallprüfsystem

In dieser Arbeit wird das Konzept von Flore et al. [166] aufgegriffen, das durch Einsatz eines Probenadapters die Anbindung von Proben aus FVK ermöglicht. Alternative Vorgehen sind aufgrund der limitierten Probenabmessungen [180] oder der Beanspruchungsrichtung [173] nicht übertragbar. Der daraus resultierende Versuchsaufbau ist in Abbildung 4.13 dargestellt. Um die Eigenerwärmung der Probe zu reduzieren, wurde eine Druckluftkühlung eingesetzt. Die Messung der Auslenkung erfolgte mittels eines unterhalb der Probe angebrachten Wirbelstromsensors.

Probenadapter

Das Gesamtsystem, bestehend aus dem Probenadapter und der Probe, muss eine Resonanzfrequenz im Bereich von ca. 20 kHz aufweisen. Die Auslegung des Probenadapters erfolgte mit der allgemeinen eindimensionalen Wellengleichung. Der Probenadapter muss so ausgelegt werden, dass die Verbindungsstellen mit Schwingungsbäuchen übereinstimmen, damit diese vermeintlich schwächste Stelle nahezu unbelastet ist. In der Probenmitte muss demgegenüber ein Schwingungsknoten vorliegen, einhergehend mit den höchsten Beanspruchungen. Die Herleitung der Wellengleichung ist im Anhang C schrittweise erläutert. Aus der Herleitung folgt für die Berechnung der Mindestlänge des Probenadapters (l) Gleichung 4.15.

$$l = \sqrt{E \cdot \rho^{-1}} \cdot (2f)^{-1} \qquad (4.15)$$

Der Probenadapter wurde aus S235JR gefertigt. Mit den Materialparametern ($E = 210$ GPa, $\rho = 7{,}70$ g·cm^{-3}) und der Resonanzfrequenz von 20 kHz ergibt sich eine Probenadapterlänge von 130,8 mm. In den aufgeführten Untersuchungen wurde ein Spannungsverhältnis von $R = -1$ angewandt, um die Auslenkung an der Probenunterseite messen zu können (s. u. Abschnitt Messmethoden) und dadurch auf die Spannung schließen zu können. Die Probe wurde durch 2 K-Epoxidharz-Kleber mit dem Probenadapter verbunden. In einer aktuelleren Version des Probenadapters wird dazu eine Klemmvorrichtung genutzt, da die Klebeverbindung – insbesondere vor dem Hintergrund erhöhter Temperaturentwicklungen – eine Schwachstelle darstellen kann. Mit der Klemmvorrichtung ist ein optimierter Montageprozess möglich, zudem wird die Dauer der Versuchsvorbereitung signifikant reduziert, da keine Aushärteprozesse berücksichtigt werden müssen. Technische Zeichnungen des verwendeten und neu entwickelten Probenadapters sind im Anhang C aufgeführt.

Probengeometrie

Zur Ermittlung einer geeigneten Probengeometrie wurde die geometrieabhängige Resonanzfrequenz mittels Abaqus simuliert. Das Werkstoffverhalten wurde stark vereinfacht als ideal-elastisch und isotrop angenommen. Die Materialparameter wurden aus den Zugversuchen (Anhang A) übernommen. Die Probengeometrie entspricht in den relevanten Abmessungen der aus Abschnitt 4.2.1. Die Breite und Dicke des Messbereichs der Probe sind identisch, wodurch die Vergleichbarkeit der Ergebnisse grundsätzlich gewährleistet ist. Die Länge L_1 wurde an die Klemmung des Probenadapters angepasst. Die Länge L_2 wurde so eingestellt, dass die Probe eine Resonanzfrequenz von ca. 20 kHz (simulierter Wert: 19,99 kHz) aufweist. Die Probengeometrie und die Abmessungen sind in Abbildung 4.14 aufgeführt.

Abbildung 4.14
Probengeometrie für das
Ultraschallprüfsystem mit
Maßangaben in mm, nach
[92]

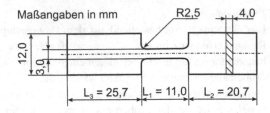

Maßangaben in mm

Messmethoden
Die Einsatzmöglichkeiten von Messsystemen sind aufgrund der hohen Frequenz begrenzt. Die Auslenkung wurde an der Probenunterseite mit einem Wirbelstromsensor (Lion Precision, ECL101-U8-SMM-3.0) gemessen. Dazu muss die Probe leitfähig sein. Dies wurde partiell an der Probenstirnfläche durch Aufkleben von Aluminiumfolie realisiert. Es stellte sich heraus, dass sich das Verhältnis von elektrischer Spannungsänderung pro Wegeinheit – trotz identischer Probengeometrie und gleichbleibender Bearbeitungsschritte – bei jedem Versuch verschieden ausbildet. Daher war eine Kalibrierung des Messsystems für jeden Versuch notwendig.

Die Oberflächentemperatur der Probe wurde mit einer Thermokamera (microEpsilon, TIM 400) aufgezeichnet. Aufgrund des verwendeten Puls-Pause-Verhältnisses unterliegen die Temperaturverläufe starken Schwankungen, weshalb diese mit einem gleitenden Maximalwert für Zeitfenster von je 10 s geglättet werden.

Die Probe ist ein direkter Bestandteil des Resonanzsystems. Findet während des Versuchs eine Änderung der Steifigkeit der Probe statt, bspw. infolge von Schädigungsentwicklung und/oder Eigenerwärmung, so ändert sich die Resonanzfrequenz und die Erregungsfrequenz wird angepasst. Die Änderung der Resonanzfrequenz kann somit als Messgröße zur Bewertung des Ermüdungs- und Schädigungsverhaltens – äquivalent zum Vorgehen aus Abschnitt 4.3.1 – genutzt werden.

Prüfparameter
Die Versuche werden mit einem Puls-Pause-Verhältnis durchgeführt. In Voruntersuchungen zeigte sich unter Einsatz eines für metallische Werkstoffe üblichen Puls-Pause-Verhältnisses eine Temperaturentwicklung, die zu einem thermischen Versagen der Probe führte (s. Abbildung 4.15). Daher ergab sich die Notwendigkeit zur Reduktion der Eigenerwärmung mittels einer geeigneten Versuchsführung. Dazu wurde der Zusammenhang zwischen Prüfparametern und Eigenerwärmung auf Basis einer statistischen Versuchsplanung untersucht und modellbasiert beschrieben. Das Vorgehen ist umfangreich im Anhang C erläutert. Es stellte sich heraus, dass bei einer gleichbleibenden effektiven Frequenz eine möglichst geringe Pulsdauer

genutzt werden muss, um die Eigenerwärmung zu minimieren. Für die Untersuchungen wurde daher in Anlehnung an das Prüfverfahren am Resonanzprüfsystem (Abschnitt 4.3.1) eine effektive Frequenz von ca. 950 Hz bei einer effektiven Pulsdauer von ca. 100 ms genutzt.

Abbildung 4.15
Thermisch versagte Probe
nach einem Versuch mit
ursprünglicher
Probengeometrie und
Versuchsführung, nach [92]

5 mm

4.4   In situ Computertomographie[2]

Die computertomographischen (CT) Untersuchungen zum Schädigungsverhalten von GF-PU und -EP wurden mit einem Nikon XT H 160 CT durchgeführt. Der Computertomograph besitzt eine Röntgenröhre mit maximaler Spannung und Leistung von 160 kV bzw. 60 W. Ein 1008^2-Pixel Detektor ermöglicht Auflösungen von bis zu 3 µm Voxelgröße. Die entstehenden Röntgenaufnahmen wurden durch die Software CT Pro 3D (Nikon) weiterverarbeitet und das rekonstruierte Volumen des Prüfkörpers anschließend mittels der Software VG Studio Max 2.2 (Volume Graphics) u. a. hinsichtlich Defekte, Poren und Faserorientierungen analysiert.

In situ CT-Stage
Zur computertomographischen Defektanalyse an GFK ist es aufgrund der erläuterten Rissschließungsphänomene notwendig, die computertomographischen Untersuchungen (CT-Scans) unter statischer Beanspruchung des Prüfkörpers durchzuführen. In dieser Arbeit wird dazu das CT5000 Prüfsystem (in situ CT-Stage) von Deben UK genutzt, das auf den 5-Achs-Manipulatortisch des Computertomographen montiert wird (Abbildung 4.16a). Der markanteste Unterschied zu konventionellen Universalprüfsystemen liegt in der Kraftübertragung zwischen den Spannköpfen,

---

[2]Inhalte dieses Kapitels basieren zum Teil auf Vorveröffentlichungen [227] [266] und den studentischen Arbeiten [115] [192] [234].

die konventionell über zwei Säulen stattfindet. Diese würden jedoch aufgrund der Rotation des Manipulatortisches teilweise im Röntgenbereich liegen und durch eine heterogene Schwächung der Strahlung den CT-Scan unbrauchbar machen. In der in situ CT-Stage wird die Kraft über ein 3 mm starkes, glasartiges Kohlenstoffrohr übertragen, wodurch eine homogene und nur geringe Schwächung der Röntgenstrahlen realisiert wird. Die in situ CT-Stage ermöglicht Zug- und Druckkräfte bis 5 kN und eine maximale Wegänderung von 10 mm sowie Prüfgeschwindigkeiten zwischen 0,1 und 1 mm·s^{-1}. Die Probe wird durch eine kombinierte Verspannung und Verstiftung montiert (Abbildung 4.16b). Die Regelung der in situ CT-Stage und die Aufzeichnung der Messwerte (Kraft und Weg) erfolgt mit der Herstellersoftware Deben Microtest.

a)   b)

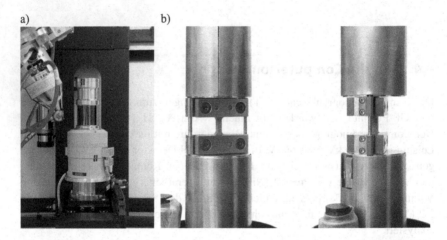

Abbildung 4.16 In situ CT-Stage a) montiert auf dem 5-Achs-Manipulatortisch des Computertomographen und b) mit eingespannter GF-PU Probe (mit Specklemuster)

4.4.1 Akquisitionsparameter der Computertomographie

Die Qualität und der Detailgrad des aus der CT-Analyse rekonstruierten Volumens hängt maßgeblich von den Akquisitionsparametern ab. Wie in Tabelle 2.3 gezeigt

wurde, weisen die in wissenschaftlichen Arbeiten verwendeten Akquisitionsparameter für GFK eine große Streuung auf, die u. a. auf den materialspezifischen
Schwächungskoeffizienten und die verwendete Röntgenröhre zurückgeführt werden kann. Daher ergibt sich die Notwendigkeit zur Ermittlung geeigneter Akquisitionsparameter für die zu untersuchenden FVK. Die Bewertung findet auf Basis
der erlangten CT-Histogramme und der optischen Bildqualität statt.

CT-Histogramme
CT-Histogramme stellen die Anzahl der Voxel über den Grauwerten dar. Der Grauwert wird über das chemische Element und die Dichte beeinflusst. Materialien mit
differenzierten Eigenschaften lassen sich somit im CT-Histogramm auf Basis des
Grauwerts separieren. In Abbildung 4.17 sind CT-Histogramme von GF-PU für
variierende Akquisitionsparameter dargestellt. Der Mehrkomponentenaufbau des
Werkstoffs ist erkennbar. Für die CT-Scans zeigen sich mit zunehmendem Grauwert die drei Maxima für die Anteile der Luft, Matrix und Glasfasern. Die zwischen
den Maxima vorhandenen Werte werden durch den Partialvolumeneffekt erzeugt
(Abschnitt 2.4.1). Die lokalen Minima grenzen die Materialanteile voneinander
ab. Abhängig von den Akquisitionsparametern und dem resultierenden Partialvolumeneffekt sind die Minima für GF-PU verschieden stark ausgeprägt. Weniger
profilierte Minima führen zu einer erschwerten Separierung der Komponenten, die
für eine grauwertbasierte Defektanalyse notwendig ist.

Mit dem Ziel der Ermittlung geeigneter Akquisitionsparameter wurde deren Einfluss auf die CT-Histogramme untersucht. Um eine Vergleichbarkeit zwischen den
CT-Histogrammen zu gewährleisten, wurde der Grauwert normiert dargestellt und
die Flächen unter den Kurven identisch gehalten. Letzteres basiert darauf, dass
die Summe der Voxel aufgrund des unveränderten Probenvolumens für alle CT-
Scans identisch sein muss. Das vollständige Versuchsprogramm ist dem Anhang F
(Tabelle 12.3) zu entnehmen. Um die Einflüsse einstellbarer Akquisitionsparameter bewerten zu können, wurden diese zueinander so variiert, dass ein Parameter
während einer Versuchsreihe konstant blieb.

Aus den Untersuchungen ergeben sich folgende Erkenntnisse: Unter konstanter Röhrenleistung (7,1 W) führt eine Reduktion der Röntgenspannung zu einer
ausgeprägteren Darstellung der Minima, jedoch sinkt simultan die Detailerkennbarkeit im CT-Bild. Darüber hinaus sind bei geringeren Röhrenspannungen längere
Belichtungszeiten notwendig, die sich aufgrund des Kriechens negativ auswirken
(Abschnitt 4.4.2). Die Röhrenspannung beeinflusst bei konstantem Röhrenstrom
(71 µA) nur geringfügig die CT-Histogramme, allerdings steigt mit zunehmender
Röhrenspannung die Bildqualität deutlich. Die Variation des Röhrenstroms führt

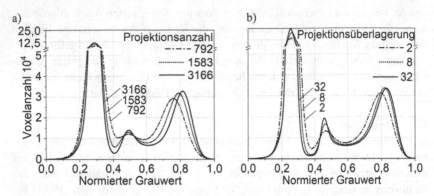

Abbildung 4.17 CT-Histogramme resultierend aus CT-Scans an GF-PU durch Variation von a) der Projektionsanzahl und b) der Projektionsüberlagerung, nach [191]

bei konstanter Röhrenspannung (100 kV) zu keiner signifikanten Änderung der CT-Histogramme und Detailerkennbarkeit.

Die Voxelgröße repräsentiert die Auflösung der CT-Scans. Unter Einsatz der in situ CT-Stage ergibt sich eine geringstmögliche Voxelgröße von 7 μm. Nimmt die Voxelgröße zu, steigt der Anteil an Luft im CT-Histogramm und das Minimum zwischen Luft und Matrix ist ausgeprägter. Hingegen nimmt die Detailerkennbarkeit aufgrund der geringeren Auflösung ab, was insbesondere bei der Defektanalyse eine Abgrenzung zwischen Matrix und Glasfasern erschwert. Aufgrund dessen wurde die höchstmögliche Auflösung (Voxelgröße 7 μm) genutzt.

Die Anzahl an Projektionen spiegelt die für einen CT-Scan angewandten Winkelschritte und somit die Anzahl der Röntgenbilder wider. Werden die Projektionen unter den definierten Winkelschritten mehrfach durchgeführt, so findet eine Überlagerung dieser statt und es wird eine gemittelte Projektion erzeugt. Je höher die Anzahl an Projektionen und Überlagerungen für einen CT-Scan ist, desto deutlicher grenzen sich die Maxima und Minima im CT-Histogramm ab (Abbildung 4.17). Zudem nimmt das Rauschen des erzeugten CT-Bilds ab und die Bildqualität steigt. Somit konnten mit 32 Überlagerungen die besten Ergebnisse erzielt werden. Im Gegensatz zu den Ergebnissen zur Variation der Anzahl an Projektionen, scheint allerdings eine Sättigung aufzutreten, da sich die Kurven mit zunehmender Anzahl an Überlagerungen annähern. So weisen die Kurven für 8- und 32-fache Überlagerungen nur geringe Unterschiede im CT-Histogramm auf.

Die aufgeführten Ergebnisse verdeutlichen, dass die Bildqualität insbesondere durch die Voxelgröße, Anzahl an Projektionen und Überlagerungen von Projektionen bestimmt wird. Neben der reinen Betrachtung der Bildqualität muss jedoch die Aufnahmedauer mit in die Bewertung der Akquisitionsparameter einbezogen werden. Eine längere Aufnahmedauer limitiert die Anzahl möglicher Defektanalysen und führt zu zusätzlichen Kriechvorgängen unter statischer Last (Abschnitt 4.4.2). Die Aufnahmedauer für 1.538 Projektionen liegt bei 46 min und sinkt/steigt bei identischer Belichtungszeit linear mit der Anzahl an Projektionen. Eine 8-fache Überlagerung der Projektionen bei einer Aufnahme mit 1.538 Projektionen führt zu einer Aufnahmedauer von 1 h 42 min. Diese steigt für 32 Überlagerungen auf 5 h 27 min.

Unter Berücksichtigung der Untersuchungsergebnisse wurden die in Tabelle 4.1 aufgeführten Akquisitionsparameter festgelegt, die aus Sicht des Autors einen geeigneten Kompromiss zwischen der Qualität des CT-Histogramms, der Detailerkennbarkeit sowie der Aufnahmedauer darstellen.

Tabelle 4.1   Akquisitionsparameter für die computertomographische Defektanalyse

Röhren-leistung (W)	Röhren-spannung (kV)	Röhren-strom (μA)	Voxelauflö-sung (μm)	Projektio-nen	Projektions-überlage-rung	Belich-tungszeit (ms)
7,1	120	59	7	1.583	8-fach	354

Kontrastmittel

Wie bereits erläutert, ist die Qualität der Defektanalyse entscheidend von der Separierung der Materialien und Defekte abhängig. Da sich in GFK unter zyklischer Beanspruchung eine Vielzahl an Defekten ausbildet, ist deren Detektion aufgrund der Voxelgröße von 7 μm nur bei einem ausreichenden Volumen und einem großen Unterschied im Schwächungskoeffizienten möglich. Der Schwächungskoeffizient der Defekte kann durch Einsatz von Kontrastmittel deutlicher von denen der Komponenten des FVK abgegrenzt werden. Das Kontrastmittel dringt durch den Kapillareffekt in die mit der Probenoberfläche kontaktierten Fehlstellen ein. Diesbezüglich ist anzumerken, dass das Kontrastmittel den real vorliegenden Schädigungsgrad möglicherweise nicht vollständig abbildet, sofern Defekte nicht mit der Probenoberfläche verbunden sind. Es kann jedoch davon ausgegangen werden, dass sich der Großteil der Risse zu Beginn an der Schnittkante bilden wird und die Schädigungsentwicklung reproduzierbar ist, weshalb eine Vergleichbarkeit der Ergebnisse untereinander gewährleistet ist [10] [94].

Abbildung 4.18
CT-Histogramm von GF-PU
mit Kontrastmittel:
Voxelanzahl über
Grauwerte, nach [191]

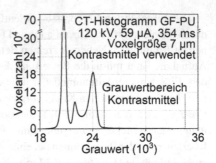

Die Zusammenstellung des Kontrastmittels ist in Tabelle 4.2 aufgeführt und orientiert sich an der Arbeit von Sket et al. [198]. Das Kontrastmittel erzeugt aufgrund des Zinkjodids eine höhere Röntgenstrahlschwächung als die Komponenten des GF-PU und -EP, wodurch im CT-Scan die infiltrierten Schädigungen verdeutlicht werden. Zur Defektanalyse muss das Kontrastmittel auf Basis der Grauwerte im CT-Histogramm separiert werden. In Abbildung 4.18 ist das CT-Histogramm einer vorgeschädigten Probe nach Auslagerung in Kontrastmittel dargestellt. Aufgrund des höheren Schwächungskoeffizienten des Kontrastmittels weisen die zugehörigen Voxel höhere Grauwerte auf und lassen sich eindeutig von den anderen Werkstoffkomponenten abgrenzen. Die Separierung von Luft und Matrix/Fasern wird davon nicht beeinträchtigt, die lokalen Minima sind weiterhin deutlich ausgeprägt. Aufgrund dessen wird der Einsatz von Kontrastmittel als geeignet angesehen und ermöglicht eine grauwertbasierte Defektanalyse. Die Proben wurden vor Durchführung des CT-Scans für 1 h in das Kontrastmittel gelegt und dieses alle 48 h ausgetauscht, um Verunreinigungen vorzubeugen.

Tabelle 4.2   Zusammensetzung des verwendeten Kontrastmittels

Kontrastmittelbestandteil	Mischungsverhältnis	Mischungsmenge
Zinkjodid	6	18 g
Kodak Photo-Flo	1	3 ml
2-Propanol (Isopropanol)	1	3 ml
Destilliertes Wasser	1	3 ml

4.4.2 Methode der in situ Computertomographie

Ein qualitativer Vergleich (Abbildung 4.19) veranschaulicht die Relevanz der in situ Computertomographie zur Ermittlung des Schädigungsgrads anhand rekonstruierter 3D CT Volumina am Beispiel einer identischen GF-PU Probe nach konventionellem Vorgehen (a), mit Kontrastmittel (b) sowie mit Kontrastmittel unter in situ Beanspruchung (c). Zum einen kann festgehalten werden, dass Rissschließungsphänomene auch für GF-PU auftreten, da ohne statische Beanspruchung keine Schädigungen ermittelt werden können. Zum anderen ist ersichtlich, dass die Defekte nur durch Kombination von Kontrastmittel und in situ Beanspruchung ausreichend visualisiert werden.

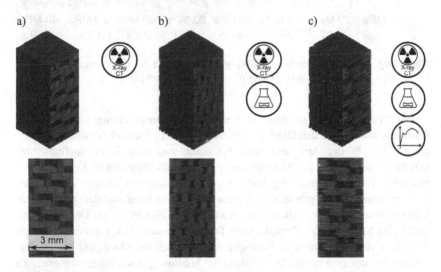

Abbildung 4.19 Vergleich der CT-Scans mit a) konventionellem Vorgehen, b) Einsatz von Kontrastmittel und c) Einsatz von Kontrastmittel unter in situ Beanspruchung zur Visualisierung der Schädigung

Um den Zusammenhang zwischen der statischen Beanspruchung und dem detektierbaren Schädigungsgrad zu bewerten, wurde eine vorgeschädigte Probe unter variierender statischer Last computertomographisch untersucht. Abbildung 4.20 zeigt das visualisierte Kontrastmittel der Frontansicht des Messbereichs, in dem Matrix und Fasern ausgeblendet sind. Mit ansteigender statischer Beanspruchung nimmt der abgebildete Schädigungsgrad stetig zu, was sich sowohl anhand ausgeprägter Risse, als auch zusätzlicher Defekte widerspiegelt. Letzteres zeigt sich u. a. durch Delaminationen, die erstmals unter 60 MPa statischer Beanspruchung – äquivalent zu 42,9 % der Oberspannung aus der zyklischen Vorbelastung – detektiert werden können.

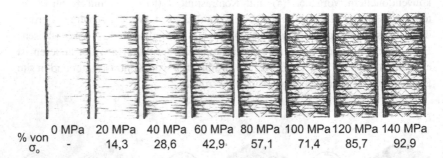

% von σ_0	0 MPa	20 MPa	40 MPa	60 MPa	80 MPa	100 MPa	120 MPa	140 MPa
	-	14,3	28,6	42,9	57,1	71,4	85,7	92,9

Abbildung 4.20 Beanspruchungsabhängiger qualitativer Schädigungsgrad einer GF-PU Probe – Frontansicht mit ausgeblendeter/n Matrix/Fasern, nach [233]

Zur Bestimmung einer geeigneten statischen Beanspruchung für die in situ CT-Scans wurde das detektierbare Defektvolumen quantitativ bestimmt (Abbildung 4.21). In der Annahme, dass bei einer statischen Beanspruchung entsprechend der zyklischen Oberspannung das vollständige durch Kontrastmittel infiltrierte Defektvolumen abgebildet wird, ergibt sich ein linearer Zusammenhang zwischen der aufgebrachten statischen Beanspruchung und dem detektierten Defektvolumen. Bei statischen Beanspruchungen größer 90 % der Oberspannung findet eine Sättigung des detektierbaren Defektvolumens statt. Dadurch lässt sich festhalten, dass eine statische Beanspruchung ähnlich der Oberspannung zu verwenden ist, um eine möglichst vollständige Abbildung des Schädigungsgrads zu ermöglichen, jedoch muss vermieden werden, dass durch die statische Beanspruchung der Probe eine Schädigungszunahme – bspw. durch Risswachstum – auftritt.

Vorgehen zur Ermittlung der wahren Beanspruchung in der in situ CT-Stage
Das Einspannkonzept der in situ CT-Stage ist vergleichbar mit der Adapterversion 2 für das servo-hydraulische Prüfsystem (Abbildung 12.5). Für diese Version hat sich gezeigt, dass die Probe aufgrund eines Biegemoments inhomogen belastet wird. Um dabei eine lokale Überschreitung der Oberspannungen aus den Ermüdungsversuchen zu vermeiden, wurde die Dehnungsverteilung gemessen. Damit die Dehnungen

Abbildung 4.21

Quantitativer Anteil des detektierbaren Defektvolumens in Abhängigkeit von der statischen Beanspruchung, nach [226]

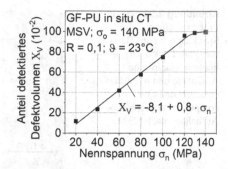

simultan an allen Probenoberflächen gemessen werden konnten, wurde die digitale Bildkorrelation (DIC) angewandt. Um dieses Verfahren im Computertomographen nutzen zu können, ist eine röntgenographische Differenzierung zwischen Specklemuster und Prüfkörper notwendig. Aus diesem Grund wurde das Specklemuster mit einem Zink-Lack aufgebracht, der im CT-Histogramm – vergleichbar zum Kontrastmittel – durch die hohe Dichte separiert werden kann. Bei Betrachtung des auf Basis des Zink-Lacks detektierbaren Specklemusters zeigt sich, dass dieses im Computertomographen fast vollständig abgebildet wird (Abbildung 4.22a–c). Im Vergleich zu einer vollständigen Abbildung im Lichtmikroskop wird deutlich, dass einzig dünne Schichten des Zink-Lacks nicht dargestellt werden. Dies ist auf einen partiell zu geringen Anteil des Zink-Lacks an den oberflächlichen Voxel zurückzuführen und resultiert aus der Form der einzelnen Speckle (Lacktropfen). Deren Dicke ist i. d. R. in der Mitte am höchsten und nimmt zu den Rändern ab. Bei Unterschreitung eines Grenzwerts werden die Ränder nicht mehr im Computertomographen detektiert. Die Speckle werden daher mit einer geringeren Fläche dargestellt, was die DIC-Auswertung jedoch nicht negativ beeinflusst.

Mit dem Ziel der Ermittlung der beanspruchungsabhängigen Oberflächendehnungen wurde eine GF-PU Probe unter verschiedenen Beanspruchungen nach je 20 min Haltezeit computertomographisch untersucht und die Oberflächendehnungen auf den Seiten (A) und (B) verglichen. Das Beanspruchungsniveau wurde, mit Ausnahme eines initialen CT-Scans ohne statische Beanspruchung, in Anlehnung an die Prüfstrategie des MSV jeweils um 20 MPa (zwischen 60 und 180 MPa) gesteigert. Die Untersuchungen wurden anschließend mit derselben Probe – um 180° gedreht im Spannzeug eingebaut – wiederholt. Dadurch konnte sichergestellt werden, dass die Dehnungen nicht durch etwaige Inhomogenitäten der Probe beeinflusst werden, sondern auf das Einspannkonzept zurückzuführen sind.

Abbildung 4.22 GF-PU
Probe mit einem
Specklemuster auf Basis
von Zink-Lack als a)
lichtmikroskopische
Aufnahme und b) zusätzlich
entsättigt und c)
computertomographische
Aufnahme, nach [233]

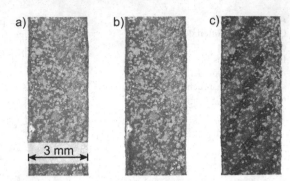

Nach den CT-Scans wurden 8-Bit BMP-Bilddateien von den vier Oberflächen der Probe exportiert und mittels DIC-Software Istra 4D (Limess in Kooperation mit Dantec Dynamics A/S) ausgewertet. Durch den Vergleich der Specklemuster im unbelasteten Zustand mit den CT-Scans unter Beanspruchung können die lastabhängigen, lokalen Oberflächendehnungen ausgewertet werden. Dazu wurde die möglichst vollständige freie Messlänge betrachtet, indem pro Seite drei Messlinien über je zwei Punkte an den Grenzen der freien Messlänge gebildet und hinsichtlich der Totaldehnung ausgewertet wurden.

In Abbildung 4.23b) sind die Verläufe der Nennspannung über der Totaldehnung dargestellt. Bis auf eine Änderung der Steifigkeit zwischen der ersten ($\sigma_n = 0$ bis 60 MPa) und zweiten ($\sigma_n = 60$ bis 80 MPa) Stufe sind die Verläufe nahezu linear. Eine manuelle Messung der Totaldehnung belegt die Plausibilität der Ergebnisse. Die Vorderseite (Seite A) weist insgesamt eine höhere Steifigkeit auf, die unter $\sigma_n = 180$ MPa in einer um bis zu ca. 15 % geringeren Totaldehnung im Vergleich zur Seite B resultiert. Bei Annahme identischer Materialeigenschaften deutet dies auf eine inhomogene Beanspruchung hin. Im Anschluss wurde die Probe um 180° gedreht (Abbildung 4.23c) und die Messung wiederholt. Erneut zeigte sich eine deutlich höhere Totaldehnung auf der Vorderseite (Seite B) (Abbildung 4.23d), die quantitativ vergleichbar mit denen der vorherigen Untersuchungen ist. Die Ergebnisse belegen somit den Einfluss des Spannkonzepts auf die Spannungsverteilung. Die inhomogene Beanspruchung ist voraussichtlich auf das angesprochene Biegemoment infolge der zur Belastungsachse versetzten Einspannung der Probe zurückzuführen.

Modellbasierte Berechnung der korrigierten in situ Beanspruchung
Die Ergebnisse zu den Oberflächendehnungen unter statischer Beanspruchung werden verwendet, um eine Ermittlung der wahren Beanspruchungen innerhalb der

Probe zu ermöglichen. Ziel ist es, eine Beeinträchtigung der Defektanalyse durch zusätzlich eingebrachte Schädigungen ausschließen zu können. Dafür wird ein mathematischer Ansatz auf Basis der Oberflächendehnungen entwickelt, mit dem ein Korrekturfaktor für die statische Beanspruchung ermittelt wird, um eine partielle Überbeanspruchung (Spannung > Oberspannung während Ermüdungsprüfung) zu vermeiden.

Die Gleichung basiert auf der Dehnungsverteilung auf den Oberflächen der Wasserstrahlschnittkanten (Seiten C und D). Dafür wurden die Totaldehnungen mit dem im vorherigen Abschnitt erläuterten Vorgehen für 15 Linien ermittelt. Abbildung 4.24 zeigt die Dehnungsverläufe auf Seite D für statische Beanspruchungen von $\sigma_n = 60$, 100, 140 und 180 MPa. Erneut wird die Dehnungszunahme von Vorder- zu Rückseite verdeutlicht. Die Linearität der Dehnungsverläufe bestätigt die Vermutung einer Beeinflussung durch Biegebeanspruchung.

Zur Berechnung der Spannung wird die Linearität herangezogen und der Quotient X_ε eingeführt (Gleichung 4.16). Der Quotient stellt das Verhältnis aus minimaler (ε_{min}) und maximaler (ε_{max}) lastabhängiger Totaldehnung dar. Die Ergebnisse sind im Anhang F (Tabelle 12.4) aufgelistet. Wird von einer reinen Kombination von Normalspannung und Biegebeanspruchung ausgegangen, so liegt in Dickenrichtung in der Probenmitte (Symmetrielinie) eine reine Zugbeanspruchung entsprechend der Nennspannung (σ_n) vor. Diese wird infolge des Biegemoments auf der Vorderseite durch zusätzliche Zug- und auf der Rückseite durch Druckspannungen überlagert. Druckspannungen können als unkritisch angesehen werden, da sie die wirkende Nennspannung reduzieren. Aufgrund dessen wird im Folgenden nur die maximal wirkende Nennspannung durch Überlagerung der zusätzlichen Zugspannung näher beleuchtet. Auf Basis von Abbildung 4.24 kann der Verlauf der Totaldehnung über der Probendicke als linear angenommen werden, wodurch die maximale Nennspannung nach Gleichung 4.17 berechnet werden kann. Durch Umstellung von Gleichung 4.17 und die Festlegung, dass die maximale Nennspannung in der in situ CT-Stage der Oberspannung im Ermüdungsversuch entspricht ($\sigma_{max} = \sigma_o$), kann die einzustellende, korrigierte Nennspannung (σ_{X_ε}) ermittelt werden (Gleichung 4.18).

$$X_\varepsilon = \frac{\varepsilon_{min}}{\varepsilon_{max}} \tag{4.16}$$

$$\sigma_{max} = \sigma_n \cdot \frac{\varepsilon_{max}}{(\varepsilon_{max} - \varepsilon_{min}) \cdot 0{,}5 + \varepsilon_{min}} = \sigma_n \cdot 2 \cdot (X_\varepsilon + 1)^{-1} \tag{4.17}$$

$$\sigma_{X_\varepsilon} = \sigma_o \cdot \frac{(X_\varepsilon + 1)}{2} \tag{4.18}$$

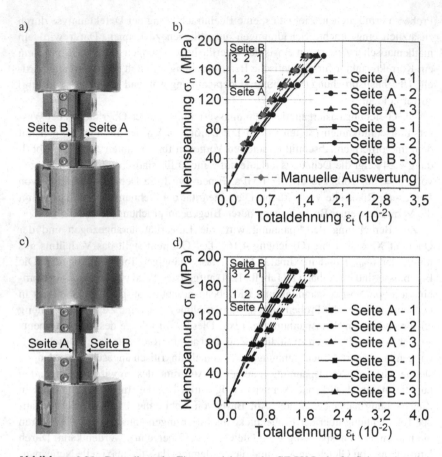

Abbildung 4.23 Darstellung der Einspannrichtung der GF-PU Probe für Seite a) A und c) B als Vorderseite, und b) und d) Darstellung der resultierenden Spannungs-Dehnungs-Kurven aus den DIC-Messungen im CT in Abhängigkeit der Einspannrichtung, nach [233]

Aus den Untersuchungen an GF-PU resultiert für X_ε ein Mittelwert von 0,80, der im Folgenden verwendet wird. Tabelle 4.3 führt die Ergebnisse aus den Berechnungen für die maximale und korrigierte Nennspannung auf. Es zeigt sich, dass sich bis zu 11 % höhere Nennspannungen gegenüber der eingestellten Nennspannung ergeben. Die korrigierte Nennspannung muss dementsprechend geringer sein als die Oberspannung im Ermüdungsversuch. Dadurch kann sichergestellt werden, dass während des in situ CT-Scans die kritische Beanspruchung – trotz inhomogener

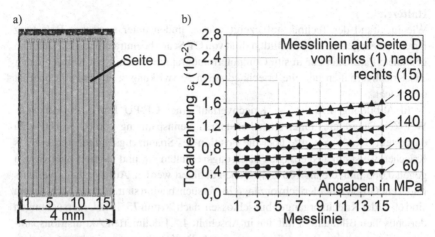

Abbildung 4.24   a) DIC-Messlinien auf Seite D einer GF-PU Probe und b) resultierende Totaldehnungsverläufe für statische Beanspruchungen von 60 bis 180 MPa, nach [233]

Beanspruchung – nicht überschritten wird. Für die in situ CT-Scans der MSV wurde daher als statische Beanspruchung eine Nennspannung von 90 % der Oberspannung im MSV festgelegt. Proben aus ESV mit fortgeschrittener Steifigkeitsreduktion wiesen hingegen bereits einen zu hohen Schädigungsgrad auf. Deshalb wurde die statische Beanspruchung auf 50 bis 75 % der Oberspannung aus den ESV reduziert. Die quantitativen Ergebnisse der Defektanalyse unter 50 % statischer Last wurden nach der in Abbildung 4.21 aufgeführten Gleichung korrigiert, um eine Vergleichbarkeit der Ergebnisse untereinander zu ermöglichen.

Tabelle 4.3   Maximale und korrigierte Nennspannungen im Probenquerschnitt in Abhängigkeit der eingestellten Nennspannung für in situ CT-Scans, nach [233]

σ_n (MPa)	60	80	100	120	140	160	180
σ_{max} (MPa)	66,6	88,8	111,0	133,2	155,4	177,6	199,8
σ_{X_ε} (MPa)	54,1	72,1	90,1	108,1	126,1	144,1	162,2

Haltezeit

Wie im Stand der Technik aufgezeigt wurde, finden unter statischer Belastung Kriechvorgänge statt, die die Bildqualität von CT-Scans beeinträchtigen können. Um geeignete Parameter zur in situ Computertomographie zu ermitteln, wurden daher das Kriechverhalten und die kriechbedingten Auswirkungen auf die Bildqualität untersucht.

In Abbildung 4.25 ist der Kriechverlauf einer GF-PU Probe anhand eines Weg-Zeit-Diagramms unter einer konstanten Nennspannung von $\sigma_n = 160$ MPa dargestellt. Der Weg wurde über die Position des Spannzeugs aufgezeichnet. Das Kriechen weist ein ausgeprägtes Sättigungsverhalten auf und tendiert nach 3,75 h gegen 0,065 mm, die als 100 % Kriechen definiert werden. Aufgrund des Verlaufs findet ein Großteil der Kriechvorgänge zu Versuchsbeginn statt. Bereits nach 10 min sind 69 % der Kriechvorgänge abgeschlossen, nach 20 min 75 %. In Untersuchungen der optischen Bildqualität mit den in Abschnitt 4.4.1 definierten Akquisitionsparametern konnte keine Beeinträchtigung durch die Kriechvorgänge erkannt werden. Es ist jedoch nicht auszuschließen, dass grauwertbasierte Defektanalysen o. ä. beeinflusst werden. Daher wurde eine Haltezeit von 20 min unter der statischen Nennspannung (σ_{X_ε}) vor Beginn eines in situ CT-Scans festgelegt. Dies stellt aus Sicht des Autors einen geeigneten Kompromiss aus der Reduktion von Kriechvorgängen – auf insgesamt ca. 0,01 mm während eines in situ CT-Scans – und dem Zeitaufwand dar.

Abbildung 4.25
Weg-Zeit-Diagramm einer
GF-PU Probe zur
Darstellung der
Kriechvorgänge unter
statischer Beanspruchung
von 160 MPa in der in situ
CT-Stage, nach [226]

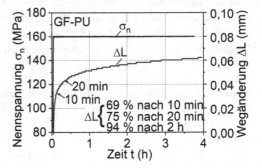

4.4.3 Defektanalyseverfahren

Qualitative Defektanalyse

Die qualitative Defektanalyse ist beispielhaft in Abbildung 4.26 dargestellt. Das 3D CT Volumen des Prüfkörpers wird mit der Software CT Pro 3D (Nikon) rekonstruiert und anschließend mittels VG Studio Max 2.2 (Volume Graphics) weiterverarbeitet. Durch Reduktion des zu betrachtenden Grauwertbereichs auf das Kontrastmittel (s. Abbildung 4.18) werden Luft, Matrix und Fasern ausgeblendet. Es entsteht ein Volumen, in dem ausschließlich das Kontrastmittel und somit die infiltrierten Defekte abgebildet werden. Es erfolgt eine Selektion der 0°/90°-Risse und −45°/45°-Risse durch Verwendung differenzierter Interessensbereiche (ROI). Durch die Betrachtung der Drauf- und Frontansicht lässt sich somit ein umfangreicher, qualitativer Einblick in den Schädigungsgrad und die -mechanismen generieren.

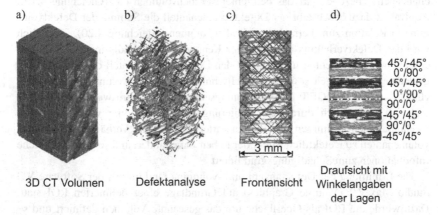

a)   b)   c)   d)

45°/-45°
0°/90°
45°/-45°
0°/90°
90°/0°
-45°/45°
90°/0°
-45°/45°

3 mm

3D CT Volumen   Defektanalyse   Frontansicht   Draufsicht mit Winkelangaben der Lagen

Abbildung 4.26 Vorgehen zur qualitativen Defektanalyse eines 3D CT Volumens, nach [114]

Quantitative Defektanalyse

In der Literatur ist die Ermittlung der Rissdichte – bezogen auf die Rissanzahl oder -länge – ein bekanntes Verfahren zur Beschreibung der Schädigungsentwicklung über der Lebensdauer (Abschnitt 2.4.3). Die Rissdichte wird dabei i. d. R. in Relation zur betrachteten Probenoberfläche gesetzt, um einen relativen Kennwert zu erhalten. Durch die in situ CT-Scans kann dieses zweidimensionale Verfahren um eine Dimension erweitert und die Schädigungsentwicklung volumenbezogen analysiert werden.

Für den vorliegenden quasi-isotropen Lagenaufbau wird während der Ermüdung eine komplexe Schädigungsentwicklung in Form von umfangreicher Riss- und Delaminationsbildung erwartet. Unter zweidimensionaler Betrachtung der Schädigungsentwicklung – wie bspw. durch Tong [96] durchgeführt – ist eine Separierung der Schädigungsmechanismen und eine quantitative Auswertung u. a. aufgrund potenzieller Überlagerungen erschwert. Infolge der volumetrischen Schädigungsermittlung werden daher – insbesondere durch die Möglichkeit zur kombinierten und separierten Beschreibung von Rissen und Delaminationen – neue Erkenntnisse ggü. dem Stand der Technik erwartet.

Für die Beschreibung der Kennwerte wird anstelle des aus der Literatur üblichen Begriffs „Riss" (bzw. „crack") der Begriff „Defekt" verwendet, um die Varianz in den Schädigungsmechanismen abzudecken. Vergleichbar zum zweidimensionalen Vorgehen zur Rissdichteermittlung stellt in dieser Arbeit die Defektdichte die Anzahl an Defekten – unabhängig von den zugrundeliegenden Schädigungsmechanismen – bezogen auf das betrachtete Probenvolumen dar (Gleichung 4.19). Äquivalent dazu beschreibt der Defektvolumenanteil die Summe der Defektvolumina in Relation zum betrachteten Probenvolumen (Gleichung 4.20). Zusätzlich wird das Defektverhältnis als ein neuer Kennwert zur Schädigungsbeschreibung eingeführt. Das Defektverhältnis stellt den Defektvolumenanteil der Defektdichte gegenüber und spiegelt somit ein durchschnittliches Defektvolumen wider (Gleichung 4.21). Da in GFK die Schädigungsentwicklung schrittweise fortschreitet und sich maßgeblich durch die Initiierung und Ausbreitung von Rissen und Delaminationen zusammensetzt, wird erwartet, dass sich das Verhältnis von Defektvolumenanteil zu Defektdichte über der Lebensdauer ändert und so ggf. zusätzliche Informationen zum Schädigungsgrad liefert.

Die Ermittlung der Defektanzahl und -volumina fand mittels der Software VG Studio Max 2.2 (Volume Graphics) auf Grundlage einer definierten ROI statt. Dazu wurde die ROI als Oberfläche um das gescannte Volumen definiert und so beschnitten, dass die Probenoberfläche selbst – und damit das aufliegende Kontrastmittel – exkludiert war. Das entstandene Probenvolumen von ca. 78 mm^3 war über die gesamten Versuchsreihen identisch. Die Defektanalyse wurde grauwertbasiert durchgeführt, sodass die Defekte auf Basis des höheren Schwächungskoeffizienten des Kontrastmittels von Fasern und Matrix separiert werden konnten. Hierzu wurde der erweiterte Algorithmus zur Oberflächenerkennung verwendet und eine Defektmaske für die Defektanalyse erstellt. Durch die lokale Anpassung des grauwertbezogenen Grenzwerts konnte die Genauigkeit und Reproduzierbarkeit der Defektanalyse ggü. einer einfachen Bestimmung mittels eines statischen bzw. globalen Grenzwerts optimiert werden.

$$\text{Defektdichte} \quad \rho_{d,n} = \frac{\sum_{i=1}^{n} Anzahl\ der\ Defekte}{78\ mm^3}\ in\ \frac{1}{mm^3} \tag{4.19}$$

$$\text{Defektvolumenanteil} \quad \rho_{d,v} = \frac{\sum_{i=1}^{n} Volumen\ der\ Defekte}{78\ mm^3}\ in\ \frac{mm^3}{mm^3}\ bzw.\ 1 \tag{4.20}$$

$$\text{Defektverhältnis} \quad X_d = \frac{\rho_{d,v}}{\rho_{d,n}}\ in\ \frac{mm^3}{1} \tag{4.21}$$

Um eine Klassifizierung der Defekte durchzuführen, wurde ein anschließender Filter (auf MATLAB-Basis) angewandt. Der Filter entfernt Artefakte und ermöglicht eine Einteilung der Defekte nach definierten Defektgrößen. Dadurch soll ein Eindruck von der Verteilung der Defektvolumina gewonnen werden und die Klassifizierung der Defekte in Risse und Delaminationen stattfinden. Hierbei muss berücksichtigt werden, dass mit diesem Vorgehen Defekte, die über Risse, Delaminationen o. ä. miteinander verbunden sind, als ein Defekt detektiert werden. Insbesondere in späten Phasen der Lebensdauer, in denen ein hoher Schädigungsgrad vorliegt, können somit die jeweiligen Kennwerte beeinflusst werden. Die Defektdichte wird daher tendenziell unter-, das durchschnittliche Defektvolumen überschätzt.

Ergebnisse

5

5.1 Temperaturorientierte Frequenzermittlung[1]

5.1.1 Dehnratenansatz

Der Dehnratenansatz ist unter vereinfachter Annahme eines linear-elastischen Verformungsverhaltens im ungeschädigten Probenzustand unabhängig von Materialkennwerten. Als Einstellgröße dient die Bezugsfrequenz (f_0). Diese wurde in den Untersuchungen für $\sigma_o = 60$ MPa auf 7 Hz festgelegt. Die aus Gleichung 4.3 resultierenden Frequenzen nach dem Dehnratenansatz sind in Tabelle 5.1 aufgeführt.

In Abbildung 5.1 ist die mittels eines entwickelten LabView-Programms ermittelte Dehnrate in MSV mit a) konstanter Frequenz und b) angepasster Frequenz dargestellt. Für die konstante Frequenz zeigt sich erwartungsgemäß eine stufenweise Steigerung der Dehnrate von Versuchsbeginn bis -ende. Innerhalb der Stufen bleibt die Dehnrate bis zu einer Oberspannung von ca. 120 MPa konstant. Unter höheren Beanspruchungen findet innerhalb der Stufen eine zusätzliche Steigerung der Dehnrate statt. Durch die Anpassung der Frequenz nach Tabelle 5.1 kann die Dehnrate nahezu konstant gehalten werden. Ähnlich zu den Ergebnissen

---

[1]Inhalte dieses Kapitels basieren zum Teil auf Vorveröffentlichungen [236] [245] [246] und den studentischen Arbeiten [36] [115] [145].

Elektronisches Zusatzmaterial Die elektronische Version dieses Kapitels enthält Zusatzmaterial, das berechtigten Benutzern zur Verfügung steht https://doi.org/10.1007/978-3-658-34643-0_5.

Tabelle 5.1   Berechnete Frequenzen nach dem Dehnratenansatz, nach [35]

Oberspannung σ_o (MPa)	Spannungsänderung $\Delta\sigma$ (MPa)	Frequenz f ($\dot{\varepsilon}=$ konst.) (Hz)	Oberspannung σ_o (MPa)	Spannungsänderung $\Delta\sigma$ (MPa)	Frequenz f ($\dot{\varepsilon}=$ konst.) (Hz)
60	108	7 (f_0)	160	288	2,6
80	144	5,3	180	324	2,3
100	180	4,2	200	360	2,1
120	216	3,5	220	396	1,9
140	252	3,0	240	432	1,8

unter konstanter Frequenz ist jedoch ab einer Oberspannung von ca. 120 MPa eine geringe Änderung der Dehnrate zwischen den Stufen, und im späteren Versuchsverlauf innerhalb der Stufen, zu erkennen.

a)   b)

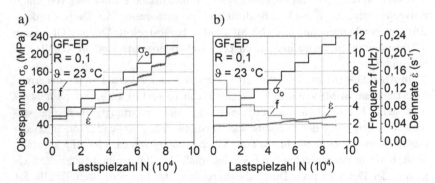

Abbildung 5.1   Dehnratenverläufe von GF-EP während MSV unter a) konstanter Frequenz und b) angepasster Frequenz

Die Abweichungen lassen sich auf den linear-elastischen Berechnungsansatz zurückführen. Durch den stetig zunehmenden Schädigungsgrad lässt sich das Werkstoffverhalten insbesondere unter erhöhter Oberspannung nur noch bedingt linear-elastisch beschreiben. In Abbildung 5.2 ist der auf Basis der realen Messdaten berechnete, theoretische Frequenzverlauf zur Realisierung einer konstanten Dehnrate dargestellt. Es zeigt sich, dass die auf Basis der Messdaten ermittelten

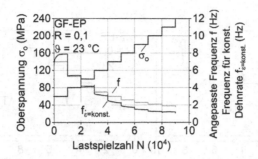

Abbildung 5.2 Vergleich der nach dem Dehnratenansatz angepassten Frequenz (f) und der auf Basis der Messdaten berechneten Frequenz zur Erzielung einer konst. Dehnrate ($f_{\varepsilon=konst.}$)

Frequenzen unter höheren Oberspannungen gegenüber der linear-elastisch ermittelten Frequenz zusätzlich reduziert werden müssten, um eine konstante Dehnrate zu erzielen.

Bewertung des Dehnratenansatzes für GF-EP

Um den Einfluss der Dehnrate auf die Eigenerwärmung zu bewerten, wurden MSV mit konstanter Frequenz und angepasster Frequenz durchgeführt (Abbildung 5.3). Die konstante Frequenz führt zu einer stufenweisen Temperatursteigerung über der Versuchsdauer in Abhängigkeit der Oberspannung. Der Zusammenhang ist mit zunehmender Beanspruchung überproportional und die Temperaturänderung beträgt am Versuchsende ca. 24 K. Demgegenüber ist die Temperaturänderung unter angepasster Frequenz signifikant geringer (ca. 6 K am Versuchende). Die Temperaturänderung findet wie unter konstanter Frequenz stufenweise, hingegen annähernd proportional zur Oberspannung statt. Diese Zusammenhänge konnten an GF-PU erfolgreich verifiziert werden [235].

Zusammenfassend kann durch den Dehnratenansatz die Temperaturänderung gegenüber der Verwendung von konstanten Frequenzen signifikant reduziert werden. Jedoch muss die oben aufgeführte Hypothese revidiert werden, da auch mit dem Dehnratenansatz keine beanspruchungsübergreifend konstante Eigenerwärmung realisiert werden konnte. Die Temperaturänderung von unter 10 K ist normkonform mit der ISO 13003, allerdings kann die verschieden ausgeprägte Eigenerwärmung weiterhin einen (wenn auch geringen) Einfluss auf die Untersuchungsergebnisse ausüben. Der Grund für die variierende Eigenerwärmung wird bei einer energetischen Betrachtung des Verformungsverhaltens ersichtlich. Der Dehnratenansatz

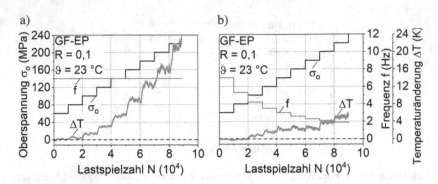

Abbildung 5.3 Temperaturänderung auf der Probenoberfläche von GF-EP während eines MSV unter a) konstanter Frequenz und b) angepasster Frequenz

berücksichtigt zwar die mit einer Änderung der Oberspannung einhergehende Änderung der Dehnung, jedoch wird vernachlässigt, dass mit höherer Oberspannung die induzierte Energie überproportional zunimmt, da die Fläche unterhalb des Belastungsastes der Hysteresis-Schleife ggü. der Dehnung um einen größeren Faktor steigt. Dieser Zusammenhang ist ein maßgeblicher Grund dafür, dass trotz des Dehnratenansatzes mit steigender Oberspannung weiterhin zunehmend Energie als Wärme dissipiert.

5.1.2 Energieratenansatz

Im Folgenden wird der Zusammenhang zwischen der induzierten Energierate und der Temperaturerhöhung untersucht, um anschließend geeignete Frequenzen zu ermitteln.

Frequenzsteigerungsversuche
In Abbildung 5.4 sind die Ergebnisse je eines FSV an GF-EP unter 180 MPa Oberspannung für die Umgebungstemperaturen −30, 23 und 70 °C aufgeführt. Es zeigt sich, dass sich die Temperaturänderung zur Frequenzerhöhung proportional verhält und während der Stufen stabile Phasen annimmt. Dabei ist ein umgebungstemperaturabhängiges Verhalten erkennbar. Mit steigender Umgebungstemperatur findet eine ausgeprägtere Änderung der Probentemperatur statt. Für die Versuche unter 23 und 70 °C resultiert dies wenige Stufen vor Versuchsende (23 °C) bzw. vor Versagen

(70 °C) in einer stetigen, überproportionalen Eigenerwärmung. Die Zusammenhänge lassen sich u. a. auf die Reduktion der Steifigkeit und Ermüdungsfestigkeit (Abschnitt 5.2.1 und 5.2.2) unter ansteigender Umgebungstemperatur zurückführen, wodurch unter identischer Beanspruchung eine stärkere Verformung und dadurch ein höherer Energieeintrag stattfindet, der in einer höheren Temperaturänderung resultiert.

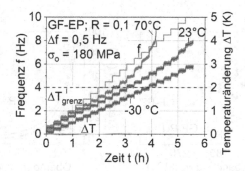

Abbildung 5.4 Frequenzabhängige Temperaturänderung für GF-EP unter −30, 23 und 70 °C, [244]

In den Stufen proportionaler Temperaturänderungen ist davon auszugehen, dass diese maßgeblich durch die Frequenzänderung, und nicht aufgrund eines Schädigungszustands, beeinflusst wird. Unter Berücksichtigung der stationären Phasen wurde eine Grenztemperaturänderung (ΔT_{grenz}) von 2 K festgelegt. Daraus folgend wurden die höchstmöglichen Frequenzen identifiziert, die mit einer Änderung der Temperatur von $\approx$ 2 K einhergehen, bspw. 5,5 Hz für 23 °C aus Abbildung 5.4. Die FSV wurden pro Beanspruchungsniveau und Umgebungstemperatur bis zu drei Mal durchgeführt, um eine ausreichende statistische Absicherung zu gewährleisten.

Modellbasierte Energieraten- und Frequenzermittlung
Das Vorgehen zur modellbasierten Ermittlung der induzierten Energierate und (darauf aufbauend) Frequenz wird am Beispiel der Versuche unter 23 °C für GF-PU und -EP erläutert. Auf Basis der aus den FSV ermittelten Daten wurden die induzierten Energieraten nach Gleichung 4.7 berechnet. In Abbildung 5.5a) sind die induzierten Energieraten für GF-PU (σ_o: 100–160 MPa) und GF-EP (σ_o: 120–260 MPa) abgebildet. Es zeigt sich, dass die ursprüngliche Hypothese hinsichtlich einer konstanten induzierten Energierate zur Realisierung einer identischen Eigenerwärmung nicht zutrifft. Hingegen ergibt sich jeweils ein linearer Zusammenhang, der mittels

der Gleichungen 5.1 und 5.2 mit einem Bestimmtheitsmaß (R^2) von 0,87 (GF-PU) bzw. 0,92 (GF-EP) beschrieben wird. Die Gleichungen können folglich mittels Inter- und Extrapolation zur Berechnung der beanspruchungsspezifischen, induzierten Energieraten genutzt werden. Darüber hinaus ist es offensichtlich, dass der lineare Zusammenhang signifikant vom Matrixsystem abhängig ist, da bei GF-PU die Neigung deutlich ausgeprägter ist.

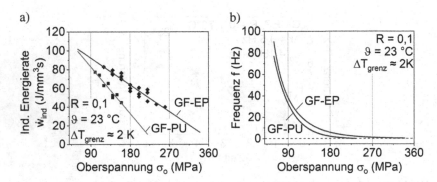

Abbildung 5.5   a) Induzierte Energieraten und b) berechnete Frequenzen für GF-PU und -EP, die zu einer Grenztemperaturerhöhung von ≈ 2 K führen, nach [244]

$$\text{GF-PU} \quad \dot{w}_{ind,GF-PU}(\sigma_o) = 1,33 \cdot 10^2 - 0,55 \cdot \sigma_o \tag{5.1}$$

$$\text{GF-EP} \quad \dot{w}_{ind,GF-EP}(\sigma_o) = 1,21 \cdot 10^2 - 0,32 \cdot \sigma_o \tag{5.2}$$

Die zulässigen Frequenzen wurden im Anschluss auf Basis der Gleichungen 4.6 und 4.7 berechnet. Für die extrapolierten Bereiche wurde dafür auf Messergebnisse (Spitzenwerte für Spannung und Dehnung) vorheriger MSV zurückgegriffen. Der Zusammenhang zwischen Frequenz und Oberspannung ist in Abbildung 5.5b) vergleichend dargestellt. Für beide FVK kann der Zusammenhang mittels eines exponentiellen Fits (5.3 und 5.4) beschrieben werden, der zur modellbasierten Ermittlung der beanspruchungsspezifischen Frequenzen, die zu einer Grenztemperaturerhöhung (in der stationären Phase) von ≈ 2 K führen, angewendet werden kann. Die minimale Frequenz wurde auf 0,5 Hz begrenzt, um ausgeprägten zyklischen Kriechvorgängen auf sehr hohen Beanspruchungsniveaus entgegenzuwirken [149]. Ein Auszug der resultierenden Frequenzen ist in Tabelle 5.2 aufgeführt.

$$\text{GF-PU} \quad f_{GF-PU}(\sigma_o) = -0,6 + 38,5 \cdot e^{(-(\sigma_o - 60,2)/35,8)} + 38,6 \cdot e^{(-(\sigma_o - 60,2)/35,8)}$$
$$(5.3)$$

$$\text{GF-EP} \quad f_{GF-EP}(\sigma_o) = 0,3 + 27,8 \cdot e^{(-(\sigma_o - 59,2)/14,6)} + 65,0 \cdot e^{(-(\sigma_o - 59,2)/49,4)}$$
$$(5.4)$$

Tabelle 5.2 Mittels Energieratenansatz berechnete Frequenzen für GF-PU und -EP. In Klammern sind die an den servo-hydraulischen Prüfsystemen verwendeten Frequenzen für 60 und 80 MPa (GF-PU) bzw. 60–100 MPa (GF-EP) angegeben

Oberspannung σ_o (MPa)	Frequenz f GF-PU (Hz)	Frequenz f GF-EP (Hz)	Oberspannung σ_o (MPa)	Frequenz f GF-PU (Hz)	Frequenz f GF-EP (Hz)
60	76,9 (30,0)	90,5 (30,0)	160	4,2	8,7
80	43,8 (30,0)	49,6 (30,0)	180	2,2	5,8
100	24,8	30,4 (30,0)	200	1,0	4,0
120	14,0	19,7	220	0,5	2,8
140	7,7	13,0	240	0,5	2,1

Zur Validierung des Vorgehens wurde ein MSV von 100 bis 200 MPa Oberspannung mit konstanter und nach dem Energieratenansatz variierender Frequenz an GF-EP durchgeführt. Die Temperatur wurde zum Ende jeder Stufe aufgezeichnet, um die maximale Temperaturänderung zu ermitteln. Da die Kerntemperatur der Probe i. d. R. höher als die Oberflächentemperatur ist, wurde in die Probe eine Kernlochbohrung (1 mm Bohrungsdurchmesser) eingebracht und ein Thermoelement eingeklebt (Abbildung 5.6a). Daraus resultiert eine Reduktion der Querschnittsfläche im Messbereich um ca. 6 %, die bei der Berechnung der Spannungen berücksichtigt wurde. In den aufgeführten CT-Scans ist zu sehen, dass sich das Thermoelement in x-Richtung (b) mittig, und in z-Richtung (c) leicht versetzt befindet. Eine vereinfachte Simulation mit homogenem Werkstoffverhalten zeigt, dass durch die Bohrung die von Mises Vergleichsspannung nur geringförmig im Übergang des Messbereichs zum Radius erhöht ist und keine weiteren Spannungsspitzen auftreten (Abbildung 5.6d), weshalb dieses Vorgehen zur abschätzenden Ermittlung der Kerntemperatur als geeignet angesehen wird. Es ist anzumerken, dass aufgrund der Trennung der Fasern durch die Bohrung und der damit einhergehenden Schädigung die Probe nicht für eine nähere Untersuchung des Werkstoffverhaltens genutzt, sondern ausschließlich für die Temperaturuntersuchungen verwendet wurde.

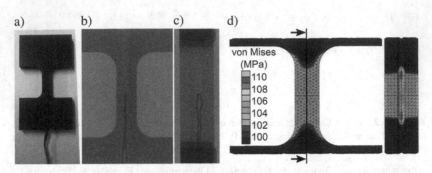

Abbildung 5.6 a) GF-EP Probe mit eingeklebtem Thermoelement, b) frontaler und c) seitlicher CT-Scan, d) Simulation der von Mises Vergleichsspannung

Abbildung 5.7 zeigt den Vergleich der Temperaturentwicklung von Probenkern und -oberfläche unter a) angepasster Frequenz und b) konstanter Frequenz. Die Temperaturen bleiben unter Nutzung angepasster Frequenzen nahezu konstant, wohingegen unter 10 Hz erwartungsgemäß eine Steigerung der Temperatur über der Beanspruchung stattfindet. Darüber hinaus ist in beiden Diagrammen ersichtlich, dass die Kerntemperatur stets höher ist als die Temperatur an der Probenoberfläche. Die Differenz bleibt unter angepasster Frequenz konstant. Für 10 Hz ergibt sich eine lineare Steigerung der Oberflächentemperatur. Die Kerntemperatur weist hingegen einen exponentiellen Verlauf auf. Dadurch nimmt die Differenz mit höher werdender Beanspruchung überproportional zu, was zu einer unzulässigen Beeinflussung der Ermüdungseigenschaften und einer eingeschränkten Vergleichbarkeit der Versuchsergebnisse führen kann. Mit dem Energieratenansatz kann demgegenüber ein thermischer Einfluss gänzlich ausgeschlossen werden. Als weiterer positiver Effekt findet infolge des Energieratenansatzes eine Angleichung der Versuchsdauer statt, da unter niedrigeren Beanspruchungen höhere Frequenzen genutzt werden. Dadurch wird der zeitabhängige Einfluss – bspw. durch zyklische Kriechvorgänge – gleichbleibender, als es bei der Nutzung konstanter Frequenzen der Fall ist.

Zur Bewertung des Einflusses der Umgebungstemperatur wurde je ein ESV unter −30, 23 und 70 °C durchgeführt. Die Frequenz wurde nach dem Energieratenansatz für 23 °C berechnet und betrug in den Versuchen 5,8 Hz. Abbildung 5.8 zeigt die Ergebnisse an GF-EP mit einer Oberspannung von 180 MPa. Die Temperaturen steigen direkt zu Versuchsbeginn auf ca. 1,5 bis 3 K und bleiben bis ca. 70 % der Lebensdauer nahezu konstant. Im Anschluss kommt es zu einem geringen, stetigen Temperaturanstieg der kurz vor dem Versagen einen exponentiellen Verlauf

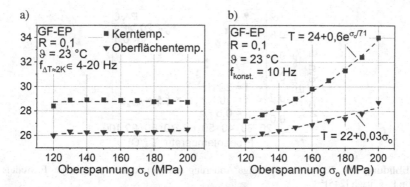

Abbildung 5.7 Vergleich der Temperaturentwicklung an der Oberfläche und im Kern von GF-EP mit a) angepassten Frequenzen nach dem Energieratenansatz und b) konstanter Frequenz von 10 Hz

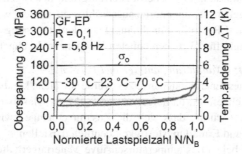

Abbildung 5.8 Temperaturänderung (Eigenerwärmung) von GF-EP in ESV unter −30, 23 und 70 °C

annimmt. Der exponentielle Temperaturanstieg ist auf weniger als die letzten 5 % der Lebensdauer beschränkt und kann voraussichtlich auf einen fortschreitenden, kritischen Schädigungszustand zurückgeführt werden. Dabei ist anzumerken, dass trotz des exponentiellen Verhaltens am Ende der Prüfung die Temperatur innerhalb der in den Normen spezifizierten Bereiche bleibt.

Die Eigenerwärmung zeigt sich von der Umgebungstemperatur abhängig und nimmt mit steigender Umgebungstemperatur zu. Die Differenz der Eigenerwärmung ist jedoch gering. Zudem werden für alle Umgebungstemperaturen Verläufe

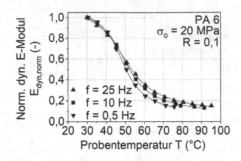

Abbildung 5.9 Temperaturabhängige Änderung des normierten dynamischen E-Moduls von PA6, nach [245][2]

der Eigenerwärmungen erzielt, die dem Verlauf Typ 1 aus Abbildung 2.17 entsprechen und somit eine zulässige Entwicklung der Eigenerwärmung belegen. Eine signifikante Beeinflussung der Lebensdauer aufgrund der Eigenerwärmung kann somit für alle Umgebungstemperaturen ausgeschlossen werden, weshalb die Versuche für GF-PU und -EP jeweils – unabhängig von der Umgebungstemperatur – mit den materialabhängig für 23 °C berechneten Frequenzen durchgeführt wurden.

Energieratenansatz – Validierung am Beispiel Polyamid 6
Die Validierung des Energieratenansatzes wurde an nicht konditioniertem Polyamid 6 (PA6) durchgeführt, da aufgrund der niedrigen Glasübergangstemperatur davon ausgegangen wurde, dass sich die Zusammenhänge zwischen Frequenz, Eigenerwärmung und Ermüdungsfestigkeit deutlich darstellen.

Abbildung 5.9 belegt das temperatursensitive Materialverhalten von PA6. Der normierte dynamische E-Modul nimmt im Temperaturintervall von ca. 30 bis 95 °C rapide bis ca. 15 % des Ausgangswerts ab. Zusätzlich kann ein erster Einfluss der Frequenz beobachtet werden. Je höher die Frequenz ist, desto höher ist die erreichte maximale Probentemperatur sowie der temperaturspezifische normierte dynamische E-Modul. Das frequenzabhängige Materialverhalten kann auf die Dehnratenabhängigkeit von Polymeren infolge der Viskoelastizität zurückgeführt

---

[2]Reprinted from Polymer Testing, Vol. 81, Hülsbusch, D.; Kohl, A.; Striemann, P.; Niedermeier, M.; Strauch, J.; Walther, F., Development of an energy-based approach for optimized frequency selection for fatigue testing on polymers – Exemplified on polyamide 6, Page 3, Elsevier (2020), with permission from Elsevier.

werden. Die signifikante Änderung der Materialeigenschaften über der Temperatur zeigt die Notwendigkeit zur Erzielung standardisierter und reproduzierbarer Temperaturänderungen während zyklischer Untersuchungen.

Im Folgenden wird die Validierung des Energieratenansatzes an PA6 erläutert. Das prinzipielle Vorgehen wurde zuvor bereits für GF-PU und -EP vorgestellt und wird daher nicht näher beschrieben. In FSV wurde die Frequenz im Bereich von 1 bis 15 Hz (für σ_o = 50 und 60 MPa) bzw. 0,1 bis 0,5 Hz (für σ_o = 70 MPa) variiert. Die Ergebnisse für 50 und 60 MPa sind in Abbildung 5.10 dargestellt. Es ergibt sich in jedem Versuch eine Frequenz, die zu einem exponentiellen Anstieg der Temperatur und einem anschließenden Probenversagen führt. In allen Versuchen begann dabei der exponentielle Temperaturanstieg bereits bei einer Temperaturänderung von ca. 5 K. Aufgrund dieser Erkenntnisse und den Untersuchungen zur temperaturspezifischen Steifigkeit wurde daher die zulässige Temperaturänderung auf 2 K begrenzt.

Aus den Versuchen wurden jeweils die maximale, durchschnittliche und minimale Energierate berechnet, die zu einer Temperaturerhöhung von 2 K führen. Für alle Kurven zeigt sich ein linearer Zusammenhang zwischen der Energierate und Oberspannung (Abbildung 5.11a), wie es auch für GF-PU und -EP beobachtet werden konnte. Für den Achsenabschnitt (y) und die Steigung (m) der resultierenden

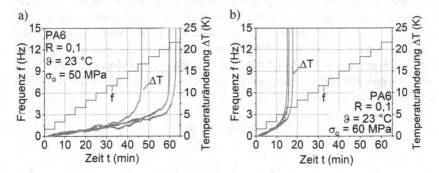

Abbildung 5.10 Frequenzabhängige Temperaturänderung unter a) 50 MPa und b) 60 MPa Oberspannung für PA6, nach [245][3]

---

[3]Reprinted from Polymer Testing, Vol. 81, Hülsbusch, D.; Kohl, A.; Striemann, P.; Niedermeier, M.; Strauch, J.; Walther, F., Development of an energy-based approach for optimized frequency selection for fatigue testing on polymers – Exemplified on polyamide 6, Page 4, Elsevier (2020), with permission from Elsevier.

Geradengleichung 5.5 ergeben sich die im Anhang F (Tabelle 12.5) aufgeführten
Werte.

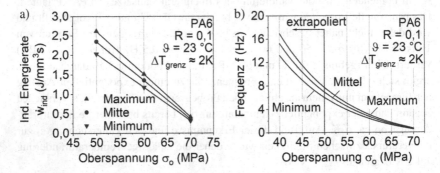

Abbildung 5.11   a) Induzierte Energierate und b) berechnete Frequenz, die für PA6 zu einer
Grenztemperaturerhöhung von ≈ 2 K führen, nach [245][4]

Durch Umstellung der Gleichungen 4.7 und 5.5 nach der Frequenz und unter der
vereinfachten Annahme eines linear-elastischen Verformungsverhaltens folgt für ein
Spannungsverhältnis von $R = 0,1$ die Gleichung 5.6. Mit dieser können auf Basis der
Koeffizienten des Fits zur Energierate (y, m) die Frequenzen berechnet werden. Mit
der Anwendung der in Tabelle 12.5 aufgelisteten Werte werden die Kurven für die
maximale, mittlere und minimale Frequenz für eine zulässige Temperaturänderung
von ≈ 2 K ermittelt (Abbildung 5.11b). Für Oberspannungen kleiner 50 MPa werden
die Kurven extrapoliert und zeigen (vergleichbar zu den Ergebnissen für GF-PU und
-EP) ein exponentielles Verhalten.

$$\dot{w}_{ind}(\sigma_o) = y + m \cdot \sigma_o \tag{5.5}$$

$$f(\sigma_o) = \frac{(y + m \cdot \sigma_o) \cdot E}{0{,}495 \cdot \sigma_o^2} \tag{5.6}$$

[4]Reprinted from Polymer Testing, Vol. 81, Hülsbusch, D.; Kohl, A.; Striemann, P.; Niedermeier, M.; Strauch, J.; Walther, F., Development of an energy-based approach for optimized
frequency selection for fatigue testing on polymers – Exemplified on polyamide 6, Page 5,
Elsevier (2020), with permission from Elsevier.

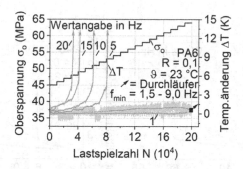

Abbildung 5.12 Ergebnisse von MSV an PA6 für verschiedene Frequenzen, nach [245][5]

Der Energieratenansatz für PA6 wurde in MSV und ESV bewertet. Dafür wurden MSV mit der angepassten Frequenz f_{min} (nach der Minimum-Funktion aus Abbildung 5.11b) und mit konstanten, normkonformen Frequenzen (1, 5, 10, 15 und 20 Hz) durchgeführt. Die Oberspannung zu Versuchsbeginn von 45 MPa wurde stufenweise nach jeweils 10^4 Lastspielen um 1 MPa bis zum Probenversagen gesteigert. Als Versagen wurde zusätzlich zum Probenbruch eine Totaldehnung von 14 % definiert, da unter niedrigen Frequenzen ein signifikantes zyklisches Kriechen zu beobachten war.

Es wird deutlich, dass die Temperaturentwicklung und Bruchlastspielzahl stark von der Frequenz abhängig sind. Bei Verwendung der niedrigsten untersuchten Frequenz (1 Hz) zeigt die Temperatur während des gesamten Versuchs nahezu keine Änderung, was in einem deutlichen Anstieg der Bruchlastspielzahl bzw. maximal ertragbaren mechanischen Beanspruchung resultiert. In den Untersuchungen mit den nach der Minimum-Funktion berechneten Frequenzen geht die Probentemperatur nicht über den als zulässig definierten Bereich von 2 K hinaus. Trotz ausgeprägterer Temperaturänderung ggü. dem Versuch mit 1 Hz tritt bis $2 \cdot 10^5$ Lastspielen kein Probenversagen auf.

---

[5]Reprinted from Polymer Testing, Vol. 81, Hülsbusch, D.; Kohl, A.; Striemann, P.; Niedermeier, M.; Strauch, J.; Walther, F., Development of an energy-based approach for optimized frequency selection for fatigue testing on polymers – Exemplified on polyamide 6, Page 5, Elsevier (2020), with permission from Elsevier.

[6]Reprinted from Polymer Testing, Vol. 81, Hülsbusch, D.; Kohl, A.; Striemann, P.; Niedermeier, M.; Strauch, J.; Walther, F., Development of an energy-based approach for optimized frequency selection for fatigue testing on polymers – Exemplified on polyamide 6, Page 6, Elsevier (2020), with permission from Elsevier.

a)   b)

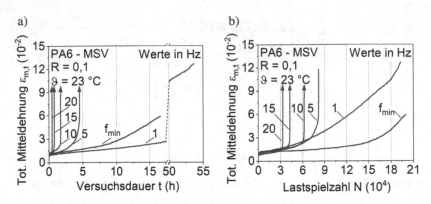

Abbildung 5.13 Frequenzabhängiges zyklisches Kriechen während MSV über der a) Versuchsdauer und b) Lastspielzahl, nach [245][6]

Der Grund für dieses unterschiedliche Verhalten findet sich im zyklischen Kriechen. Die frequenzabhängige Entwicklung der totalen Mitteldehnung während der MSV ist in Abbildung 5.13 dargestellt. Bei den Prüfungen mit konstanten Frequenzen führt eine höhere Frequenz zu einer kürzeren Prüfdauer (Abbildung 5.13a) und damit zu einem geringeren zyklischen Kriechen vor dem Eintritt eines exponentiellen Anstiegs und dem anschließenden Versagen der Probe. In den Versuchen mit einer konstanten Frequenz von 15 und 20 Hz ist fast kein zyklisches Kriechen zu erkennen, bis der exponentielle Anstieg eintritt. Bei einer Frequenz von 1 Hz zeigt sich hingegen ein stetiger Anstieg der totalen Mitteldehnung, der den signifikanten Einfluss der Prüfdauer auf das zyklische Kriech- und Ermüdungsverhalten bestätigt [6]. Das zyklische Kriechen bei Nutzung der angepassten Frequenzen liegt zwischen den Ergebnissen unter 1 und 5 Hz. Wird die Anzahl der Lastspiele (Abbildung 5.13b) betrachtet, so ist die totale Mitteldehnung bei Verwendung der angepassten Frequenzen im Vergleich zur konstanten Frequenz von 1 Hz während des gesamten Versuchs niedriger. Somit reduziert der Energieratenansatz das zyklische Kriechen durch höhere zulässige Frequenzen bei geringer Beanspruchung.

In ESV wurde der Energieratenansatz anhand eines Vergleichs der Bruchlastspielzahlen, resultierend aus der Nutzung der angepassten Frequenzen (Minimum-Funktion) und einer normkonformen konstanten Frequenz (10 Hz), bewertet (Abbildung 5.14a). Die berechneten Frequenzen führen auf allen Beanspruchungsniveaus zu höheren Bruchlastspielzahlen. Dabei reduziert sich die relative Differenz in der Bruchlastspielzahl mit geringer werdender Oberspannung. In Versuchen mit

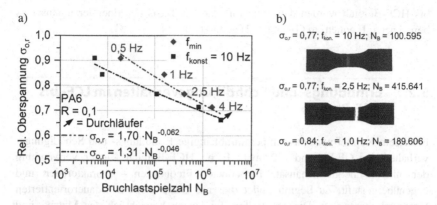

Abbildung 5.14 Vergleich der a) Wöhlerkurven und b) Versagensmechanismen resultierend aus der angepassten Frequenz (Minimum-Funktion) und konstanten Frequenz (10 Hz), nach [245][7]

einer Oberspannung von 26 MPa ($\sigma_{o,r} = 0{,}34$) wurde sowohl mit der konstanten Frequenz (10 Hz) als auch mit der angepassten Frequenz (45 Hz) bis zu 10^8 Lastspielen kein Versagen hervorgerufen.

Die Ergebnisse sind maßgeblich auf die Eigenerwärmung zurückzuführen, die unter hohen Beanspruchungen ($\sigma_{o,r} > 0{,}65$) unter der konstanten Frequenz zu einem frühen, thermisch dominierten Versagen führt. Bei Proben, die mit angepassten Frequenzen geprüft wurden, war der Versagensmechanismus hauptsächlich zyklisches Kriechen und in wenigen Fällen Probenbruch. Die Unterschiede in den frequenzabhängigen Versagensmechanismen sind in Abbildung 5.14b) dargestellt. Mit geringer werdenden Beanspruchungen wird die Lebensdauer weniger von der Eigenerwärmung beeinflusst, weshalb sich die relative Bruchlastspielzahl annähert.

Zusammenfassend kann mit den auf Basis des Energieratenansatzes ermittelten Frequenzen sowohl für faserverstärkte als auch unverstärkte Kunststoffe die Einhaltung einer zulässigen Temperaturänderung über ein breites Beanspruchungsspektrum sichergestellt werden. Dadurch können unter hohen Beanspruchungen Einflüsse der Eigenerwärmung und unter geringen Beanspruchungen Einflüsse des zyklischen Kriechens reduziert werden. Dies steigert die Reproduzierbarkeit und Vergleichbarkeit der Ergebnisse. Für die durchgeführten Untersuchungen im LCF-

---

[7]Reprinted from Polymer Testing, Vol. 81, Hülsbusch, D.; Kohl, A.; Striemann, P.; Niedermeier, M.; Strauch, J.; Walther, F., Development of an energy-based approach for optimized frequency selection for fatigue testing on polymers – Exemplified on polyamide 6, Page 7, Elsevier (2020), with permission from Elsevier.

bis HCF-Bereich wurden daher die mit den auf Basis des Energieratenansatzes berechneten Frequenzen (Tabelle 5.2) genutzt.

5.2   Ermüdungs- und Schädigungsverhalten im LCF- bis HCF-Bereich

In diesem Kapitel wird das temperaturabhängige Ermüdungs- und Schädigungsverhalten von GF-PU und -EP im LCF- bis HCF-Bereich – unter Verwendung der mittels Energieratenansatz berechneten Frequenzen – charakterisiert und gegenübergestellt. Zu Beginn findet dies auf Basis von lebensdauerorientierten Untersuchungen statt. Die ermittelten Tendenzen hinsichtlich des Matrix- und Temperatureinflusses werden anschließend anhand von ausgewählten Hysteresis-Kennwerten analysiert. Die abschließende Charakterisierung der Schädigungsentwicklung wird zur Identifikation matrixspezifischer Eigenschaften und temperaturabhängiger Effekte hinsichtlich der Schädigungsmechanismen und -ausbreitung herangezogen und in Abschnitt 5.2.4 zur modellbasierten Restlebensdauerabschätzung genutzt.

5.2.1   Lebensdauerorientierte Betrachtung

Zur vergleichenden Bewertung der Ermüdungseigenschaften von GF-PU und -EP werden die Ergebnisse der ESV in Wöhlerdiagrammen dargestellt und mittels Wöhlerkurven auf Basis von Potenzfunktionen beschrieben. Für die Wöhlerdiagramme wird die für FVK übliche, halblogarithmische Darstellung gewählt, in der die Oberspannung linear über der logarithmischen Bruchlastspielzahl aufgetragen wird. Alle Versuche wurden bis zum Versagen durchgeführt. Eine statistische Absicherung war nicht Ziel dieser Arbeit, weshalb auf die Berechnung von Ausfallwahrscheinlichkeiten verzichtet wird.

Die Ergebnisse sind in Abbildung 5.15 für GF-PU und -EP bei gleicher Skalierung aufgeführt. Die Wöhlerkurven von GF-PU und -EP sind qualitativ sehr ähnlich. Am Beispiel von GF-PU verläuft die Wöhlerkurve – ausgehend von der gemittelten Zugfestigkeit – flach und geht im frühen LCF-Bereich (10^2–10^3 Lastspiele) in eine zunehmende Neigung über, die bis zu der maximal berücksichtigten Bruchlastspielzahl von ca. $2 \cdot 10^6$ einer Potenzfunktion folgt. Die Änderung der Neigung ist auf den jeweils dominierenden Schädigungsmechanismus zurückzuführen. Diesbezüglich repräsentiert der Bereich geringer Bruchlastspielzahlen nach Talreja [58] die statische Region (s. auch Abbildung 2.21), in der der Faserbruch infolge von hohen lokalen Spannungskonzentrationen als Schädigungsmechanismus dominiert. Aufgrund der geringen Bruchlastspielzahl findet bis zum Versagen nur eine geringere Akkumulation der verschiedenen mikrostrukturellen Schädigungsmechanismen (Abschnitt 2.2.2) statt. Dies äußert sich im LCF-Bereich durch eine weniger ausgeprägte Kennwertdegradation, beispielhaft in Abbildung 5.15 durch die normierte Steifigkeit ($E_{dyn}/E_{dyn,0}$) über der normierten Lastspielzahl (N/N_B) für je zwei Versuche pro Werkstoff dargestellt.

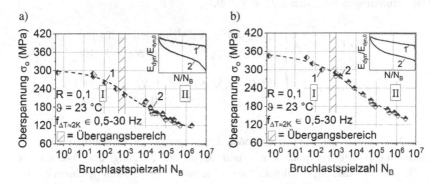

Abbildung 5.15 Beschreibung der Wöhlerkurven vom LCF- bis HCF-Bereich für Versuche unter 23 °C an a) GF-PU und b) GF-EP durch Aufteilung in die statische Region I und progressive Region II mit spezifischer Modellierung in Anlehnung an Basquin

Es zeigt sich, dass in der statischen Region (I) (bspw. Versuch 1) eine erheblich geringere Reduktion der Steifigkeit bis zum Versagen stattfindet als es in der anschließenden progressiven Region (II) (bspw. Versuch 2) der Fall ist. Dies wird in den Versuchen 1 und 2 an GF-EP – trotz einer um einen Faktor zehn geringeren Differenz der Bruchlastspielzahlen ggü. den Versuchen 1 und 2 an GF-PU – bestätigt und ermöglicht eine zusätzliche Eingrenzung der statischen Region. Aufgrund der fehlenden statistischen Absicherung wird dabei auf die Festlegung einer exakten Übergangslastspielzahl entsprechend DIN 50100 [52] verzichtet und stattdessen ein Übergangsbereich von ca. $5 \cdot 10^2$ bis 10^3 Lastspielen eingeführt.

In der anschließenden progressiven Region wird die Schädigungsentwicklung durch die Kombination verschiedener Schädigungsmechanismen dominiert. Dabei sind vor allem die in Abschnitt 2.2.2 vorgestellten Faser-Matrix-Ablösungen, Zwischenfaserrisse (Transversalrisse) sowie intra- und interlaminare Delaminationen entscheidend. Durch die Akkumulation der Schädigungsvorgänge findet mit zunehmender Bruchlastspielzahl eine ausgeprägtere Kennwertdegradation statt, die in der Literatur für quasi-isotropes GF-EP anhand von Steifigkeitsverläufen unter variierender Beanspruchung nachgewiesen wurde [107].

Die statische und progressive Region der Wöhlerkurve kann jeweils mittels einer Potenzfunktion beschrieben werden. Die Eingrenzung der zu berücksichtigenden Versuchsergebnisse folgt aus dem Übergangsbereich. Die Gleichungen 5.7 und 5.8 stellen die ermittelten Potenzfunktionen dar. Durch die Aufteilung der Wöhlerkurve in zwei Regionen kann deren Verlauf mit einer sehr guten Übereinstimmung abgebildet werden. Das Bestimmtheitsmaß variiert für die Potenzfunktionen zwischen 0,92 und 0,99.

$$\text{GF - PU} \quad \sigma_o = \begin{cases} 304,2 - 7,6 \cdot N_B{}^{0,341} & \text{I:} N_B \leq 1 \cdot 10^3 \\ 428,1 \cdot N_B{}^{-0,093} & \text{II:} N_B \geq 5 \cdot 10^2 \end{cases} \tag{5.7}$$

$$\text{GF - EP} \quad \sigma_o = \begin{cases} 355,9 - 9,5 \cdot N_B{}^{0,295} & \text{I:} N_B \leq 1 \cdot 10^3 \\ 546,4 \cdot N_B{}^{-0,092} & \text{II:} N_B \geq 5 \cdot 10^2 \end{cases} \tag{5.8}$$

Bei Betrachtung der Potenzfunktionen der Region II wird deutlich, dass die Ermüdungsfestigkeitsexponenten – und damit die Neigung der Wöhlerkurve – für GF-PU und -EP näherungsweise identisch sind. Zum genaueren Vergleich des Ermüdungsverhaltens im Zeitfestigkeitsbereich (Region II) sind in Abbildung 5.16a) die Wöhlerkurven von GF-PU und -EP anhand der relativen Oberspannung über der Bruchlastspielzahl (ab $N_B = 5 \cdot 10^2$) doppellogarithmisch dargestellt. Die Oberspannung wurde dabei auf die werkstoffspezfische Zugfestigkeit unter 23 °C bezogen. Durch die doppellogarithmische Darstellung werden die Potenzfunktionen als Geraden abgebildet. Dadurch ist ersichtlich, dass der Verlauf der Wöhlerkurven von GF-PU und -EP nahezu identisch und die Wöhlerkurve von GF-PU nach links verschoben ist.

Letzteres verdeutlicht die geringere Ermüdungsfestigkeit des GF-PU. Eine Differenz der Absolutwerte der Ermüdungsfestigkeit war aufgrund der signifikant höheren Zugfestigkeit des GF-EP unter 23 °C zu erwarten. Eine umfangreiche Untersuchung der quasi-statischen Eigenschaften von GF-PU und -EP ist dem Anhang A zu entnehmen. Durch die Relativierung der Ermüdungsfestigkeit – mithilfe der Bezugnahme der absoluten Ermüdungsfestigkeit auf die Zugfestigkeit – wird eine Vergleichbarkeit geschaffen. Der Versatz der daraus resultierenden Wöhlerkurven von GF-PU und -EP weist auf verschiedene Ermüdungseigenschaften hin. Gleichzeitig wird durch den parallelen Verlauf der Wöhlerkurven (in doppellogarithmischer Darstellung) verdeutlicht, dass die relative Differenz der Ermüdungsfestigkeit konstant bleibt und somit der Unterschied der absoluten Ermüdungsfestigkeit mit zunehmender Bruchlastspielzahl abnimmt. Dies wird in Abbildung 5.16b) durch die Differenzbildung der Potenzfunktionen von GF-PU und -EP visualiert. Die Abbildung zeigt die daraus resultierende Differenz der Oberspannung ($\Delta\sigma_o$), die für GF-PU im Vergleich zu GF-EP – als Referenzkurve auf der Nulllinie – zu einer identischen Bruchlastspielzahl führt. Wie erwartet, nähern sich die Wöhlerkurven mit steigender Bruchlastspielzahl an.

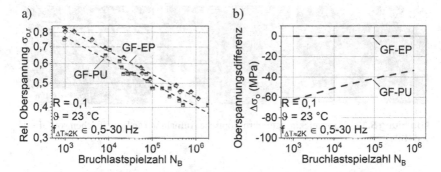

Abbildung 5.16 Vergleich der Ermüdungseigenschaften von GF-PU und -EP im Zeitfestigkeitsbereich (Region II) anhand a) der Wöhlerkurven in Bezug zur relativen Oberspannung in doppellogarithmischer Darstellung und b) der Oberspannungsdifferenz in halblogarithmischer Darstellung

Mikrostrukturorientierte Begründung der divergierenden Ermüdungseigenschaften
Die Ursache für die geringere Ermüdungsfestigkeit von GF-PU im Vergleich zu GF-EP sowie die bruchlastspielzahlabhängige Differenz der Ermüdungsfestigkeit wird anhand von mikrostrukturellen Untersuchungen erörtert. Dazu werden in einem ersten Schritt fraktographische Analysen der Bruchflächen mittels REM herangezogen und durch mikroskopische Elementanalysen mittels EDX ergänzt.

Abbildung 5.17 zeigt REM-Aufnahmen von Faserbündeln von GF-PU und -EP in verschiedenen Vergrößerungen nach einem Versuch unter 23 °C und einer relativen Oberspannung von 0,55. Die verschiedene Ausprägung der Bruchflächen auf den Fasern ist offensichtlich. Bei GF-PU sind augenscheinlich keine Matrixreste auf den freiliegenden Fasern zu erkennen, wohingegen bei GF-EP die Fasern eine fast vollständige Schicht aufweisen. Um diese zu bewerten, wurde die mikroskopische Elementanalyse mittels EDX angewandt. Dabei muss berücksichtigt werden,

GF-PU

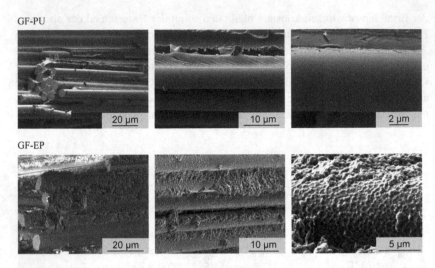

GF-EP

Abbildung 5.17 Rasterelektronenmikroskopische Aufnahmen an Bruchflächen von GF-PU und -EP

dass aufgrund der physikalischen Randbedingungen des Messverfahrens eine ausschließliche Messung der Schicht nicht möglich ist. Die Röntgenemission entsteht im gesamten Interaktionsvolumen des Elektronenstrahls, wodurch eine Beeinflussung der Elementanalyse infolge von Detektionen in Tiefenrichtung unvermeidbar ist.

Die mikroskopischen Elementanalysen von GF-PU- und -EP (Abbildung 5.18) weisen aufgrund dessen u. a. übereinstimmend die Elemente Sauerstoff (O), Silizium (Si) und Aluminium (Al) auf, die auf die chemische Zusammensetzung der Glasfasern zurückzuführen sind. Die Maxima sind in der Messung an GF-EP aufgrund der Dämpfung der Strahlung infolge der Schichtdurchschreitung weniger ausgeprägt als bei GF-PU. In den Messungen an GF-PU können Reste der PU-Matrix ausgeschlossen werden, da kein Stickstoff (N) – als Bestandteil des Reinharzes – detektiert wurde. Auch für GF-EP konnten keine zusätzlichen Elemente, jedoch ein größerer Anteil an Kohlenstoff (C) ermittelt werden. Dadurch belegen die Messungen, dass die Schicht mit hoher Wahrscheinlichkeit zumindest überwiegend aus der EP-Matrix besteht. Die homogene Verteilung und Ausbildung der Schicht lassen vermuten, dass infolge einer durch die Silanschlichte gut ausgeprägten Haftvermittlung zwischen Faser und EP-Matrix, nach der Faser-Matrix-Ablösung eine Grenzschicht an der Faser verbleibt. Der Schädigungsmechanismus grenzt sich somit von dem in GF-PU ab. Die geringe Dicke

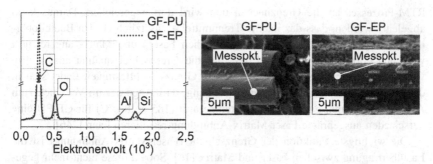

Abbildung 5.18 Mikroskopische Elementanalysen mittels EDX an Bruchflächen von GF-PU und -EP

der Schicht von unter 1 μm bestärkt diese Vermutung. In Untersuchungen von Thomason [16] [246] wurde an GF-EP unter geringer Prozesstemperatur eine schlichtereiche Grenzschicht von ca. 1 μm ausgebildet. Unter höherer Prozesstemperatur wird von den Autorinnen/en eine geringere Grenzschichtausbildung infolge einer homogeneren Dispersion der Schlichte angenommen, die sich mit den Messergebnissen aus dieser Arbeit deckt.

Aus den fraktographischen Untersuchungen kann abgeleitet werden, dass die Faser-Matrix-Ablösung bei GF-PU durch ein adhäsives Versagen, bei GF-EP durch ein kohäsives Versagen eintritt. Grundsätzlich gilt: Je besser die adhäsive Verbindung zwischen Fasern und Matrix ist, desto höher ist die benötigte Energie für ein Versagen in der Grenzschicht und somit die Festigkeit des GFK. Aus energetischer Sicht stellt das kohäsive Versagen somit den idealen Mechanismus dar [20] und belegt die besseren Eigenschaften der Faser-Matrix-Anbindung in GF-EP. Eine vergleichbare Schlussfolgerung ziehen Kawai et al. [63], die ähnliche Bruchflächen mittels REM untersuchten.

Die Gründe für die unterschiedliche Qualität der Faser-Matrix-Anbindung in GF-PU und -EP müssen in tiefer gehenden Untersuchungen erörtert werden. Ein grundsätzlich negativer Einfluss des PU auf die Grenzschichtausbildung kann jedoch voraussichtlich ausgeschlossen werden. In Untersuchungen an CFK mit PU-Matrix werden für verschiedene Schlichten stets höhere scheinbare interlaminare Scherfestigkeiten (ILSS) erzielt als mit EP-Matrix [120]. Dies belegt ein großes Potenzial von PU als Matrix-Komponente in FVK. Das in dieser Arbeit verwendete PU wies jedoch ein zusätzliches internes Trennmittel auf. Dieses hat zum Ziel, die Bauteilentnahme aus dem Werkzeug im Anschluss an den RTM-Prozess zu vereinfachen. Das interne Trennmittel diffundiert während des

RTM-Prozesses an die Grenzflächen und wird dort angereichert. Daraus kann abgeleitet werden, dass das interne Trennmittel – zusätzlich zu den Bauteilober- flächen – auch an den Grenzflächen zwischen Fasern und Matrix angereichert wird und dort einen negativen Effekt auf die Grenzschichtqualität ausübt. Ein weiterer Erklärungsansatz für die geringere Grenzschichtfestigkeit findet sich in den Prozessparametern während der Fertigung, da infolge der im Vergleich zum Autoklav-Verfahren geringen Prozesstemperatur (185 zu 85 °C) für GF-PU eine verschieden ausgeprägte Faser-Matrix-Anbindung resultieren kann [246].

Die wichtigste Funktion der Grenzschicht (Faser-Matrix-Anbindung) ist die Lastübertragung zwischen Faser und Matrix [16]. Sobald diese nicht mehr gege- ben ist, kommt es zu einer Faser-Matrix-Ablösung. Nach Gamstedt et al. [123] stellt die Faser-Matrix-Ablösung keinen direkt wirkenden, kritischen Schädi- gungsmechanismus dar. Er resultiert jedoch in einer Umverteilung der Last in die angrenzenden Fasern und führt zu einer beschleunigten Ermüdung. Sowohl in Ermüdungsuntersuchungen an GFK mit faserdominierendem (unidirektiona- len oder cross-ply) Lagenaufbau [121] [122] [124] und matrixdominierendem (angle-ply) Lagenaufbau [121] konnte der positive Einfluss einer höherfesten Faser-Matrix-Anbindung belegt werden. Aufgrund dessen ist davon auszuge- hen, dass sich dieser Trend auf den verwendeten, quasi-isotropen Lagenaufbau übertragen lässt und ein maßgeblicher Grund für die geringere relative Ermü- dungsfestigkeit von GF-PU ist. In Versuchsreihen an unidirektionalem GF-EP [122] konnte darüber hinaus beobachtet werden, dass sich die Grenzschicht- qualität insbesondere im LCF-Bereich positiv auswirkt. Mit höher werdender Lastspielzahl wird der Einfluss weniger signifikant. Sofern die Erkenntnisse aus [122] auf quasi-isotrope Lagenaufbauten übertragbar sind, resultiert daraus ein Erklärungsansatz die geringere Ermüdungsfestigkeit von GF-PU zu -EP im LCF-Bereich, insbesondere in der statischen Region I.

Einen weiteren Einflussfaktor stellt der Porenanteil dar. Poren führen zu lokalen Spannungsspitzen, die als Initiierung von Schädigungen dienen bzw. zu einer beschleunigten Vernetzung von Rissen führen können. Dies zeigt sich in der Literatur durch eine Zunahme der Rissdichte in 90°-Lagen [127], wes- halb grundsätzlich von einem Poreneinfluss ausgegangen werden muss. Wie die mikrostrukturelle Charakterisierung aus Abschnitt 3.3 zeigt, weist GF-PU im Ausgangszustand einen Porenanteil von ca. 1,2 % auf, wohingegen in GF-EP keine Poren auftreten. Die Poren sind nahezu homogenen verteilt und deren Durchmesser fast ausschließlich im Bereich weniger µm. Dies erschwert die Übertragbarkeit der Erkenntnisse aus der Literatur, in der die Strukturen über- wiegend heterogene Porenverteilungen und -durchmesser bzw. -abmessungen aufwiesen [127] [128] [129] [201]. Poren mit vergleichbaren Abmessungen zu denen in GF-PU blieben teilweise gänzlich unberücksichtigt, da sie mit den eingesetzten Messverfahren nicht detektiert werden konnten [129] [201].

Zur Abschätzung des Poreneinflusses auf die Ermüdungseigenschaften wurden daher zusätzliche Untersuchungen mit GF-PU auf Basis der ursprünglichen Harzkonfiguration durchgeführt, in denen der Porenanteil ca. 2,2 % betrug (s. Abschnitt 3.3). In Abbildung 5.19 sind die Ergebnisse aus den Versuchen an GF-PU mit der ursprünglichen und modifizierten Harzkonfiguration an normkonformen Probengeometrien vergleichend dargestellt. Die Modifikation der Harzkonfiguration resultiert in einer höheren Lebensdauer, insbesondere im HCF-Bereich. In Untersuchungsreihen aus der Literatur, in denen der Lagenaufbau und Porenanteil zu denen in GF-PU annäherungsweise vergleichbar war, konnte sowohl ein fast vernachlässigbarer [128] als auch deutlicher [127] Einfluss des Porenanteils auf die Bruchlastspielzahl erkannt werden. Bei letzterem findet – auf Grundlage der Beschreibung des Poreneinflusses mittels Potenzfunktion – eine durchschnittliche Steigerung der Bruchlastspielzahl um den Faktor 3,6 bei Reduktion des Porenanteils von 2,2 auf 1,2 % statt [127]. Dies stimmt mit den vorliegenden Ergebnissen gut überein. Die Steigerung der Lebensdauer durch die Modifikation der Harzkonfiguration wird daher maßgeblich auf den geringeren Porenanteil zurückgeführt. Ein zusätzlicher Einfluss chemischer Komponenten in der modifizierten ggü. der ursprünglichen Harzkonfiguration – bspw. Zeolithen, die zur Reduktion der Restfeuchte und des Porenanteils hinzugefügt wurden – kann dabei nicht ausgeschlossen werden.

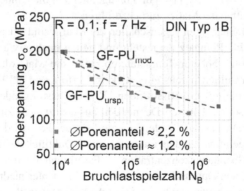

Abbildung 5.19 Poreneinfluss auf die Bruchlastspielzahl von GF-PU durch Vergleich der ursprünglichen und modifizierten Harzkonfiguration

Aus den Erkenntnissen der mikrostrukturellen Charakterisierung kann geschlussfolgert werden, dass sowohl die Faser-Matrix-Anbindung als auch der Porenanteil mit hoher Wahrscheinlichkeit ausschlaggebend für die Differenz in der relativen Ermüdungsfestigkeit von GF-PU und -EP sind. Gleichzeitig wird durch die Ergebnisse belegt, dass PU ein großes Potenzial aufweist und vermutlich durch weitere Optimierungen der Harzkonfiguration und des RTM-Prozesses vergleichbare Ermüdungseigenschaften von GF-PU zu -EP erzielt werden können.

Einfluss der Umgebungstemperatur

Im Folgenden Abschnitt wird der Einfluss der Umgebungstemperatur (kurz: Temperatur) von -30, 23 und 70 °C auf die Ermüdungseigenschaften untersucht. Da nicht für alle Temperaturniveaus der gesamte Bruchlastspielzahlbereich ausreichend mit Versuchsdaten belegt wurde, beschränkt sich die Auswertung mittels Potenzfunktionen in Anlehnung an Basquin auf die progressive Region II ab $5 \cdot 10^2$ (GF-PU) bzw. $5 \cdot 10^3$ (GF-EP) Lastspielen. Die statische Region I ist in Anlehnung an Talreja [58] und Flore et al. [166] als horizontaler Verlauf auf Höhe der temperaturabhängigen Zugfestigkeit bis zum Schnittpunkt mit der extrapolierten Wöhlerkurve der progressiven Region II dargestellt (Abbildung 5.20).

Die Ergebnisse aus Abbildung 5.20 bestätigen die grundlegenden Erkenntnisse aus den Ermüdungsuntersuchungen unter 23 °C und den Zugversuchen unter -30 bis 70 °C (Anhang A). GF-EP weist unter allen Temperaturen über dem betrachteten Bruchlastspielzahlbereich eine höhere Ermüdungsfestigkeit auf als GF-PU. Die Ermüdungsfestigkeit sinkt für beide FVK mit steigender Temperatur. Dies ist aus der Literatur bekannt [131] [132] [133] und maßgeblich auf die temperaturabhängigen Materialeigenschaften der Matrix zurückzuführen.

Die temperaturabhängigen Eigenschaften der Matrix sind beispielhaft in Abbildung 2.7 für das PU-Reinharz dargestellt und gelten qualitativ äquivalent für das EP-Reinharz. Infolge höherer Temperaturen steigt die Matrixduktilität. Für das GF-PU und -EP resultiert daraus eine stärkere Verformung [119] und bei identischer Risslänge eine größere Rissöffnung [58]. Die lasttragenden Fasern an der Rissspitze sind dadurch höheren Dehnungen ausgesetzt, was zu einem früheren Faserbruch führt. Die anschließende Umverteilung der Last wird erneut durch die Matrixduktilität beeinflusst, indem unter steigender Duktilität die ineffektive Länge – als Abstand der Spannungskonzentration am Faserbruch bis zur Homogenisierung der Spannung auf den Durchschnittswert – steigt [9]. Unter niedriger Temperatur kann die Spannung aufgrund der hohen Steifigkeit der Matrix über einen geringeren Abstand umverteilt werden, wodurch die ineffektive Länge sinkt. Dies geht zwar mit einer erhöhten Spannungskonzentration um den Faserbruch einher und kann voraussichtlich bei Überschreitung eines kritischen Werts zu einer Reduktion der

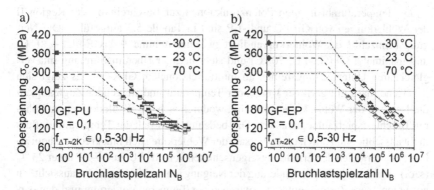

Abbildung 5.20 Vergleich der temperaturabhängigen Ermüdungseigenschaften im Zeitfestigkeitsbereich (Region II) anhand von Wöhlerkurven in halblogarithmischer Darstellung von a) GF-PU und b) GF-EP unter −30, 23 und 70 °C

Ermüdungsfestigkeit führen [132], die ineffektive Länge scheint jedoch einen signifikanteren Effekt auszuüben, durch den die Schädigungsmechanismen beschleunigt interagieren können.

Darüber hinaus wird vermutet, dass die unter quasi-statischer Beanspruchung identifizierten, temperaturabhängigen Eigenschaftsänderungen zum Teil auf das Ermüdungsverhalten übertragen werden können. Diesbezüglich seien die scheinbare Grenzschichtscherfestigkeit – als indirekte Messgröße zur Widerstandsfähigkeit ggü. der Initiierung von Faser-Matrix-Ablösungen – und die scheinbare interlaminare Scherfestigkeit – als indirekte Messgröße zur Widerstandsfähigkeit ggü. der Initiierung interlaminarer Delaminationen zu nennen, die übereinstimmend unter steigender Temperatur eine Degradation der Eigenschaften aufweisen [47] [48] [49] (s. auch Anhang A). Zusammenfassend resultiert die Steigerung der Matrixduktilität und Degradation der intra- und interlaminaren Eigenschaften infolge erhöhter Temperaturen in der Reduktion der Ermüdungsfestigkeit.

Tabelle 5.3
Temperaturabhängige
Potenzfunktionen zur
Beschreibung der
Wöhlerkurven im Bereich
der Zeitfestigkeit von
GF-PU und -EP.

	GF-PU	GF-EP
−30 °C	$\sigma_o = 592{,}8 \cdot N_B^{-0{,}111}$	$\sigma_o = 772{,}7 \cdot N_B^{-0{,}107}$
23 °C	$\sigma_o = 428{,}1 \cdot N_B^{-0{,}093}$	$\sigma_o = 568{,}3 \cdot N_B^{-0{,}096}$
70 °C	$\sigma_o = 317{,}7 \cdot N_B^{-0{,}077}$	$\sigma_o = 498{,}2 \cdot N_B^{-0{,}096}$

Die temperaturabhängigen Potenzfunktionen zur Beschreibung der Region II der Wöhlerkurven von GF-PU und -EP sind in Tabelle 5.3 aufgeführt. Die Neigungskennzahl k der Wöhlerkurven liegt zwischen minimal 9,0 (GF-PU, -30 °C) und maximal 13,0 (GF-PU, 70 °C) und steht in guter Übereinstimmung mit vergleichbaren Untersuchungsreihen an multidirektionalem GFK [6]. Es zeigt sich der Trend, dass mit geringer werdender Temperatur und steigender Zugfestigkeit die Neigung der Wöhlerkurve zunimmt, wodurch sich die Wöhlerkurven zu höheren Bruchlastspielzahlen annähern. Das bedeutet, dass sich der Temperatureinfluss nicht ausschließlich durch einen Versatz der Wöhlerkure nach links/rechts – äquivalent zum Vergleich der Ermüdungseigenschaften von GF-PU zu GF-EP unter 23 °C (s. o.) – abbilden lässt. Die Änderung der Neigung um ca. 30 % weist voraussichtlich auf komplexere Zusammenhänge zwischen der Temperaturänderung und den daraus resultierenden Ermüdungseigenschaften hin. Dies wird in den Abschnitten 5.2.2 und 5.2.3 hinsichtlich des Ermüdungsverhaltens auf Basis der Hysteresis-Kennwert- und Schädigungsentwicklung erörtert.

Bezüglich der temperaturabhängigen Wöhlerkurven wird eine tiefer gehende Differenzierung anhand der Verläufe in Abbildung 5.21 durch eine Normierung der Oberspannung in Bezung auf die temperaturabhängige Zugfestigkeit durchgeführt. Sowohl für GF-PU als auch -EP gleichen sich die temperaturabhängigen Wöhlerkurven durch die normierte Darstellung an. Die Wöhlerkurven von GF-EP sind – vergleichbar zu den Ergebnissen unter 23 °C – unter -30 und 70 °C zu höheren Bruchlastspielzahlen nach rechts versetzt. Die im vorherigen Abschnitt identifizierte höhere Ermüdungsfestigkeit von GF-EP ggü. GF-PU unter 23 °C gilt somit auch unter variierenden Temperaturen.

In doppellogarithmischer Darstellung der Wöhlerkurven im Zeitfestigkeitsbereich wird deutlich, dass sich durch die Normierung der vorherige, unter Betrachtung der Absolutwerte erkannte Trend umkehrt (Abbildung 5.22). Im HCF-Bereich weist GF-PU unter 70 °C die höchste relative Ermüdungsfestigkeit auf. Im LCF-Bereich schneiden sich die Wöhlerkurven, einhergehend mit einem Pivot-Punkt, der als Drehpunkt der Wöhlerkurven mit verschiedenen Neigungen dient. Ein vergleichbarer Pivot-Punkt wurde auch in Arbeiten von Cormier et al. [9] für Wöhlerkurven von angle-ply GF-EP unter -40 und 23 °C beschrieben. Durch die vorliegenden Ergebnisse kann festgehalten werden, dass sich der durch Cormier et al. erkannte Zusammenhang auf quasi-isotrope Lagenaufbauten und den Bereich hoher Temperaturen übertragen lässt.

Der Pivot-Punkt und die Wöhlerkurve von GF-PU für -30 °C, die ab $N_B \approx 2 \cdot 10^3$ unterhalb der Kurven von 23 und 70 °C liegt, verdeutlicht, dass die Mechanismen, die zur Erhöhung der quasi-statischen Festigkeit führen, in der Ermüdung weniger effektiv sind. Im umgekehrten Fall führt dies dazu, dass die Mechanismen, die infolge

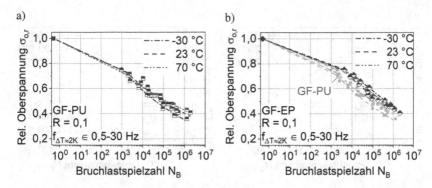

Abbildung 5.21 Vergleich der temperaturabhängigen Ermüdungseigenschaften im Zeitfestigkeitsbereich (Region II) anhand von Wöhlerkurven in halblogarithmischer Darstellung – bezogen auf die relative Oberspannung – von a) GF-PU und b) GF-EP unter −30, 23 und 70 °C

einer Temperaturerhöhung auftreten, für die Beeinträchtigung der quasi-statischen Eigenschaften ausschlaggebender sind als für die Ermüdungseigenschaften. Dies gilt insbesondere mit zunehmender Lebensdauer, weshalb vermutet wird, dass sich der negative Effekt erhöhter Temperaturen vorwiegend in der statischen Region I der Wöhlerkurve – in der der Schädigungsmechanismus des Faserbruchs dominiert – auf das Ermüdungsverhalten auswirkt. In der progressiven Region II der Wöhlerkurve – in der die Akkumulation verschiedener Schädigungsmechanismen das Versagen dominiert – scheinen die erhöhten Temperaturen einen teilweise positiven Einfluss auszuüben. Dies kann neben den vorherig erläuterten Mechanismen u. a. auf verschieden ausgeprägte thermische Ausdehnungen von Matrix und Fasern unter −30, 23 und 70 °C – und damit einhergehend thermisch induzierte intra- und interlaminare Spannungen – zurückgeführt werden, die zu einer divergierenden Schädigungsentwicklung führen. Dieser Erklärungsansatz wird in Abschnitt 5.2.3 diskutiert.

Bei einem Vergleich der temperaturabhängigen Wöhlerkurven von GF-EP können die an GF-PU erkannten Effekte bestätigt werden. Mit zunehmender Bruchlastspielzahl nähern sich die Wöhlerkurven an, bis es zum Pivot-Punkt (bspw. unter −30 und 70 °C bei $N_B \approx 7 \cdot 10^5$) kommt. Die Temperaturabhängigkeit der Neigung der Wöhlerkurven ist bei GF-EP deutlich weniger ausgeprägt als bei GF-PU, wodurch die relative Ermüdungsfestigkeit nahezu auf einem Niveau bleibt. Dies kann möglicherweise auf die höhere Glasübergangstemperatur der Matrix zurückgeführt werden ($Tg_{EP} = 190$ °C; $Tg_{PU} = 130$ °C), wodurch im Bereich von −30

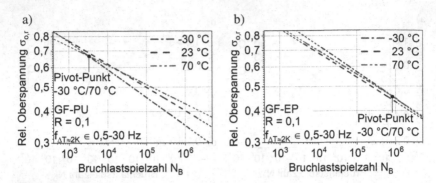

Abbildung 5.22 Temperaturabhängige Wöhlerkurven im Zeitfestigkeitsbereich in Bezug auf die relative Oberspannung von a) GF-PU und b) GF-EP unter −30, 23 und 70 °C mit Fokussierung auf die divergierende Neigung in doppellogarithmischer Darstellung

bis 70 °C das Verformungsverhalten von GF-EP ggü. GF-PU weniger beeinflusst wird.

Abschätzung des Temperatureinflusses
In den Untersuchungen zum temperaturabhängigen Ermüdungsverhalten von GF-EP war zu erkennen, dass bei Bezugnahme der Oberspannung auf die temperaturabhängige Zugfestigkeit die Wöhlerkurven nur wenig voneinander abweichen. Dies wird genutzt, um eine temperaturübergreifende Beschreibung der Ermüdungseigenschaften zu ermöglichen. In Abbildung 5.23 sind die Versuchsergebnisse von GF-EP für −30, 23 und 70 °C entsprechend des oben erläuterten Vorgehens für Abbildung 5.20 – ohne Differenzierung der Umgebungstemperatur – aufgeführt.

$$\sigma_{o,r,GF-EP} = 1{,}70 \cdot N_B^{-0{,}097} \tag{5.9}$$

Die Versuchsergebnisse können mit einer Potenzfunktion (Gleichung 5.9) in Anlehnung an Basquin mit einem Bestimmtheitsmaß von 0,98 beschrieben werden. Die maximale Abweichung der Neigung der gemittelten Wöhlerkurve zu einer temperaturspezifischen Wöhlerkurve beträgt weniger als 10 %. Eine Beschreibung des temperaturabhängigen Ermüdungsverhaltens mittels der gemittelten Potenzfunktion scheint daher für GF-EP im Bereich von −30 bis 70 °C zulässig zu sein. So bietet dieses Vorgehen die Möglichkeit zur interpolierenden Abschätzung der relativen temperaturspezifischen Ermüdungsfestigkeit auf Basis der temperaturspezifischen Zugfestigkeit.

Dieses Vorgehen kann für eine darüber hinaus vereinfachte Abschätzung der relativen temperaturabhängigen Ermüdungsfestigkeiten genutzt werden, indem an Stelle der gemittelten Potenzfunktion die Potenzfunktion unter 23 °C genutzt wird. Zwar weisen die Wöhlerkurven von GF-EP temperaturabhängig unterschiedliche Neigungen auf, jedoch variieren diese nur im Bereich von 9,3 (−30 °C) bis 10,4 (70 °C). Dadurch sind die temperaturabhängigen relativen Ermüdungsfestigkeiten über einen weiten Bereich der Bruchlastspielzahlen vergleichbar und können auf Grundlage der Potenzfunktion unter 23 °C und der temperaturspezifischen Zug-festigkeit abgeschätzt werden. Dieses Vorgehen ist jedoch maßgeblich von der Vergleichbarkeit der temperaturabhängigen Ermüdungseigenschaften abhängig und würde bspw. für GF-PU im Bereich sehr kleiner und großer Lastspielzahlen zu einer signifikanten Abweichung führen. Als Hypothese kann festgehalten werden, dass für FVK mit einem Matrixsystem, das eine hohe Glasübergangtemperatur aufweist, die Abschätzung der temperaturabhängigen Ermüdungsfestigkeit für maximale Tem-peraturen < < Glasübergangstemperatur auf Basis einer bestehenden Wöhlerkurve und der jeweiligen temperaturabhängigen Zugfestigkeit zulässig ist.

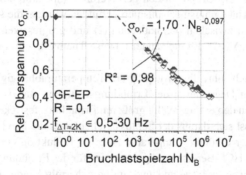

Abbildung 5.23 Darstellung der gemittelten Potenzfunktion für GF-EP unter gemeinsamer Verwendung der Versuchsergebnisse unter −30, 23 und 70 °C

Berechnung des Temperatureinflusses
Zur exakten Berechnung des Temperatureinflusses bietet sich das Vorgehen in Anlehnung an Abbildung 5.16b) an. Dazu werden die Potenzfunktionen zur Beschreibung der temperaturabhängigen Wöhlerkurven genutzt und jeweils die Dif-ferenz der Oberspannung zwischen −30 und 23 °C bzw. 70 und 23 °C gebildet. Die Potenzfunktion unter 23 °C dient im Zeitfestigkeitsbereich somit als Referenzkurve

und stellt die Nulllinie dar. Anschließend werden die ermittelten Differenzen aufgetragen. Diese visualisieren die temperaturabhängigen Abweichungen der absoluten Ermüdungsfestigkeit in Bezug zur absoluten Ermüdungsfestigkeit unter 23 °C.

In Abbildung 5.24 sind die Ergebnisse aufgeführt. Mittels der angegebenen Potenzfunktionen können für eine gegebene Bruchlastspielzahl die temperaturabhängigen Differenzen der Oberspannung berechnet werden. So resultiert beispielhaft für GF-PU, dass unter 70 °C für $N_B = 10^5$ eine um ca. 15 MPa geringere Oberspannung ggü. einem Versuch unter 23 °C genutzt werden muss. Diese Differenz variiert in Abhängigkeit der Bruchlastspielzahl. Wie aus der Literatur [131] und Abbildung 5.20 bekannt, nähern sich die temperaturabhängigen Wöhlerkurven mit zunehmender Bruchlastspielzahl an. Dies ist bei GF-PU ausgeprägter als bei GF-EP und wird durch die größere Neigung symbolisiert. Für GF-PU resultiert daraus ein großes Potenzial im Hinblick auf den VHCF-Bereich, da die Temperatureinflüsse nahezu irrelevant werden. Auf Basis der extrapolierten Potenzfunktion folgt für GF-PU bei $N_B = 10^9$ nur noch eine Differenz von ca. -2 MPa zwischen 70 und 23 °C, wohingegen für GF-EP die Differenz bei ca. -10 MPa liegt. Diese Vermutung muss allerdings durch Versuche im VHCF-Bereich unter variierender Temperatur verifiziert werden. Ein Grund für den geringeren Temperatureinfluss kann in den dominierenden Schädigungsmechanismen gefunden werden, die sich – ähnlich zu den Unterschieden zwischen der statischen (I) und progressiven (II) Region der Wöhlerkurve – im VHCF-Bereich ändern. Diese Thematik wird in Abschnitt 5.3.4 aufgegriffen.

Im LCF-Bereich führt die ausgeprägtere Temperaturabhängigkeit von GF-PU zu einer stärkeren Degradation der Ermüdungsfestigkeit für 70 °C ggü. GF-EP, repräsentiert durch den betragsmäßig größeren Ermüdungsfestigkeitskoeffizienten. Grundsätzlich lässt sich daraus der Schluss ziehen, dass die Mechanismen, die im LCF-Bereich unter erhöhter Temperatur zu einer Reduktion der Ermüdungsfestigkeit führen, im HCF-Bereich weniger relevant für das Ermüdungsverhalten sind. Dies bezieht sich u. a. auf intra- und interlaminare thermisch induzierte Spannungen und Eigenschaftsänderungen (bspw. die scheinbare Grenzschichtscherfestigkeit). Als Hypothese folgt daraus, dass mit einer abnehmenden Glasübergangstemperatur die Heterogenität des Temperatureinflusses über der Bruchlastspielzahl steigt und erhöhte Temperaturen insbesondere im LCF-Bereich zu einer Degradation der Eigenschaften führen, wohingegen im HCF-Bereich ein positiver Effekt resultiert.

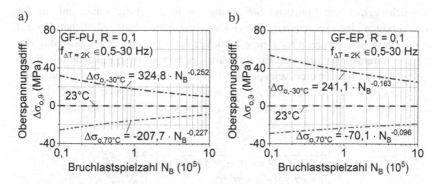

Abbildung 5.24 Visualisierung des berechneten Temperatureinflusses im Zeitfestigkeitsbereich durch Bezugnahme der Oberspannungsdifferenz für −30 und 70 °C auf die Referenzkurve von 23 °C für a) GF-PU und b) GF-EP

5.2.2 Vorgangsorientierte Betrachtung

Im vorherigen Kapitel konnte der Einfluss der Temperatur auf die Lebensdauer von GF-PU und -EP nachgewiesen werden. Dies wird im Folgenden um die Betrachtung der temperaturabhängigen Entwicklungen der Hysteresis-Kennwerte erweitert. Dazu werden die Kennwertverläufe der totalen Mitteldehnung, Verlustenergie und des dynamischen E-Moduls für GF-PU unter einstufiger Beanspruchung verglichen. Am Beispiel des dynamischen E-Moduls findet anschließend zusätzlich eine Untersuchung des Materialeinflusses durch einen Vergleich der Kennwertverläufe von GF-PU und -EP statt. Abschließend wird der Flächenschwerpunkt betrachtet, um zu überprüfen, ob dieser Kennwert zusätzliche Informationen zum Verformungs- und Ermüdungsverhalten von GFK liefert.

In Abbildung 5.25 ist beispielhaft ein ESV an GF-PU unter einer Oberspannung von 140 MPa dargestellt. In Übereinstimmung mit der Literatur [75] können die Kennwertverläufe in drei Phasen aufgeteilt werden. Diese Aufteilung ist für den dynamischen E-Modul am deutlichsten ausgeprägt. Zu Versuchsbeginn zeigt der dynamische E-Modul eine umfangreiche Degradation, die in einen regressiven Verlauf übergeht. Nach Eintritt eines Wendepunkts findet eine progressive Degradation statt, die kurz vor Versagen einer negativen Exponentialfunktion folgt. Dieser Verlauf ist für GFK typisch und wird i. d. R. als gespiegelter Verlauf der Schädigung beschrieben [84]. Der Eintritt des Wendepunkts dient in diesem Zusammenhang als Indikator für einen exponentiell steigenden Schädigungsgrad. Die totale Mitteldehnung weist nach einer deutlichen Zunahme zu

Versuchsbeginn eine konstante Steigerung bis in die dritte Phase auf, in der vor Versagen eine exponentielle Entwicklung stattfindet. Einen ähnlichen Verlauf zeigt die Verlustenergie, wenngleich sich keine ausgeprägte Phase I ausbildet. Die Temperaturentwicklung durch Eigenerwärmung betrug infolge der mittels Energieratenansatz berechneten, angepassten Frequenzen über alle Versuchsreihen im LCF- bis HCF-Bereich bis kurz vor Versagen ca. 2 K. Aufgrund dessen wird auf die Aufführung und nähere Erläuterung der Temperaturverläufe verzichtet.

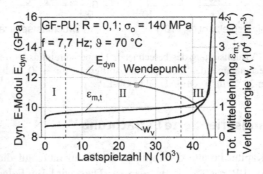

Abbildung 5.25 Kennwertverläufe des dynamischen E-Moduls, der totalen Mitteldehnung und Verlustenergie während eines ESV an GF-PU mit Aufteilung in die Phasen I bis III

Steifigkeit, zyklisches Kriechen und Verlustenergie
In Abbildung 5.26 sind die Verläufe der Steifigkeit, des zyklischen Kriechens und der Verlustenergie unter −30, 23 und 70 °C für Versuche an GF-PU mit einer Oberspannung von 140 MPa über der normierten Lastspielzahl dargestellt. In allen Diagrammen ist ein eindeutiger, temperaturabhängiger Trend der Kennwertausbildung zu erkennen. Die Steifigkeit, repräsentiert durch den dynamischen E-Modul, weist eine signifikante Temperaturabhängigkeit auf (Abbildung 5.26a). So ist die Steifigkeit unter 70 °C zu Versuchsbeginn ca. 30 % geringer als unter −30 °C. Zusätzlich scheinen temperaturspezifische Eigenschaften hinsichtlich der Form der Steifigkeitsreduktion und des Wendepunkts vorzuliegen. Dies wird im Rahmen einer näheren Erläuterung der temperaturabhängigen Steifigkeitsverläufe im nachstehenden Unterkapitel „Steifigkeitsorientierte Betrachtung" aufgegriffen.

Das zyklische Kriechen wird anhand der totalen Mitteldehnung dargestellt (Abbildung 5.26b). Die totale Mitteldehnung verschiebt sich über der Lebensdauer infolge von plastischen Verformungsvorgängen zu höheren Totaldehnungen.

Die Ergebnisse an GF-PU weisen eine ausgeprägte Temperaturabhängigkeit des zyklischen Kriechens auf. Im Speziellen unter erhöhter Temperatur findet eine überproportionale Zunahme der zyklischen Kriechvorgänge statt. Dies ist auf die höhere Matrixduktilität zurückzuführen, die u. a. eine umfangreichere Faserumorientierung ermöglicht [83] [119]. Da das zyklische Kriechen als kritischer Schädigungsmechanismus hinsichtlich der Ermüdungseigenschaften gilt [78], kann dies ein zusätzlicher Grund für die unter steigender Temperatur degradierende Ermüdungsfestigkeit sein. Aus den Untersuchungen an PA6 (Abbildung 5.13) und aus der Literatur [79] [80] ist bekannt, dass das zyklische Kriechen zusätzlich ein ausgeprägt zeitabhängiges Verhalten aufweist. Da jedoch in Abschnitt 5.2.1 insbesondere im LCF-Bereich ein negativer Einfluss erhöhter Temperaturen auf die Ermüdungsfestigkeit festgestellt werden konnte, müssen unter erhöhter Temperatur zusätzliche Mechanismen wirken, die im LCF-Bereich zu einer größeren Abweichung und im HCF- bis VHCF-Bereich zu einer Annäherung der temperaturabhängigen Wöhlerkurven führen.

Die Verlustenergie repräsentiert die während eines Lastspiels irreversibel dissipierte Energie pro Volumeneinheit. Da die Versuche unter einer identischen Beanspruchung durchgeführt wurden, sind die Absolutwerte der Verlustenergie vergleichbar und eine Zuhilfenahme der Dämpfung nicht notwendig. Wie Abbildung 5.26c) zeigt, steigt die Verlustenergie mit der Temperatur an. Die Verlustenergie bildet sich durch Wärmedissipation infolge innerer Reibung [73] und durch Deformation und Schädigungsausbildung [74]. Ein Einfluss infolge einer signifikant unterschiedlichen Wärmedissipation kann aufgrund der nach dem Energieratenansatz angepassten Frequenzen zum Großteil ausgeschlossen werden. Da sich die unterschiedlichen Niveaus der Verlustenergie direkt nach Versuchsbeginn einstellen, ist auch die Schädigungsakkumulation als Ursache unwahrscheinlich. Zu Versuchsbeginn wird von einem vergleichbaren, ungeschädigten Probenzustand ausgegangen. Daraus folgt, dass die Differenz der zu Beginn gebildeten Verlustenergie unter erhöhter Temperatur mutmaßlich von der größeren Deformation infolge der höheren Matrixduktilität dominiert wird. Dies steht im Einklang mit der geringeren Steifigkeit unter erhöhter Temperatur (Abbildung 5.26a). Zusätzlich können thermisch bedingte Änderungen des viskoelastischen Verformungsverhaltens zu einer Zunahme der Verlustenergie unter erhöhter Temperatur führen. Auffällig ist, dass die Verlustenergie – trotz der zu erwartenden Schädigungsakkumulation – bis ca. 80 % der Lebensdauer nahezu konstant bleibt. Diese Erkenntnis stimmt mit Angaben aus der Literatur überein [75]. Eine Korrelation der Verlustenergie mit der Schädigungsentwicklung und eine darauf basierende Zustandsbewertung ist daher nicht zielführend.

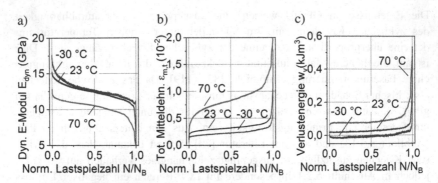

Abbildung 5.26 Vergleich temperaturabhängiger Kennwerteverläufe a) des dynamischen E-Moduls, b) der totalen Mitteldehnung und c) der Verlustenergie von GF-PU unter -30, 23 und 70 °C bei $\sigma_o = 140$ MPa

Steifigkeitsorientierte Betrachtung

Aufgrund des charakteristischen Verlaufs der Steifigkeit stellt diese in der vorliegenden Arbeit den Schwerpunkt zur Korrelation der Werkstoffreaktion – auf Basis des dynamischen E-Moduls – mit der Schädigungsentwicklung dar. Wie in Abbildung 5.26a) gezeigt wurde, ist der Absolutwert des dynamischen E-Moduls temperaturabhängig und sinkt mit zunehmender Temperatur. Um dennoch eine Vergleichbarkeit der temperaturabhängigen Steifigkeitsverläufe gewährleisten zu können, wird der dynamische E-Modul im Folgenden normiert – bezogen auf den jeweiligen Ausgangswert – betrachtet. In Abbildung 5.27 sind die daraus resultierenden Verläufe der dynamischen E-Moduln von GF-PU und -EP für -30, 23 und 70 °C sowie für verschiedene Beanspruchungen aufgeführt.

Für alle Temperaturniveaus und beide FVK sind die drei Phasen der Steifigkeitsreduktion erkennbar. Es kann festgestellt werden, dass in Phase I die Steifigkeitsreduktion mit niedrigerer Temperatur zunimmt. Phase II repräsentiert die stationäre Phase, in der die Steifigkeit einem regressiven Verlauf folgt, bis sich ein Wendepunkt ausbildet, der den Übergang in eine progressive Degradation und die anschließende Phase III darstellt. Der Wendepunkt bildet sich bei GF-PU mit zunehmender Temperatur früher aus, wohingegen bei GF-EP dieser thermische Effekt nicht erkannt werden kann. Zudem findet die progressive Steifigkeitsreduktion nach Eintritt des Wendepunkts bei GF-EP weniger ausgeprägt statt als bei GF-PU. Die Steifigkeitsreduktion erweist sich – neben der Material- und Temperaturabhängigkeit – auch als beanspruchungsabhängig. Zwar ist die Form der Steifigkeitsverläufe beanspruchungsübergreifend qualitativ gleich, jedoch kann

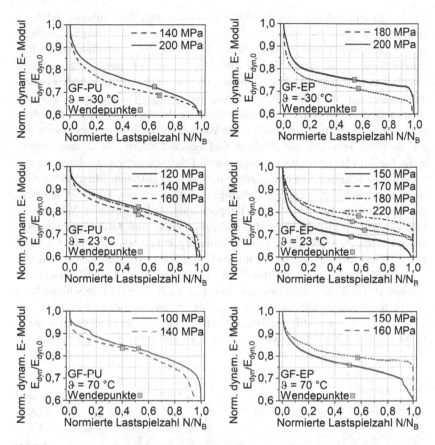

Abbildung 5.27 Steifigkeitsverläufe in Form des normierten dynamischen E-Moduls über der normierten Lebensdauer von GF-PU (nach [114]) und GF-EP unter −30, 23 und 70 °C für verschiedene Oberspannungen

die Tendenz ausgemacht werden, dass mit zunehmender Beanspruchung die Steifigkeitsreduktion geringer ausfällt. Dies stimmt mit den Erkenntnissen aus der Literatur überein [107] [116] und kann darauf zurückgeführt werden, dass mit zunehmender Beanspruchung eine geringere Schädigungsakkumulation – insbesondere hinsichtlich der Delaminationsbildung – bis zum Versagen stattfindet [100].

Der Zusammenhang von Steifigkeitsreduktion und Schädigungsgrad kann genutzt werden, um die temperaturabhängige Ausbildung der Steifigkeitsverläufe zu interpretieren. Dafür werden die in Abbildung 5.28 aufgeführten Steifigkeitsverläufe aus mehreren S-ESV für GF-PU und -EP unter einer relativen Oberspannung von je 0,55 hinzugezogen. Die Steifigkeitsverläufe bilden jeweils die durchschnittliche Kennwertentwicklung aus zu Beginn mindestens acht Versuchen ab. Dadurch wird eine vergleichbare relative Beanspruchung und eine höhere statistische Absicherung geschaffen. Die geringen Steifigkeitssprünge lassen sich auf beendete Versuche zurückführen und beeinträchtigen das Gesamtergebnis nicht. Die im oberen Abschnitt aufgeführten Erkenntnisse werden durch die statistisch abgesicherten Ergebnisse unter $\sigma_{o,r} = 0,55$ bestätigt. Mit zunehmender Temperatur findet eine geringere Steifigkeitsreduktion statt. Diese ist material-abhängig und für GF-EP auf allen Temperaturniveaus signifikanter. Wie aus der Literatur bekannt, ist die Phase I von der Initiierung und Ausbildung von 90°-und ±45°-Rissen geprägt [84] [96]. Wie die Ergebnisse aus Abschnitt 5.2.3 zeigen, ist diese Schädigungsinitiierung und -ausbildung für das GF-PU und -EP unter 23 °C sowie separat für das GF-EP unter −30, 23 und 70 °C verschieden ausgeprägt. Da diese Schädigungsmechanismen nach Tong [96] ausschlaggebend für die Steifigkeitsreduktion sind, können die unterschiedlichen Steifigkeitsverläufe von GF-PU und -EP mithilfe der Schädigungsentwicklung erklärt werden. In Abschnitt 5.2.3 und 5.2.4 wird auf diesen Zusammenhang näher eingegangen.

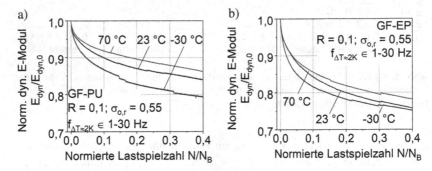

Abbildung 5.28 Temperaturabhängige Steifigkeitsverläufe in Form des normierten dynamischen E-Moduls über der Lastspielzahl in S-ESV für a) GF-PU (nach [247]) und b) GF-EP

Evaluierung des Hysteresis-Flächenschwerpunkts
Aus den vorgestellten Ergebnissen kann geschlussfolgert werden, dass die Steifigkeit als Kennwert mutmaßlich die weitreichendsten Informationen zum Ermüdungsverhalten bzw. Schädigungsgrad von GFK ermöglicht. An Verbindungssystemen des Bauwesens konnte zusätzlich der Flächenschwerpunkt der Hysteresis-Schleife als Indikator für die Abschätzung der Lebensdauer genutzt werden [240]. Dieser Kennwert ist für die Analyse der Hysteresis-Schleifen von GFK bisher unbekannt und wird in dieser Arbeit hinsichtlich des Nutzens für die Bewertung des Ermüdungsverhaltens evaluiert. Diesbezüglich wird geprüft, ob sich reproduzierbare, asymmetrische Änderungen der Hysteresis-Schleife bilden und mittels des Flächenschwerpunkts detektieren lassen, um zusätzliche Informationen zum Verformungs- und Ermüdungsverhalten ggü. den etablierten Kennwerten (Abschnitt 2.2.1) zu erlangen. Die Untersuchungen wurden beispielhaft an GF-PU und -EP durchgeführt. Der Flächenschwerpunkt wurde nach dem in Abschnitt 4.2.3 vorgestellten Verfahren auf Grundlage der Dehnungsmesswerte berechnet und hinsichtlich des absoluten und relativen Flächenschwerpunkts – als Änderung des Flächenschwerpunkts zum Referenzpunkt auf den Achsen von $\varepsilon_{m,t}$ (x) und σ_m (y) – ausgewertet.

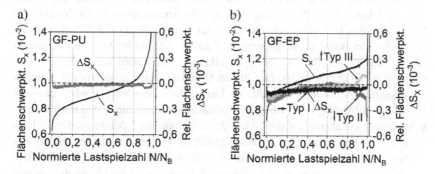

Abbildung 5.29 Absolute und relative Flächenschwerpunktentwicklung in x-Richtung während ESV an a) GF-PU und b) GF-EP

Abbildung 5.29a) zeigt die Ergebnisse des Flächenschwerpunkts in x-Richtung für einen Versuch an GF-PU. Der Flächenschwerpunkt nimmt grundsätzlich den Verlauf der totalen Mitteldehnung über der Lebensdauer an. Bei relativer Betrachtung des Flächenschwerpunkts wird dies verdeutlicht. Der Flächenschwerpunkt weist über die gesamte Lebensdauer – unter Berücksichtigung der Skalierung

– eine nur geringfügige Verschiebung zum Referenzpunkt auf Höhe der totalen Mitteldehnung auf. Bei näherer Untersuchung kann jedoch festgestellt werden, dass zu Beginn und Ende des Versuchs Verlaufsänderungen vorliegen. Diese sind mit Pfeilen markiert und weisen eine Abweichung zu negativen Totaldehnungen (in Bezug auf den Referenzpunkt) auf. Die Verlaufsänderungen werden an GF-EP in Abbildung 5.29b) anhand von drei ausgewählten Versuchen analysiert. Zu Versuchsbeginn sinken alle Verläufe zu negativen Totaldehnungen und bestätigen somit das Ergebnis an GF-PU. Daraus kann abgeleitet werden, dass die Hysteresis-Schleife zu Versuchsbeginn eine asymmetrische Form annimmt, in der die Hysteresis-Schleife auf Seiten des Belastungsastes eine deutlichere Aufweitung aufweist als auf Seiten des Entlastungsastes. Der Flächenschwerpunkt nähert sich in der Folge der totalen Mitteldehnung an. Zu Versuchsende – ab ca. 85–90 % der Lebensdauer – können drei Typen des Verlaufs erkannt werden. Bei Typ I (dunkelgrau) bleibt der Flächenschwerpunkt bis zum Versagen näherungsweise konstant. Typ II (grau) und III (hellgrau) weisen eine deutliche Änderung durch Verschiebung des Flächenschwerpunkts zu negativen oder positiven Totaldehnungen auf, sodass von einer gegenläufig asymmetrischen Hysteresis-Schleife auszugehen ist.

In Abbildung 5.30 sind, äquivalent zu den vorherigen Darstellungen, die Verläufe des absoluten und relativen Flächenschwerpunkts in y-Richtung abgebildet. Die Ergebnisse an GF-PU zeigen, dass der Flächenschwerpunkt den Verlauf des Referenzpunkts i. A. abbildet, indem dieser in y-Richtung der Mittelspannung entspricht. Bei relativer Betrachtung sind nahezu identische Verlaufsänderungen zu den Ergebnissen in x-Richtung zu erkennen. Dies wird durch die Untersuchungen an GF-EP bestätigt. Die Typen I bis III weisen qualitativ die gleichen Ausprägungen auf wie in x-Richtung. Daraus kann abgeleitet werden, dass die Hysteresis-Schleifen symmetrische Formänderungen annehmen und der Flächenschwerpunkt annähernd auf der Achse des dynamischen E-Moduls verläuft. Dies resultiert zu Versuchsbeginn in einer größeren Fläche der unteren Hälfte der Hysteresis-Schleife und zu Versuchsende – in Abhängigkeit des Typs I bis III – in einer nahezu symmetrischen Hysteresis-Schleife oder Aufweitung der unteren oder oberen Hälfte.

Ein Zusammenhang zwischen dem Typ I bis III und der einhergehenden Lebensdauer konnte im Rahmen der Versuchsreihen nicht festgestellt werden. Da ab einem Anteil von 85–90 % der Lebensdauer in jedem Fall von einem umfangreichen Schädigungsgrad ausgegangen werden muss, scheint die typspezifische Ausbildung zudem keine Information über Schädigungsmechanismen o. ä. zu ermöglichen. Aufgrund dessen wird im Folgenden auf die weitere Bezugnahme auf den Flächenschwerpunkt verzichtet und der Fokus auf die Korrelation zwischen steifigkeits- und schädigungsbezogenen Kennwerten gelegt.

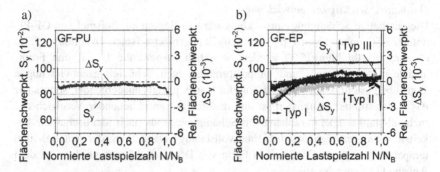

Abbildung 5.30 Absolute und relative Flächenschwerpunktentwicklung in y-Richtung während ESV an a) GF-PU und b) GF-EP

5.2.3   Schädigungsorientierte Betrachtung

Zur Erlangung eines Verständnisses über die temperaturabhängige Schädigungsentwicklung von GF-PU und -EP, wird diese zu Beginn des Kapitels unter einer i) identischen relativen und anschließend einer ii) identischen absoluten Oberspannung untersucht und verglichen.

Schädigungsorientierte Betrachtung unter identischer relativer Oberspannung

Die Untersuchungen der temperaturabhängigen Schädigungsentwicklung unter einer identischen relativen Oberspannung wurden in S-ESV nach Abschnitt 4.1 bei $\sigma_{o,r} = 0{,}55$ durchgeführt. Die relative Oberspannung führt für beide FVK und den Temperaturniveaus von $-30, 23$ und $70\ °C$ zu einer näherungsweise vergleichbaren Lebensdauer von ca. 2,5 bis $8{\cdot}10^4$ Lastspielen. Somit ist anzunehmen, dass materialübergreifende Unterschiede in der Ausprägung der Schädigungsmechanismen bzw. -entwicklung maßgeblich auf den Einfluss der Umgebungstemperatur zurückzuführen sind. Die Schädigungsentwicklung wird in einem ersten Schritt qualitativ auf Grundlage von CT-Scans untersucht und in einem anschließenden Schritt quantitativ auf Basis von Kennwerten der Defektanalyse charakterisiert. Da die S-ESV steifigkeitsorientiert unterbrochen/beendet wurden, wird zur Vereinfachung der Darstellung die Steifigkeitsreduktion (θ) wie folgt definiert:

$$\theta = 1 - \frac{E_{dyn}}{E_{dyn,0}} \tag{5.10}$$

Qualitative Schädigungsentwicklung

Die qualitative Schädigungsentwicklung wird zu Beginn am Beispiel von GF-PU unter 23 °C anhand von typischen Schädigungsmechanismen (Abbildung 5.31) erörtert. In Abbildung 5.32 werden zusätzlich ausgewählte Drauf- und Front-ansichten der material- und temperaturabhängigen Schädigungsentwicklungen gegenübergestellt. Dabei sind Fasern und Matrix jeweils ausgeblendet, sodass nur das Kontrastmittel visualisiert ist und dadurch ein anschließender Vergleich des material- und temperaturabhängigen Schädigungsgrads nach identischer Steifig-keitsreduktion ermöglicht wird. Eine vollständige Darstellung der material- und temperaturbezogenen CT-Scans in Form von Drauf- und Frontansichten ist dem Anhang D zu entnehmen.

Die Schädigungsentwicklung in GF-PU beginnt unter 23 °C mit Faser-Matrix-Ablösungen und daraus resultierend Zwischenfaserrissen in den 90°-Faserbündeln,

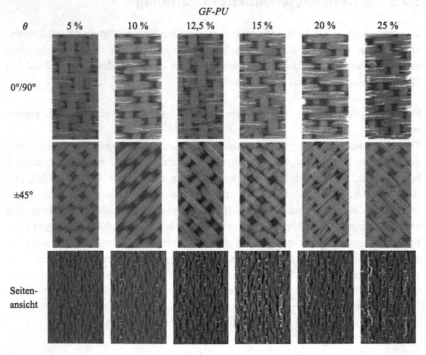

Abbildung 5.31 Schädigungsentwicklung von GF-PU in S-ESV unter 23 °C im HCF-Bereich ($\sigma_{o,r} = 0{,}55$) bei steifigkeitsorientierter Betrachtung

ausgehend von den freien Probenkanten. Teilweise sind bereits nach 5 % Steifigkeitsreduktion mehrere Zwischenfaserrisse pro Faserbündel vorhanden. Die Zwischenfaserrisse breiten sich in Richtung Probenmitte aus. Kreuzungspunkte am Übergang von 90°- zu 0°-Faserbündeln fungieren dabei als Barrikade und verhindern vorläufig die weitere Ausbreitung der Risse. Bis 10 % Steifigkeitsreduktion nimmt die Dichte an Zwischenfaserrissen in den 90°-Faserbündeln zu. Darüber hinaus sind erste Zwischenfaserrisse in den $\pm 45°$-Lagen erkennbar. Sowohl in 0°/90°- als auch $\pm 45°$-Lagen findet die Rissausbreitung fast ausschließlich nur bis zum ersten Kreuzungspunkt statt.

Bei weiterer Zunahme der Steifigkeitsreduktion bilden sich durchgängige – d. h. über die gesamte Probenbreite verlaufende – und somit über die Kreuzungspunkte hinausgehende Zwischenfaserrisse in den 90°- und $\pm 45°$-Faserbündeln aus. Teilweise findet dies durch beidseitige Rissinitiierung und deren Vereinigung in der Probenmitte statt. Häufig liegen zwei Zwischenfaserrisse pro Faserbündel vor. Zusätzlich entstehen in den 0°/90°-Lagen erstmals umfangreiche, intralaminare Delaminationen, ausgehend von Meta-Delaminationen, die mit Zwischenfaserrissen verbunden sind. Interlaminare Delaminationen sind hingegen noch nicht vorhanden. Ab 20 % Steifigkeitsreduktion sind kaum noch Kreuzungspunkte rissfrei. Oftmals sind drei parallele Zwischenfaserrisse in einem Faserbündel vorhanden. Dabei setzen sich die Zwischenfaserrisse in den 0°/90°-Lagen bis an die 0°-Faserbündel und in wenigen Fällen bis in die Matrix fort. Der späte Eintritt und geringe Umfang von Matrixrissen lässt darauf schließen, dass der Porenanteil im GF-PU keinen signifikanten Einfluss auf die Schädigungsentwicklung ausübt, bspw. in Form eines beschleunigten Fortschritts von Matrixrissen durch Risswachstum zwischen Poren (s. Vergleich zu GF-EP im weiteren Verlauf des Kapitels). Auf der anderen Seite ist ein Poreneinfluss auf die Delaminationsbildung nicht auszuschließen, da deren Bildung aus Zwischenfaserrissen und Meta-Delaminationen und das anschließende Wachstum in Richtung Probenmitte durch Poren gefördert werden kann [85].

Im weiteren Verlauf der Steifigkeitsreduktion nimmt der Umfang an intralaminaren Delaminationen zu. Zusätzlich treten im Übergangsbereich zwischen den 0°/90°- und $\pm 45°$-Lagen erstmals kleine interlaminare Delaminationen auf. Bis zur maximalen Steifigkeitsreduktion von 25 %, die untersucht wurde, – äquivalent zu einem Lebensdaueranteil von ca. 90 % – kann keine weitere Bildung von Zwischenfaserrissen festgestellt werden. Hingegen weisen in den 0°/90°-Lagen zunehmend mehr Kreuzungspunkte Meta-Delaminationen auf. Damit einhergehend findet eine Ausbreitung der intralaminaren Delaminationen in Richtung Probenmitte statt. Die intralaminaren Delaminationen sind zudem über die gesamte Messlänge durchgängig. Dagegen ist nur ein geringes Wachstum interlaminarer Delaminationen erkennbar. Der Anteil interlaminarer Delaminationen kann gegenüber dem Anteil intralaminarer Delaminationen vernachlässigt werden.

Im Folgenden werden die Unterschiede der Schädigungsentwicklung von GF-EP unter 23 °C im Vergleich zu GF-PU herausgestellt. Für eine umfangreiche graphische Darstellung der Schädigungsentwicklung in GF-EP wird auf den Anhang D (Abbildung 12.13) und für den temperaturübergreifenden Vergleich zwischen GF-PU und -EP auf Abbildung 5.32 verwiesen. Vergleichbar zu GF-PU bilden sich zu Beginn Zwischenfaserrisse, vorzugsweise in den 90°-Faserbündeln. Dabei fungieren die Kreuzungspunkte zum Großteil als Rissstopper, jedoch können bereits nach 5 % Steifigkeitsreduktion vereinzelt durchgängige Zwischenfaserrisse erkannt werden. Zudem weist GF-EP ggü. -PU bereits kurz nach Versuchsbeginn eine massive Anzahl an Matrixrissen auf, die ausgehend von 90°-Zwischenfaserrissen initiiert werden. Auch zwischen den $\pm 45°$-Faserbündeln bilden sich 90°-Matrixrisse aus. Insgesamt zeigt GF-EP dadurch ein deutlich umfangreicheres Schädigungsbild. Dieser Trend bleibt in der Folge bestehen, sodass bis 15 % Steifigkeitsreduktion eine Vielzahl an Zwischenfaserrissen gebildet wird, sowohl mehrfache, parallele, als auch durchgängige Zwischenfaserrisse innerhalb von 90°- und $\pm 45°$-Faserbündeln. Damit einhergehend nimmt die Anzahl und Länge von Matrixrissen zu. Meta-Delaminationen und umfangreiche intralaminare Delaminationen können erstmals nach 20 % Steifigkeitsreduktion – und damit etwas verzögert zu GF-PU – festgestellt werden. Die Stufe von 25 % Steifigkeitsreduktion stellt die maximal vergleichbare Steifigkeitsreduktion von GF-EP und -PU dar. Es wird deutlich, dass GF-EP eine signifikant höhere Anzahl an Zwischenfaserrissen in 90°- und $\pm 45°$-Faserbündeln aufweist, die zudem zum Großteil durchgängig sind. Demgegenüber ist der Anteil an Delaminationen bei GF-PU ausgeprägter. Bis zur maximalen Steifigkeitsreduktion (30 %) von GF-EP, die untersucht wurde, – äquivalent zu einem Lebensdauer-anteil von 87 % – nimmt der Schädigungsgrad sowohl hinsichtlich des Umfangs an Zwischenfaserrissen als auch Delaminationen zu. Letzteres wird u. a. durch Meta-Delaminationen an ca. 70 % der Kreuzungspunkte in den 0°/90°-Lagen repräsentiert.

Der Einfluss der Umgebungstemperatur auf die Schädigungsentwicklung wird stellvertretend für beide FVK am Beispiel von GF-PU unter -30, 23 und 70 °C erläutert. Dabei muss berücksichtigt werden, dass die CT-Scans von GF-PU ggü. -EP im Speziellen für die Versuche unter 70 °C eine deutlichere Änderung der Schädigungsentwicklung aufzeigen. Die grundsätzlichen Zusammenhänge von Temperatur und Schädigungsentwicklung scheinen allerdings großteils materialübergreifend zuzutreffen, sodass die verallgemeinernde Erörterung als zulässig angesehen wird.

Unter -30 °C findet direkt nach Versuchsbeginn eine Zunahme der Zwischen-faserrisse in den 90°- und $\pm 45°$-Faserbündeln statt. Dies wird insbesondere durch

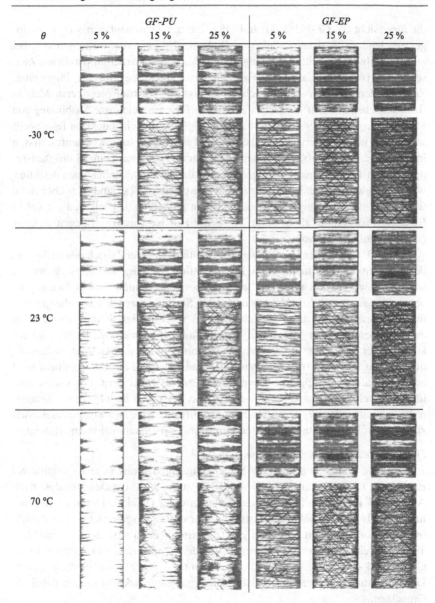

Abbildung 5.32 Übersichtsdarstellung der Schädigungsentwicklung anhand von Drauf- und Frontansichten von GF-PU und -EP in S-ESV unter −30, 23 und 70 °C im HCF-Bereich ($\sigma_{o,r} = 0{,}55$) bei steifigkeitsorientierter Betrachtung. Hinweis: Für GF-PU 70 °C wurden die unter 25 % Steifigkeitsreduktion dargestellten Abbildungen bei einer Steifigkeitsreduktion von 22,5 % ermittelt

die Draufsicht bei GF-PU deutlich, in der sich die Zwischenfaserrisse mit geringer werdender Temperatur stärker in Richtung Probenmitte ausbreiten und bei −30 °C teilweise bereits durchgängig sind. Auch die Anzahl an parallelen Zwischenfaserrissen innerhalb eines Faserbündels steigt mit geringerer Temperatur. Zudem bilden sich unter −30 °C nach 5 % Steifigkeitsreduktion bereits erste Matrixrisse, ausgehend von 90°-Zwischenfaserrissen. Eine vergleichbare Ausbildung von Matrixrissen kann unter 70 °C erst nach 22,5 % Steifigkeitsreduktion festgestellt werden. Im weiteren Verlauf nimmt die Anzahl und Länge von Zwischenfaserrissen in 90°- und ± 45°-Faserbündeln unter −30 °C stetig zu, bis nach einer Steifigkeitsreduktion von 15 % erstmals umfangreiche, intralaminare Delaminationen detektiert werden können, die sich in der Folge weiter ausbreiten. Diese sind zwar über einen weiten Teil der Messlänge vorhanden, reichen jedoch tendenziell weniger tief in Richtung Probenmitte als es unter 23 °C der Fall ist. Zusätzlich liegen weniger Meta-Delaminationen vor.

Unter 70 °C entstehen bis zum Versagen deutlich weniger Zwischenfaserrisse. In den CT-Scans der maximalen Steifigkeitsreduktion (22,5 %), die untersucht wurde, können nur wenige durchgängige Zwischenfaserrisse ermittelt werden. Demgegenüber bilden sich unter 70 °C bereits nach 10 % Steifigkeitsreduktion umfangreiche, intralaminare Delaminationen. Diese nehmen mit weiterer Steifigkeitsreduktion zu und gehen mit einer Vielzahl an Meta-Delaminationen einher. Darüber hinaus können unter 70 °C kurz vor Versagen erstmals ausgeprägte interlaminare Delaminationen (zwischen zwei 0°/90°-Lagen) festgestellt werden. Zusammengefasst wird aus den qualitativen Schädigungsentwicklungen auf Basis der CT-Scans für eine identische relative Oberspannung deutlich, dass nach einer definierten Steifigkeitsreduktion mit niedrigerer Temperatur die Anzahl und Länge an Zwischenfaserrissen zunimmt, wohingegen unter erhöhter Temperatur der Delaminationsanteil steigt.

Quantitative Schädigungsentwicklung
Es folgt eine Charakterisierung der Schädigungsentwicklung anhand quantitativer Ergebnisse. Dazu wird am Beispiel von GF-EP unter 23 °C die Defektanalyse nach Abschnitt 4.4.3 durchgeführt und die Kennwerte der Defektdichte, des Defektvolumenanteils und -verhältnisses lastspielzahlorientiert ausgewertet und zusätzlich in Bezug zur Steifigkeitsreduktion gesetzt. Anschließend wird der Material- und Temperatureinfluss durch Gegenüberstellung der Kennwerte der Defektanalyse für GF-EP und -PU sowie separat für GF-EP unter −30, 23 und 70 °C bewertet. Die Erkenntnisse aus der qualitativen Schädigungsentwicklung dienen dabei als Grundlage.

In Abbildung 5.33 ist die Defektanalyse für GF-EP unter 23 °C über der normierten Lastspielzahl dargestellt. Die Defektdichte zeigt zu Versuchsbeginn einen starken Anstieg, der bereits nach ca. 10 % der Lebensdauer in ein Sättigungsverhalten übergeht und zwischen 20 und 40 % der Lebensdauer ein Maximum annimmt. Dieses Sättigungsverhalten stimmt mit den Erkenntnissen aus der Literatur überein [10] [89] [203] [218]. Dabei tendiert die Defektdichte (bzw. Defektanzahl) in der Literatur im weiteren Verlauf der Lebensdauer mit stetigem Anstieg zu einem konstanten Wert, in Abbildung 5.33 schematisch durch eine Punkt-Linie dargestellt. In dieser Arbeit wird hingegen abweichend zur Literatur eine stetige Reduktion der Defektdichte nach ca. 40 % der Lebensdauer bis zum Versagen festgestellt. Die Divergenz zur Literatur wird im späteren Verlauf des Kapitels näher erörtert.

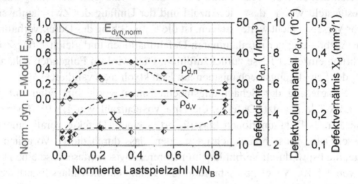

Abbildung 5.33 Kennwertverläufe der Schädigungsentwicklung über der normierten Lebensdauer am Beispiel eines S-ESV an GF-EP unter 23 °C im HCF-Bereich ($\sigma_{o,r} = 0{,}55$)

Der Defektvolumenanteil zeigt zu Versuchsbeginn ein ähnliches Sättigungsverhalten wie die Defektdichte. Allerdings steigt der Defektvolumenanteil stetig über die gesamte Lebensdauer und tendiert vor Versagen zu einem Anteil von ca. 6 %. Diese Entwicklung kann mit einer Potenzfunktion beschrieben werden. Die Entwicklung des Kennwerts entspricht somit dem bekannten Verlauf der normierten, durchschnittlichen Risslänge in quasi-isotropem FVK [51]. Daraus kann abgeleitet werden, dass das Defektvolumen unter dreidimensionaler Betrachtung die Erkenntnisse aus der Literatur – die unter zweidimensionaler Betrachtung gewonnen wurden – i. A. bestätigt.

Das Defektverhältnis stellt als Quotient aus Defektvolumenanteil und Defektdichte einen Kennwert der Defektanalyse dar, der in dieser Arbeit – nach Kenntnisstand des Autors – erstmals eingeführt wird. Das Defektverhältnis weist zu

Versuchsbeginn einen geringen Anstieg auf. Das bedeutet, dass die durchschnittliche Defektgröße zunimmt. Mit Bezug zu der qualitativen Schädigungsentwicklung spiegelt dies u. a. die Ausbreitung der Zwischenfaserrisse in Richtung Probenmitte wider. Im weiteren Verlauf bildet sich eine näherungsweise stationäre Phase aus, bis es nach ca. 60 % der Lebensdauer zu einem erneuten Anstieg kommt, der mittels einer Exponentialfunktion beschrieben wird. Letzteres beruht auf der Erkenntnis hinsichtlich der materialspezifischen Entwicklung des Defektverhältnisses unter variierender Temperatur (Abbildung 5.37c), die im späteren Verlauf des Kapitels näher erläutert und hier vorweg als gegeben angenommen wird. Der exponentielle Anstieg zu Versuchsende weist somit auf eine zunehmende Entwicklung der durchschnittlichen Defektgröße hin. Da in der qualitativen Schädigungsentwicklung festgestellt wurde, dass die Anzahl und der Umfang der Zwischenfaserrisse kurz vor Versagen nicht weiter steigen, ist die Entwicklung des Defektverhältnisses auf die Ausbreitung der intralaminaren Delaminationen und gleichzeitige Zusammenführung einzelner Risse zurückzuführen. Dies wird im Folgenden anhand der Anteile der Schädigungsmechanismen am Defektvolumen validiert.

Zur Separierung der Schädigungsmechanismen wurde ein Filter auf Basis der Defektgröße genutzt. Defekte, die eine Voxelanzahl von $1{,}5 \cdot 10^5$ überschreiten, werden als Delaminationen klassifiziert, kleinere Defekte verallgemeinernd als Risse. Dabei muss berücksichtigt werden, dass durch dieses Vorgehen auch Defekte, die bspw. durch Verbindungen mehrerer Zwischenfaserrisse eine Defektgröße von $1{,}5 \cdot 10^5$ Voxel überschreiten, als Delaminationen klassifiziert werden. Diese Problematik wird für die anschließenden Erläuterungen vorerst vernachlässigt und im späteren Verlauf des Kapitels erneut aufgegriffen. Die relativen Anteile des Delaminations- und Rissvolumens am gesamten Defektvolumen sind in Abbildung 5.34 dargestellt.

Auf Grundlage der Filterung bilden sich zu Versuchsbeginn ausschließlich Risse. Bereits nach weniger als 10 % der Lebensdauer können zusätzlich Delaminationen detektiert werden. In der Folge findet eine deutliche Zunahme des Delaminationsanteils statt, die nach ca. 20 % der Lebensdauer in eine stationäre Phase übergeht. Eine vergleichbare Entwicklung von Delaminationen konnte auch durch Carraro und Quaresimin [88] an cross-ply GF-EP bis ca. 50 % der Lebensdauer festgestellt werden. Aufgrund dessen wird das Vorgehen mittels Filterung für eine Abschätzung des Delaminationsanteils als geeignet angesehen, obwohl die Delaminationsbildung bei quantitativer Betrachtung etwas früher beginnt, als es bei Betrachtung der qualitativen Schädigungsentwicklung ersichtlich ist (s. o. und Abbildung 12.13).

Im weiteren Verlauf der Schädigungsentwicklung findet eine erneute Zunahme des Delaminationsanteils statt. Diese Erkenntnis grenzt sich von Carraro und Quaresimin [88] ab, die ihre Untersuchungen zum Delaminationsanteil bis maximal 75 %

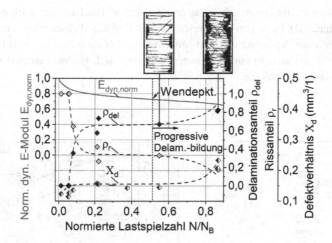

Abbildung 5.34 Schädigungsentwicklung unter Betrachtung des Riss- und Delaminationsanteils am Beispiel eines S-ESV an GF-EP unter 23 °C im HCF-Bereich ($\sigma_{o,r} = 0,55$)

der Lebensdauer durchgeführt haben und bis dahin ausschließlich ein Sättigungsverhalten erkennen konnten. Dabei wird ein potenzieller Vorteil der dreidimensionalen ggü. der zweidimensionalen Kennwertermittlung ersichtlich, indem u. a. in Dickenrichtung überlagerte Defekte mit in situ CT ermittelt und ausgewertet werden können. Um die erneute Zunahme des Delaminationsanteils von der Delaminationsinitiierung zwischen 8 und 20 % der Lebensdauer abgrenzen zu können – und da die erneute Zunahme auf einem höheren Niveau des gesamten Defektvolumens stattfindet – wird diese im Folgenden als progressive Delaminationsbildung bezeichnet. Die progressive Delaminationsbildung spiegelt sich in dem exponentiellen Anstieg des Defektverhältnisses wider und steht in direktem Zusammenhang mit der Reduktion der Defektdichte aus Abbildung 5.33. Wie bereits durch Cormier et al. [28] erkannt, kommt es durch die Delaminationsbildung zu einem Zusammenschluss von Zwischenfaserrissen und dadurch zu einer Reduktion der Defektanzahl bzw. -dichte. Die Defektdichte kann bei dreidimensionaler Betrachtung mittels in situ CT somit indirekt zur Abschätzung des Delaminationsanteils und -fortschritts genutzt werden.

Aus Abbildung 5.34 ist zusätzlich ersichtlich, dass die progressive Delaminationsbildung mit einem Wendepunkt der Steifigkeitsreduktion einhergeht. Von daher sind Delaminationen voraussichtlich hauptverantwortlich für die progressive

Steifigkeitsreduktion im Anschluss an den Wendepunkt und das darauffolgende Versagen (Phase III). In diesem Zusammenhang ist die Steifigkeitsreduktion in Phase I maßgeblich auf die Initiierung und -ausweitung von Zwischenrissen in den 90°- und ±45°-Faserbündeln zurückzuführen und zeigt sich in Form eines deutlichen Anstiegs der Defektdichte.

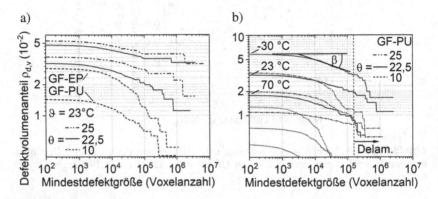

Abbildung 5.35 Defektvolumenanteil in Abhängigkeit der Voxelanzahl pro Defekt vergleichend nach verschiedenen Steifigkeitsreduktionen für a) GF-PU und -EP unter 23 °C und b) GF-PU unter −30, 23 und 70 °C

Der material- und temperaturspezifische Anteil der verschiedenen Schädigungsmechanismen am Defektvolumen wird im Folgenden näher analysiert. Abbildung 5.35 zeigt den Defektvolumenanteil über der Mindestdefektgröße, angegeben als Voxelanzahl. Das bedeutet, dass Defekte, die kleiner als die jeweilige Voxelanzahl sind, nicht in dem Defektvolumenanteil berücksichtigt werden. Dadurch wird eine visuelle Einschätzung der Defektgrößenverteilung und deren Anteile am Defektvolumen ermöglicht. Die doppellogarithmische Darstellung der Graphen realisiert eine relative Vergleichbarkeit der material-, steifigkeits- und temperaturabhängigen Verläufe. So wird durch den Winkel β – unabhängig von dem absoluten Defektvolumenanteil – die relative Reduktion des Defektvolumenanteils über der Voxelanzahl repräsentiert. Mit zunehmendem Winkel nimmt der Anteil großer Defekte – bspw. Delaminationen ab $1,5 \cdot 10^5$ Voxel – gleichermaßen ab.

In Abbildung 5.35a) ist ein Vergleich des Defektvolumenanteils über der Voxelanzahl für GF-PU und -EP unter 23 °C nach 10, 22,5 und 25 % Steifigkeitsreduktion dargestellt. Es zeigt sich für alle Steifigkeitsreduktionen, dass das Defektvolumen von GF-PU stets geringer ist als das von GF-EP. Dies stimmt mit den Erkenntnissen aus den Untersuchungen der qualitativen Schädigungsentwicklungen überein. Nach geringer (10 %) Steifigkeitsreduktion ist der Winkel β von GF-EP deutlich größer als von GF-PU. Dies weist auf das ausgeprägte Rissnetzwerk mit einer Vielzahl kurzer Zwischenfaser- und Matrixrisse in GF-EP hin. Mit zunehmender Steifigkeitsreduktion wird der Winkel β geringer, sodass sich die Kurven einer Horizontalen annähern. Dies verdeutlicht, wie bereits in den vorherigen Abschnitten festgestellt, das Wachstum der Defekte und insbesondere die Ausbildung von Delaminationen. Die Kurven von GF-PU und -EP gleichen sich dabei mit fortschreitender Steifigkeitsreduktion an, sodass bei 25 % Steifigkeitsreduktion ein nahezu identischer Anteil an großen Defekten und Delaminationen für GF-PU und -EP vorliegt. Zudem nimmt die relative Differenz des Defektvolumenanteils mit zunehmender Steifigkeitsreduktion ab. Die Kurven nähern sich somit sowohl hinsichtlich Lage ($\rho_{d,v}$) als auch Form (β) an. Letzteres muss hinterfragt werden. Aus den Untersuchungen zur qualitativen Schädigungsentwicklung folgt, dass der Delaminationsanteil in GF-PU augenscheinlich größer ist als in GF-EP, das wiederum ein umfangreicheres Rissnetzwerk aufweist. Dies kann auf Grundlage der vorliegenden quantitativen Defektanalyse – aufgrund der fast identischen Ausprägung des Defektvolumenanteils über der Voxelanzahl von GF-PU und -EP bei einer Steifigkeitsreduktion von 25 % – nicht erkannt werden. Dies resultiert aus der Bildung scheinbar großer Defekte infolge von Risszusammenschließungen und wird im Anschluss an den folgenden Abschnitt erläutert.

Zur Untersuchung des Temperatureinflusses auf die Defektgrößenverteilung und deren Anteile am Defektvolumen sind in Abbildung 5.35b) die Verläufe für GF-PU unter -30, 23 und 70 °C nach 5, 15 und 22,5 % Steifigkeitsreduktion dargestellt. Temperaturunabhängig steigt der Defektvolumenanteil mit fortschreitender Steifigkeitsreduktion. Unter niedrigerer Temperatur ist der Defektvolumenanteil – übereinstimmend mit den Erkenntnissen aus den Untersuchungen zur qualitativen Schädigungsentwicklung – am größten. Je geringer die Steifigkeitsreduktion ist, desto größer sind die Differenzen im temperaturabhängigen Winkel β. Mit sinkender Temperatur ist der Winkel deutlicher ausgeprägt, was durch das umfangreichere Rissnetzwerk mit vorwiegend kurzen Zwischenfaser- und Matrixrissen zu erklären ist. Mit zunehmender Steifigkeitsreduktion gleichen sich die temperaturabhängigen Kurven an, was auf eine vergleichbare Defektgrößenverteilung schließen ließe. Aus den qualitativen Ergebnissen ist hingegen bekannt, dass der Anteil an Delaminationen unter erhöhter Temperatur steigt. Die Divergenz zwischen der qualitativen und quantitativen Analyse entspricht im Kern dem bereits im vorherigen Abschnitt festgestellten Unterschied bei Vergleich der Kurven von GF-PU und -EP.

Abbildung 5.36 visualisiert die Problematik in der voxelanzahlbasierten Separierung von Schädigungsmechanismen. Am Beispiel von GF-PU zeigt die erste

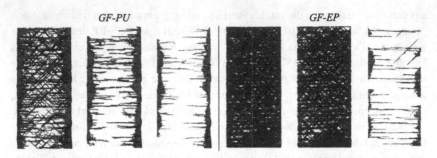

Abbildung 5.36 Vergleich des Schädigungsgrads an GF-PU und -EP unter 23 °C nach 20 % Steifigkeitsreduktion. Von links nach rechts: Vollständig, nach Filterung mit $1,5 \cdot 10^5$ Voxel und nach manueller Separierung aller nicht mit Delaminationen verbundener Defekte

Abbildung den gesamten Defektvolumenanteil eines 3D CT Volumens nach einer Steifigkeitsreduktion von 20 %. Mittig dargestellt ist dasselbe 3D CT Volumen im Anschluss an die Filterung nach der Defektgröße mit einer Voxelanzahl von $1,5 \cdot 10^5$. In der letzten Abbildung ist das 3D CT Volumen nach der angegebenen Filterung sowie einer manuellen Separierung von Defekten, die nicht mit Delaminationen verbunden sind, aufgeführt. Der Unterschied zwischen der softwarebasierten Filterung und zusätzlichen, manuellen Separierung ist direkt ersichtlich. Für GF-EP ist die Differenz zwischen den Vorgehensweisen noch deutlicher ausgeprägt. Trotz softwarebasierter Filterung wird eine Vielzahl an Zwischenfaserrissen sowohl in 90°- als auch $\pm 45°$-Faserbündeln weiterhin abgebildet. Dies folgt aus der voxelanzahlbasierten Vorgehensweise zur Filterung. Die abgebildeten Zwischenfaserrisse stehen teilweise untereinander in Kontakt, sodass die Gesamtgröße der verbundenen Defekte den Grenzwert von $1,5 \cdot 10^5$ Voxel überschreitet und daher eine Filterung des Defekts ausbleibt. Daraus resultiert, dass der Delaminationsanteil – insbesondere unter hohen Defektvolumenanteilen und damit einhergehend nach umfangreichen Steifigkeitsreduktionen – überschätzt wird. Die ermittelten Divergenzen zwischen dem Verhältnis der Delaminationsanteile von GF-PU und -EP aus den qualitativen und quantitativen Untersuchungen lassen sich somit durch den höheren Defektvolumenanteil von GF-EP erklären, durch den ein größerer Anteil fehlerhaft detektierter Defekte infolge deren Verbindung quantitativ erfasst wird. Der gleiche Zusammenhang gilt bei GF-PU für die temperaturabhängigen Ergebnisse unter niedriger Temperatur, in denen aufgrund des umfangreicheren Defektvolumens eine Vielzahl an Defekten untereinander verbunden sind. Es kann davon ausgegangen werden, dass bei idealer Filterung der Defekte nach deren spezifischer Größe, der Delaminationsanteil in GF-PU deutlich höher als in GF-EP ist sowie materialabhängig mit steigender Temperatur zunimmt.

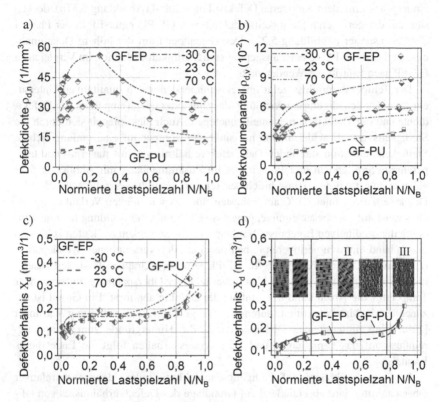

Abbildung 5.37   Entwicklung von a) Defektdichte, b) Defektvolumenanteil und c) Defektverhältnis über der normierten Lastspielzahl in S-ESV im HCF-Bereich ($\sigma_{o,r} = 0{,}55$) für GF-PU und -EP unter 23 °C und zusätzlich für GF-EP unter −30 und 70 °C. d) Gegenüberstellung des Defektverhältnisses von GF-PU und -EP unter 23 °C

   In Abbildung 5.37 ist eine Gegenüberstellung der Kennwertverläufe aus der quantitativen Defektanalyse für GF-EP unter −30, 23 und 70 °C sowie für GF-PU unter 23 °C aufgeführt. Die Defektdichte (Abbildung 5.37a) steigt für GF-EP zu Versuchsbeginn temperaturabhängig deutlich, bis sich ein Sättigungsverhalten und ein anschließender Maximalwert einstellen. In der Folge sinkt die Defektdichte aufgrund des Zusammenschlusses von Defekten. Für GF-PU ist die Defektdichte deutlich geringer und zeigt keine Reduktion, was darauf zurückgeführt werden kann, dass durch die geringere Defektdichte insbesondere die Zwischenfaserrisse vereinzelt und somit voneinander getrennt verbleiben. Die geringere Defektdichte, einhergehend mit dem geringeren Defektvolumenanteil (Abbildung 5.37b), decken sich mit der geringeren Steifigkeitsreduktion von GF-PU ggü. -EP in der Phase I der Lebensdauer (Abbildung 5.27). Demgegenüber führt der höhere Delaminationsanteil von GF-PU zu einer ausgeprägteren Steifigkeitsreduktion im Vergleich zu GF-EP nach Eintritt des Wendepunkts.

Der Temperatureinfluss zeigt übereinstimmend mit den qualitativen Untersuchungen der Schädigungsentwicklung, dass mit sinkender Temperatur die Defektdichte und der Defektvolumenanteil zunehmen. Auch dies spiegelt sich durch die Steifigkeitsverläufe wider, indem mit sinkender Temperatur eine umfangreichere Steifigkeitsreduktion stattfindet. Das Defektverhältnis verläuft material- und temperaturübergreifend in drei Phasen, die im Zusammenhang mit Abbildung 5.33 näher erläutert wurden. Hinsichtlich des Temperatureinflusses zeigt sich, dass das Defektverhältnis unter 70 °C am frühesten einen exponentiellen Verlauf annimmt. Dies weist auf eine beschleunigte, progressive Delaminationsbildung hin und wird durch die qualitativen Ergebnisse bestätigt. In den Steifigkeitsverläufen zeigt sich dies anhand eines zu geringeren Lebensdaueranteilen verschobenen Wendepunkts (Abbildung 5.27), insbesondere für GF-PU. Aus den Graphen lässt sich zusammenfassend schließen, dass bei identischer relativer Oberspannung mit steigender Temperatur die Anzahl und der Umfang der Defekte abnimmt. Ein Grund ist die zunehmende Matrixduktilität, durch die eine geringere Rissinitiierung stattfindet [119]. Eine umfangreiche Diskussion über die Hintergründe zum Temperatureinfluss auf das Ermüdungs- und Schädigungsverhalten folgt am Ende dieses Kapitels.

Die materialabhängige Schädigungsentwicklung unter identischer relativer Oberspannung wird abschließend auf Grundlage des Defektverhältnisses von GF-PU und -EP unter 23 °C zusammengefasst (Abbildung 5.37d). Das Defektverhältnis steigt zu Beginn der Lebensdauer in Phase I leicht an, hervorgerufen durch die von Faser-Matrix-Ablösungen ausgehende Initiierung und -ausweitung von Zwischenfaserrissen in 90°- und ±45°-Faserbündeln. Die anschließende Phase 2 weist ein nahezu konstantes Defektverhältnis auf. Der Eintritt der stationären Phase II geht dabei mit dem Erreichen der maximalen Defektdichte einher und repräsentiert nach Reifsnider [91] den „characteristic damage state" (CDS). Das Defektverhältnis liegt in der Phase II für GF-PU auf einem höheren Niveau als für GF-EP, was auf die geringere Defektdichte und die Neigung zur beschleunigten Delaminationsbildung – einhergehend mit einer größeren durchschnittlichen Defektgröße

– zurückzuführen ist. Während der Phase II geht die Kennwertentwicklung in einen exponentiellen Verlauf über, der ab Phase III maßgeblich durch die fortschreitende intralaminare Delaminationsbildung, ausgehend von Meta-Delaminationen, bestimmt wird. Insgesamt stellt das Defektverhältnis dadurch näherungsweise einen zur Steifigkeitsentwicklung gespiegelten Verlauf dar.

Schädigungsorientierte Betrachtung unter identischer absoluter Oberspannung

Im vorherigen Kapitel wurde der Einfluss der Umgebungstemperatur auf das Schädigungsverhalten unter identischer relativer Beanspruchung betrachtet. Der Einfluss der Umgebungstemperatur unter identischer absoluter Beanspruchung wurde in den Abschnitt 5.2.1 und 5.2.2 im Hinblick auf das Ermüdungsverhalten untersucht und wird im Folgenden um den Aspekt des Schädigungsverhaltens erweitert. Dazu wurden S-MSV nach Abschnitt 4.1 durchgeführt, mit denen mit vergleichsweise geringem Aufwand ein umfassender Einblick in die Spezifika der temperaturabhängigen Schädigungsentwicklung ermöglicht werden kann.

Qualitative Schädigungsentwicklung

In Abbildung 5.38 sind die Drauf- und Frontansichten von GF-PU und -EP nach verschiedenen Stufen der Oberspannung unter −30, 23 und 70 °C dargestellt. Die vollständigen Abbildungen zur qualitativen Schädigungsentwicklung in S-MSV sind dem Anhang D (Abbildung 12.16 und Abbildung 12.17) zu entnehmen. Material- und temperaturübergreifend zeigt sich, dass durch die stufenweise Steigerung der Oberspannung ggü. der einstufigen Beanspruchung mit $\sigma_{o,r} = 0{,}55$ die sequenzielle Initiierung der Schädigungsmechanismen veranschaulicht wird. Sowohl in GF-PU als auch -EP entstehen in den Stufen $\sigma_o = 60$ MPa bis einschließlich $\sigma_o = 100$ MPa fast ausschließlich Zwischenfaserrisse in den 90°-Faserbündeln. Erst unter weiterer Zunahme der Oberspannung treten Zwischenfaserrisse in den ±45°-Faserbündeln auf. Dabei wird für die Rissentwicklung in den 90°-Faserbündeln ein Sättigungsverhalten ersichtlich, dass sich in den ±45°-Faserbündeln nicht einstellt. Diese Ergebnisse stehen in guter Übereinstimmung mit der Literatur [91] [96]. Im weiteren Verlauf der S-MSV bilden sich Delaminationen, deren Anteil am Defektvolumen über den Stufen der Oberspannung zunimmt. Die Untersuchungen belegen, dass GF-PU und -EP auch bei einem hohen Schädigungsgrad weiterhin beständig gegen Versagen sind. Diesbezüglich weist GF-PU ggü. -EP bis zur letzten Stufe vor Versagen ein geringeres Rissnetzwerk, aber eine beschleunigte Delaminationsbildung auf, was die Erkenntnisse aus den Untersuchungen der qualitativen Schädigungsentwicklung in S-ESV bestätigt.

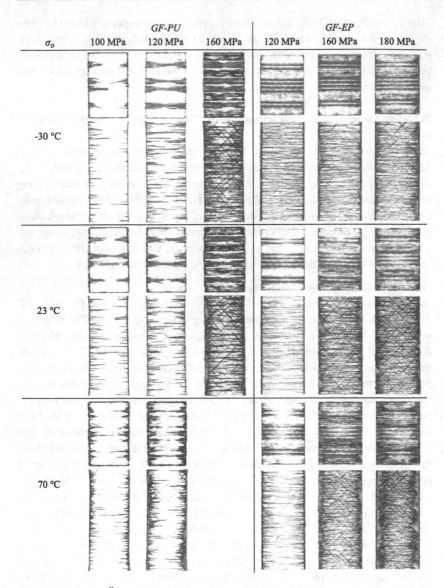

Abbildung 5.38 Übersichtsdarstellung der Schädigungsentwicklung anhand von Drauf-
und Frontansichten von GF-PU und -EP in S-MSV unter −30, 23 und 70 °C bei stufenorientierter Betrachtung. Hinweis: Die S-MSV wurden an GF-PU mit Proben mit einer Breite von
2,5 mm durchgeführt

Die verschieden ausgeprägte Schädigungsentwicklung von GF-PU und -EP verdeutlicht, dass eine materialübergreifende Zustandsbewertung auf Grundlage des visuellen Schädigungsgrads nicht möglich ist. Trotz der über einen weiten Teil der S-MSV geringeren Schädigungsausbreitung in GF-PU findet das Versagen im Vergleich zu GF-EP stets auf kleineren Stufen der Oberspannung – einhergehend mit einer geringeren Lastspielzahl – statt. Nähere Informationen zum Ermüdungsverhalten von GF-PU und -EP in MSV werden im Anhang E aufgeführt. Aus den Untersuchungen folgt, dass zur Bewertung des Probenzustands materialspezifische Grenzwerte der Defektanalyse festgelegt werden müssen.

Quantitative Schädigungsentwicklung
Zusätzlich zu den materialspezifischen Eigenschaften werden durch die S-MSV die Temperatureinflüsse auf das Ermüdungs- und Schädigungsverhalten ersichtlich. Dazu werden am Beispiel von GF-EP quantitative Auswertungen des Defektvolumenanteils und des Defektverhältnisses hinzugezogen. Es zeigt sich, dass bis zu einer Stufe von $\sigma_o = 100$ MPa der Defektvolumenanteil und das Defektverhältnis für die verschiedenen Temperaturen nahezu identisch sind. Das bedeutet, dass unabhängig von der Temperatur unter niedriger Beanspruchung eine vergleichbare Schädigungsinitiierung stattfindet. Erst bei weiterer Zunahme der Oberspannung bilden sich unterschiedliche Schädigungsentwicklungen aus. Die Verläufe des Defektvolumenanteils und Defektverhältnisses können mit exponentiellen Funktionen beschrieben werden und weisen mit steigender Temperatur eine zunehmend beschleunigte Entwicklung auf. Diese Erkenntnis kann durch die qualitativen Schädigungsentwicklungen bestätigt werden (Abbildung 12.17). Auf Grundlage des Defektverhältnisses wird somit festgehalten, dass zu höheren Stufen der Oberspannung die durchschnittliche Defektgröße und der Anteil an Delaminationen exponentiell steigt. Eine höhere Temperatur führt dabei insbesondere zu einer beschleunigten Delaminationsbildung, wodurch schlussendlich die Leistungsfähigkeit bzw. Ermüdungsfestigkeit des FVK reduziert wird.

Die quantitativen Ergebnisse können indirekt zur Bewertung des beanspruchungsabhängigen Temperatureinflusses genutzt werden. Die mit steigender Oberspannung zunehmende Divergenz des temperaturabhängigen Defektvolumenanteils und Defektverhältnisses repräsentiert die gleichen Zusammenhänge, wie sie auch bei lebensdauerorientierter Betrachtung des Temperatureinflusses (Abbildung 5.20) und der darauf basierenden Berechnung des Temperatureinflusses (Abbildung 5.24) festgestellt wurden, in der sich mit niedrigerer Beanspruchung die temperaturabhängige Ermüdungsfestigkeit annähert. Daraus wird abgeleitet, dass der Temperatureinfluss mit niedrigerer Beanspruchung weniger relevant wird. Mittels der S-MSV

können somit umfangreiche Einblicke in das material- und temperaturabhängige
Ermüdungs- und Schädigungsverhalten gewonnen werden.

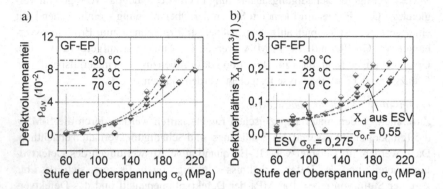

Abbildung 5.39 Entwicklung von a) Defektvolumenanteil und b) Defektverhältnis in S-MSV über der stufenspezifischen Oberspannung für GF-EP unter −30, 23 und 70 °C

Basierend darauf ermöglichen diese Erkenntnisse zukünftig eine weiterführende
Abschätzung der beanspruchungsabhängigen Schädigungsentwicklung. In diesem
Kontext sind in Abbildung 5.39 die Defektverhältnisse aus der stationären Phase
in S-ESV unter $\sigma_{o,r} = 0{,}55$ und 0,275 (siehe Abschnitt 5.3.4) aufgeführt. Das
Defektverhältnis von GF-EP unter 23 °C bei $\sigma_{o,r} = 0{,}55$ entspricht mit hoher Über-
einstimmung dem aus S-MSV approximierten Defektverhältnis, wohingegen für
$\sigma_{o,r} = 0{,}275$ das Defektverhältnis auf Grundlage von S-MSV unterschätzt wird.
Dies lässt sich darauf zurückführen, dass die S-MSV mit einer gleichbleibenden
Anzahl von 10^4 Lastspielen pro Stufe durchgeführt wurden. Im LCF- bis HCF-
Bereich (bspw. $\sigma_{o,r} = 0{,}55$) stellt sich mit dieser Anzahl an Lastspielen im S-MSV
innerhalb einer Stufe näherungsweise die stationäre Phase des Defektverhältnisses ein, die auch in einem S-ESV ermittelt wird. Im VHCF-Bereich (bspw. $\sigma_{o,r} =$
0,275) wird die stationäre Phase des Defektverhältnisses jedoch erst nach einer
signifikant höheren Lastspielzahl erreicht, weshalb auf Grundlage des S-MSV das
Defektverhältnis unterschätzt wird. Einen Optimierungsansatz für S-MSV würden
beanspruchungsabhängige Anpassungen der stufenspezifischen Lastspielzahl darstellen, bspw. zur Realisierung einer konstanten induzierten Energie pro Stufe, um
eine Bewertung des Ermüdungsverhaltens und eine Lebensdauerabschätzung auf
Basis der Schädigungsentwicklung in S-MSV zu ermöglichen.

Zusammenfassende Erläuterung zum temperaturabhängigen Ermüdungs- und Schädigungsverhalten

In den Abschnitten 5.2.1 und 5.2.2 wurde das temperaturabhängige Ermüdungsverhalten von GF-PU und -EP charakterisiert und in diesem Kapitel um das temperaturabhängige Schädigungsverhalten unter identischer relativer sowie absoluter Beanspruchung ergänzt. Aus den Untersuchungen können folgende Schlussfolgerungen gezogen werden:

- Die Ermüdungsfestigkeit sinkt mit steigender Temperatur.
- Die Differenz der temperaturabhängigen Ermüdungsfestigkeit nimmt mit geringerer Beanspruchung ab.
- Die grundsätzliche Schädigungsentwicklung ist temperaturübergreifend vergleichbar und setzt sich maßgeblich aus Zwischenfaserrissen in 90°- und ±45°-Faserbündeln, ausgehend von Faser-Matrix-Ablösungen, und Meta- sowie intralaminaren Delaminationen zusammen.
- Unter identischer relativer Beanspruchung nimmt mit geringerer Temperatur das Rissnetzwerk und mit steigender Temperatur der Delaminationsanteil zu.
- Unter identischer absoluter Beanspruchung wird mit steigender Temperatur die Delaminationsbildung beschleunigt.
- Unter identischer relativer und absoluter Beanspruchung weist GF-PU ggü. -EP temperaturübergreifend einen größeren Delaminationsanteil am Defektvolumen auf.
- Die Delaminationsbildung wird durch eine Steigerung des neu eingeführten Kennwerts des Defektverhältnisses repräsentiert.

Aus den Untersuchungen geht somit hervor, dass insbesondere die Delaminationsbildung für die Ermüdungseigenschaften maßgeblich und – neben den in Abschnitt 5.2.1 erläuterten Zusammenhängen – ein Erklärungsansatz für die verschiedenen Ermüdungsfestigkeiten von GF-PU und -EP ist. Die beschleunigte Delaminationsbildung in GF-PU lässt sich u. a. durch den erhöhten Porenanteil [85] und die geringere Steifigkeit ggü. GF-EP (Abbildung 12.19) begründen. Infolge der größeren Verformung findet bei GF-PU nach Eintritt von Zwischenfaserrissen (im Speziellen in den 90°-Faserbündeln) eine größere Rissöffnung statt. Diese führt zu einer höheren Spannungskonzentration an der Rissspitze und resultiert dadurch nach Talreja und Singh [58] in einer höheren Beanspruchung der angrenzenden, lasttragenden Fasern in 0°-Lagen und nach Hosoi et al. [60] und Ogihara et al. [95] in einer beschleunigten Meta- und intralaminaren Delaminationsbildung.

Beide Effekte bewirken eine Degradation der Ermüdungseigenschaften und damit einhergehend eine niedrigere Ermüdungsfestigkeit von GF-PU ggü. -EP.

Als hauptverantwortlich für den Temperatureinfluss auf die Ermüdungseigenschaften zeigt sich die Matrixduktilität. Infolge der zunehmenden Matrixduktilität bei steigender Temperatur werden lokale Spannungserhöhungen abgebaut und die Rissinitiierung reduziert [83]. Letzteres wird nach Flore et al. [134] zudem durch den Faservolumengehalt und die Differenz der Poissonzahlen von Glasfasern und Matrix beeinflusst, sodass durch Variation der Temperatur – in Abhängigkeit des Faservolumengehalts – Zug- oder Druckspannungen in der Grenzschicht zwischen Glasfasern und Matrix entstehen. Das umfangreichere Rissnetzwerk unter niedriger Temperatur lässt sich somit u. a. auf die geringere Matrixduktilität und voraussichtlich eine sich bildende Zugspannung in der Grenzschicht zwischen Glasfasern und Matrix zurückführen. Trotz geringerer Rissdichte sinkt mit zunehmender Temperatur die Ermüdungsfestigkeit. Dies ist durch die zunehmende Matrixduktilität zu erklären, die infolge der höheren Temperatur zu einer größeren Rissöffnung führt und in den im vorherigen Abschnitt erläuterten Mechanismen – insbesondere der beschleunigten Delaminationsbildung – resultiert. Dies korreliert mit der in quasistatischen Untersuchungen unter steigender Temperatur festgestellten Reduktion der scheinbaren interlaminaren Scherfestigkeit (ILSS). Vergleichbare Ergebnisse hinsichtlich der Degradation von Grenzschichteigenschaften werden auch in der Literatur ausgewiesen [9] [49].

5.2.4   Schädigungs- und steifigkeitsorientierte Restlebensdauerabschätzung

In dem vorherigen Kapitel konnte festgestellt werden, dass die Kennwerte der Schädigungsentwicklung über der Lebensdauer charakteristische Verläufe annehmen. Eine Ermittlung dieser Kennwerte ist jedoch während der zyklischen Beanspruchung – insbesondere in der praktischen Anwendung – nicht möglich, weshalb auf eine indirekte Messgröße ausgewichen werden muss. Diesbezüglich werden in der Literatur überwiegend steifigkeitsbezogene Kennwerte genutzt [108], da diese einen Rückschluss auf den unter zweidimensionaler Betrachtung ermittelten Schädigungsgrad ermöglichen [104]. Aus den Abschnitten 5.2.2 und 5.2.3 folgt die Vermutung, dass auch für die vorliegenden FVK ein direkter Zusammenhang zwischen der Reststeifigkeit und dem mittels in situ CT unter dreidimensionaler Betrachtung detektierten Schädigungsgrad herrscht. Um dies zu bestätigen, wird zu Beginn dieses Kapitels eine qualitative Korrelation zwischen der Reststeifigkeit und dem Schädigungsgrad durchgeführt, um die Zulässigkeit der Übertragbarkeit von steifigkeitsbasierten Kennwerten auf die Interpretation des Schädigungszustands zu überprüfen. Anschließend wird auf Basis einer schädigungsbasierten Zustandsbewertung und Grenzwertermittlung eine steifigkeitsorientierte Restlebensdauerabschätzung vorgenommen.

Korrelation von Steifigkeits- und Schädigungsentwicklung
Zur qualitativen Korrelation der Steifigkeits- und Schädigungsentwicklung wird das Vorgehen von Renz und Szymikowski [248] zur lokalen Steifigkeitsermittlung aufgegriffen und durch in situ CT Untersuchungen des Schädigungsgrads ergänzt. Renz und Szymikowski haben lokal die Steifigkeit von thermoplastischem GFK mittels Laserextensometrie untersucht, indem die Probenmesslänge in zehn Zonen aufgeteilt wurde. Es zeigte sich, dass sich die Steifigkeit zonenabhängig unterschiedlich ausbildet und das Versagen in der Zone mit der geringsten Steifigkeit eintritt. Dies bestärkt die Vermutung, dass ein direkter Zusammenhang zwischen der lokalen Steifigkeit und dem lokalen Schädigungsgrad vorliegt.

Das Vorgehen wurde beispielhaft an GF-EP zur Ermittlung der lokalen Steifigkeit nach definierten Lastspielzahlen angewandt. Dazu wurden Untersuchungen mittels Laserextensometrie (LEX) und Fernfeldmikroskopie (FFM) mit dem in Abschnitt 4.2.3 vorgestellten Versuchsaufbau durchgeführt. Die Proben wurden mit Messmarken (LEX) bzw. softwarebasiert auf Basis eines Specklemusters (FFM) in fünf Zonen aufgeteilt und mit einer integralen Messung über alle Zonen ergänzt. In den Untersuchungen mittels FFM wurde eine Problematik hinsichtlich der Detektion des Specklemusters im CT ersichtlich. Trotz Anwendung des in Abschnitt 4.4.2 vorgestellten, Zink-basierten Specklemusters war eine Zuordnung der DIC-Messpunkte im CT – zur Ermittlung des zonenspezifischen Schädigungsgrads auf Basis von ROIs – kaum möglich. Aus diesem Grund wurde für die qualitative Korrelation der Steifigkeits- und Schädigungsentwicklung auf die Messungen mittels LEX zurückgegriffen.

Die mittels LEX ermittelten dynamischen E-Moduln (Abbildung 5.41a) stimmen gut mit den Ergebnissen unter Anwendung eines taktilen Extensometers überein. Auch die Abweichungen der zonenbezogenen Steifigkeiten von der integralen Messung scheinen im Hinblick auf die Ergebnisse von Renz und Szymikowski [59] nachvollziehbar. Die Messung der lokalen Steifigkeit mittels LEX kann daher grundsätzlich als geeignet angesehen werden. Abbildung 5.40 zeigt die zonenspezifischen Steifigkeitsverläufe. Der Verlauf der Zone 3 weist ab $5 \cdot 10^3$ Lastspielen eine Steigung des dynamischen E-Moduls auf. Da dies widersprüchlich zu der stetigen Steifigkeitsreduktion von FVK ist, wird die Zone nicht weiter berücksichtigt. Die Steifigkeitsverläufe der Zonen 1,2, 4 und 5 sowie die integrale Messung

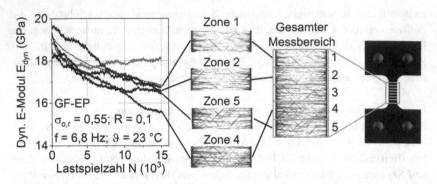

Abbildung 5.40 Qualitativer Vergleich zwischen der zonenspezifischen Steifigkeit und dem zonenspezifischen Schädigungsgrad

entsprechen hingegen den bekannten Zusammenhängen. Dabei fällt auf, dass die zonenspezifische Ausgangssteifigkeit kein Indiz für die Steifigkeitsentwicklung ist. So weist bspw. die Zone 4 die höchste Ausgangssteifigkeit, nach $15 \cdot 10^3$ Lastspielen jedoch die geringste Reststeifigkeit auf, was die Notwendigkeit zur Messung der Kennwertentwicklung belegt.

In Abbildung 5.40 sind zusätzlich aus den in situ CT Untersuchungen die Frontansichten der gesamten Messlänge und der einzelnen Zonen der Probe dargestellt. Die Probe weist über die gesamte Messlänge 90°- und $\pm 45°$-Risse sowie partiell Delaminationen auf. Die Heterogenität des Schädigungsgrads wird bei Betrachtung der einzelnen Zonen deutlich. Dies ist in der Zone 4 insbesondere durch die ausgeprägteren $\pm 45°$-Risse und Delaminationen gegenüber den Zonen 1 und 2 ersichtlich. Der zonenspezifische, visuelle Schädigungsgrad korreliert somit sehr gut mit der zonenspezifischen Reststeifigkeit. Die quantitativen Kennwerte der Defektanalyse aus Abbildung 5.41b) bestätigen dies. Der zonenspezifische Defektvolumenanteil nimmt übereinstimmend für alle Zonen (mit Ausnahme von Zone 3, s. o.) mit geringer werdender Reststeifigkeit zu. Die zonenspezifische Defektdichte weist hingegen keinen eindeutigen Trend auf. So ist die Defektdichte bspw. in Zone 4 trotz des größten Defektvolumenanteils am geringsten. Dies lässt sich auf den im vorherigen Kapitel erläuterten Effekt des Zusammenschlusses von Defekten zurückzuführen, der ab einem gewissen Defektvolumenanteil zu einer Reduktion der Defektdichte führt. Die geringere Defektdichte in Zone 4 weist somit auf die Initiierung partieller Delaminationen und damit einen ausgeprägten Schädigungsgrad – einhergehend mit einer niedrigen Reststeifigkeit – hin. Die Ergebnisse bestätigen somit, dass die

lokale Steifigkeit den lokalen Schädigungsgrad widerspiegelt. Daraus wird abgeleitet, dass die indirekte Zustandsbewertung von GFK über die Steifigkeit zulässig
ist.

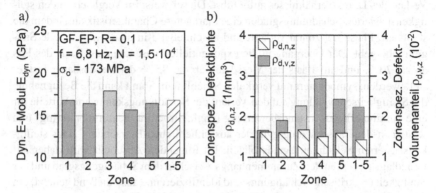

Abbildung 5.41 a) Zonenspezifische Reststeifigkeit (dynamischer E-Modul) gemessen
mittels Laserextensometrie und b) zugehörige zonenspezifische Defektdichte und zonenspezifischer Defektvolumenanteil einer Probe aus GF-EP nach $15 \cdot 10^3$ Lastspielen.

Steifigkeitsbasierter Schädigungsgrad

Der erkannte Zusammenhang wird in der Literatur zur steifigkeitsbasierten Bewertung des Schädigungsgrads genutzt [107] [108]. Diesbezüglich haben sich zwei
Modellierungsansätze durchgesetzt, die in Abbildung 5.42 am Beispiel eines Steifigkeitsverlaufs von GF-EP unter 23 °C verglichen werden. Der Schädigungsgrad
D_1 entspricht dabei direkt der Steifigkeitsreduktion. Die Betrachtung des Schädigungsgrads D_1 bietet somit keine Vorteile ggü. der Anwendung der Steifigkeit selbst
und ist abhängig von den Absolutwerten des dynamischen E-Moduls, wodurch eine
Vergleichbarkeit des Schädigungsgrads nur bedingt möglich ist. Letzteres wird u. a.
durch die in Abbildung 5.28 festgestellte Temperatur- und Materialabhängigkeit der
Steifigkeitsverläufe verdeutlicht, die zu verschiedenen Schädigungsgraden D_1 bei
Versagen führen würden. Der Schädigungsgrad D_2 ermöglicht hingegen eine versuchsübergreifende Vergleichbarkeit der Kennwertverläufe durch Berücksichtigung
des dynamischen E-Moduls bei Versagen ($E_{dyn,B}$). Dadurch verläuft der Schädigungsgrad stets von 0 bis 1. Beide Modellierungsansätze stellen grundsätzlich den
gespiegelten Verlauf der Steifigkeitsreduktion dar. Dadurch ist in beiden Fällen eine
umfangreiche stationäre Phase der Entwicklung des Schädigungsgrads vorhanden
und erst zu Versuchsende findet eine ausgeprägte Zunahme des Schädigungsgrads

– bei beschleunigter Steifigkeitsreduktion – statt. In diesem Zusammenhang kann eine Änderung der Steigung des Schädigungsgrads für D_1 erst ab ca. 95 % und für D_2 ab ca. 90 % der Lebensdauer visuell erkannt werden.

In Abbildung 5.42 ist zusätzlich der aus dem vorherigen Abschnitt bekannte Verlauf des Defektverhältnisses aufgeführt. Dieser weist im Vergleich zu den steifigkeitsbasierten Schädigungsgraden eine markantere Charakteristik auf, indem die stationäre Phase horizontal verläuft und anschließend in eine exponentielle Steigung übergeht. Der Übergang in die exponentielle Phase kann auf Basis des Fits ab ca. 70 % und auf Basis der Messdaten ab ca. 85 % der Lebensdauer festgestellt werden, symbolisiert mit vertikalen Strichlinien. Somit kann die Bezugnahme der Steifigkeitsentwicklung auf den Verlauf der Schädigungskennwerte Vorteile für eine kontinuierliche Zustandsbewertung (engl.: structural health monitoring) und Restlebensdauerabschätzung ggü. der ausschließlichen Betrachtung eines steifigkeitsbasierten Schädigungsgrads bieten. Im folgenden Abschnitt wird daher auf Grundlage des erkannten Zusammenhangs zwischen dem Schädigungsgrad und der Steifigkeit der kritische Schädigungsgrad identifiziert und anschließend genutzt, um eine schädigungsbasierte, kritische Steifigkeitsreduktion zu ermitteln. Dazu wird die Entwicklung der Schädigungskennwerte – äquivalent zum lebensdauerorientierten Vorgehen aus Abschnitt 5.2.3 – über der Steifigkeitsreduktion abgebildet und analysiert.

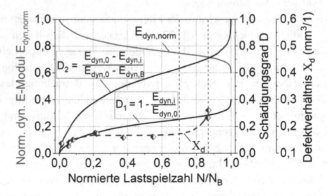

Abbildung 5.42 Vergleich des steifigkeitsbasiert ermittelten Schädigungsgrads anhand zweier Modelle mit dem Verlauf des Defektverhältnisses für GF-EP unter 23 °C

Schädigungsbasierte Zustandsbewertung

Zur schädigungsbasierten Zustandsbewertung wird in der Literatur i. d. R. auf die Transversalrissdichte zurückgegriffen [89] [218]. Für eine Zustandsbewertung und Restlebensdauerabschätzung ist dieser Kennwert jedoch aufgrund des ausgeprägten Sättigungsverhaltens nur bedingt geeignet. In diesem Zusammenhang stellt der CDS einen Sättigungszustand der Transversalrissdichte dar, der bereits kurz nach Versuchsbeginn vorliegt [89], und dadurch kaum zur Zustandsbewertung und Restlebensdauerabschätzung genutzt werden kann. Auch die Initiierung von Delaminationen ist dazu nicht geeignet, da diese teilweise bereits nach einem geringen Anteil der Lebensdauer eintritt [88]. Im Sinne einer idealen Ausnutzung der Leistungsfähigkeit von GFK muss daher ein Kennwert zugrunde gelegt werden, der auf den Eintritt eines kritischen Schädigungszustands schließen lässt. Das Ziel ist es, dass dieser Kennwert im Zusammenhang mit der Steifigkeitsreduktion zur Bewertung des Schädigungszustands und zur Restlebensdauerabschätzung genutzt werden kann.

In Abbildung 5.43a-c) sind die Schädigungskennwerte aus der lebensdauerbasierten Defektanalyse des vorherigen Kapitels für GF-EP unter -30, 23 und 70 °C sowie vergleichend für GF-PU unter 23 °C über der Steifigkeitsreduktion dargestellt. Für die Defektdichte zeigt sich ein Anstieg, der sich infolge des Zusammenschlusses von Defekten – übereinstimmend mit den Ergebnissen unter lebensdauerorientierter Betrachtung – ab einer gewissen Steifigkeitsreduktion umkehrt. Das Defektvolumen kann durch einen stetigen, linearen Ansatz beschrieben werden. Die Kennwertverläufe der Defektdichte und des Defektvolumenanteils weisen eine deutliche Temperatur- und Materialabhängigkeit auf. Dies ist darauf zurückzuführen, dass infolge unterschiedlicher Temperaturen die Ausprägung des Schädigungsgrads und der einzelnen Schädigungsmechanismen während der Schädigungsentwicklung variiert und damit einhergehend zu einer Änderung der relativen Steifigkeitsreduktion führt. Abbildung 5.43d) zeigt diesbezüglich qualitativ den Schädigungsgrad von GF-EP unter -30, 23 und 70 °C bei einer Steifigkeitsreduktion von ca. 25 %. Wie in Abschnitt 5.2.3 näher erläutert, nimmt der visuelle Schädigungsgrad mit steigender Temperatur ab, was sich in einer geringeren Defektdichte und einem geringeren Defektvolumenanteil widerspiegelt. Gleichzeitig treten unter 70 °C vermehrt Delaminationen auf, wodurch die Defektdichte bereits bei niedrigerer Steifigkeitsreduktion sinkt, als es bei 23 und -30 °C der Fall ist. Aufgrund der signifikanten Variation dieser Kennwertverläufe ist die Festlegung eines temperaturübergreifenden, steifigkeitsorientierten Grenzwerts für die Defektdichte oder den Defektvolumenanteil – zur Bewertung des Probenzustands – nicht möglich.

Durch Bezugnahme des Defektvolumenanteils auf die Defektdichte kann hingegen mit dem Defektverhältnis ein relativer Kennwert ermittelt werden, der über

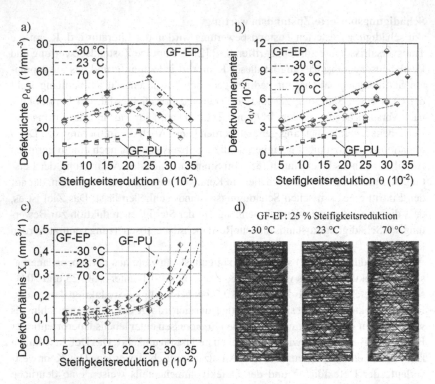

Abbildung 5.43 Entwicklung von a) Defektdichte, b) Defektvolumenanteil und c) Defektverhältnis über der Steifigkeitsreduktion und d) beispielhafte Abbildung des Schädigungsgrads von GF-EP nach 25 % Steifigkeitsreduktion unter −30, 23 und 70 °C

der Steifigkeitsreduktion einer Gesetzmäßigkeit folgt. So können alle Verläufe ab einer Steifigkeitsreduktion von 10 bis 15 % sehr gut mittels einer Exponentialfunktion beschrieben werden. Der zu beobachtende Zusammenhang zwischen dem Defektverhältnis und der Steifigkeitsreduktion weist dabei die gleichen Tendenzen wie die material- und temperaturabhängige Ausbildung der Steifigkeitsverläufe (Abbildung 5.28) auf. So kann bspw. die ausgeprägtere Steifigkeitsreduktion von GF-EP unter 23 °C in der Entwicklung des steifigkeitsbezogenen Defektverhältnisses durch einen ggü. GF-PU verzögerten exponentiellen Anstieg erkannt werden. In diesem Kapitel soll daher auf Basis des steifigkeitsbezogenen Defektverhältnisses eine Zustandsbewertung erfolgen, um mittels eines Grenzwerts die dazu korrelierende Reststeifigkeit zu bestimmen und diese zur Restlebensdauerabschätzung zu nutzen. Dazu muss in einem ersten Schritt ein kritisches Defektverhältnis identifiziert werden.

In Abschnitt 5.2.3 wurde festgestellt, dass der exponentielle Anstieg des Defektverhältnisses über der Lebensdauer maßgeblich auf ein progressives Delaminationswachstum zurückzuführen ist und mit einer beschleunigten Degradation der Steifigkeit einhergeht. Dies kann durch Bezugnahme des relativen Delaminationsvolumens auf die Steifigkeitsreduktion – beispielhaft für GF-EP unter 23 °C – bestätigt werden (Abbildung 5.44). Delaminationen bilden sich erstmals ab 15 % Steifigkeitsreduktion. Bis ca. 25 % Steifigkeitsreduktion weist der Delaminationsanteil ein Sättigungsverhalten auf, im Anschluss kommt es zu einem erneuten Anstieg des Delaminationsanteils. Da es sich bei dem dargestellten Delaminationsanteil um einen relativen Kennwert handelt und simultan eine Zunahme des Defektvolumenanteils stattfindet, kann das Delaminationswachstum ab 25 % Steifigkeitsreduktion als progressiv beschrieben werden. Dieses Delaminationswachstum scheint das Defektverhältnis signifikant zu beeinflussen. Daraus resultiert, dass sich das Defektverhältnis über einen weiten Teil der Steifigkeitsreduktion nur geringfügig ändert, bis es durch das progressive Delaminationswachstum zu einem exponentiellen Anstieg kommt. Dabei muss berücksichtigt werden, dass die betrachtete, maximale Steifigkeitsreduktion von 30 % einem Anteil der Lebensdauer von ca. 85–90 % entspricht (s. Abbildung 5.37c). Es kann davon ausgegangen werden, dass das Defektverhältnis bis zum Versagen noch deutlich steigt. Der exponentielle Anstieg weist somit auf den Eintritt eines kritischen Schädigungsgrads hin.

Im Folgenden wird in Anlehnung an den CDS der „progressive damage state" (PDS) eingeführt, der den Eintritt eines kritischen Defektverhältnisses darstellen soll. Der PDS wird auf Grundlage der exponentiellen Verläufe in S-ESV (Abbildung 5.43c) und S-MSV (Abbildung 5.39b) versuchsübergreifend auf Höhe des Defektverhältnisses von 0,2 festgelegt. Dadurch liegen die stationären Phasen des Defektverhältnisses für alle Versuche ausreichend unterhalb des PDS bei gleichzeitiger Einhaltung eines Schnittpunkts und mindestens eines Messwerts oberhalb des PDS.

Modellbasierte Ermittlung eines kritischen Defektverhältnisses
Unter Berücksichtigung des PDS kann material- und temperaturabhängig die Steifigkeitsreduktion ermittelt werden, die mit dem Eintritt des kritischen Defektverhältnisses einhergeht. Um dies modellbasiert zu ermöglichen, wurde vereinfacht eine stetige, exponentielle Entwicklung des Defektverhältnisses über der Steifigkeitsreduktion angenommen und auf eine Differenzierung zur stationären Phase verzichtet. Der exponentielle Modellierungsansatz ist in Gleichung 5.11 aufgeführt.

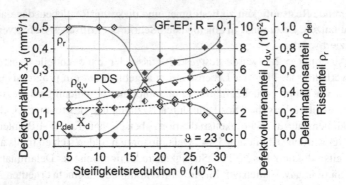

Abbildung 5.44 Entwicklung des Riss- und Delaminationsanteils am Defektvolumen von GF-EP unter 23 °C unter zusätzlicher Bezugnahme des Defektverhältnisses und des progressive damage state (PDS) über der Steifigkeitsreduktion

Der Koeffizient (a) besteht aus einem konstanten und einem temperaturbezogenen Summanden (Gleichung 5.12). Der Ordinatenabschnitt (b) stellt einen konstanten Modellparameter dar. Der Exponent (c) setzt sich aus je einem konstanten und einem materialbezogenen Summanden zusammen (Gleichung 5.13). Die ermittelten Modellparameter sind im Anhang F (Tabelle 12.6) aufgeführt.

In Abbildung 5.45 sind die modellierten Verläufe des Defektverhältnisses dargestellt. Wie erwartet werden die Messpunkte bei Steifigkeitsreduktionen ≤ 15 % – aufgrund der vereinfachten Annahme eines durchgehend exponentiellen Zusammenhangs – teilweise unzureichend abgebildet. Hingegen beschreiben die Verläufe die Messpunkte für Steifigkeitsreduktionen > 15 % mit einer sehr hohen Übereinstimmung. Mit dem Modell lassen sich dadurch die kritischen Steifigkeitsreduktionen (θ_{PDS}, s. Gleichung 5.14) berechnen, die mit dem Eintritt des PDS einhergehen.

$$X_d = a \cdot e^{\left[c \cdot \left(1 - E_{dyn}/E_{dyn,0}\right)\right]} + b \qquad (5.11)$$

$$a = \alpha + \beta \cdot \vartheta \qquad (5.12)$$

$$c = \delta + \kappa_{mat} \qquad (5.13)$$

mit b als konstanter Ordinatenabschnitt; α, β als konstante Parameter des Koeffizienten a; δ als konstanten und κ_{mat} materialspezifischen Parameter des Exponenten c; ϑ als Umgebungstemperatur in °C.

$$\theta_{PDS} = 1 - \frac{E_{dyn,PDS}}{E_{dyn,0}} \qquad (5.14)$$

mit $E_{dyn,PDS}$ und θ_{PDS} der Steifigkeit und Steifigkeitsreduktion zum Eintritt des PDS.

Für GF-PU folgt daraus unter 23 °C – für einen PDS von 0,2 – eine kritische Steifigkeitsreduktion von ca. 22 %. Visualisiert wird dies anhand des Schnittpunkts der jeweiligen Kurve mit dem eingezeichneten PDS. Die kritische Steifigkeitsreduktion kann in der Praxis für eine kontinuierliche Zustandsüberwachung und -bewertung angewandt werden. Unterschreitet die Steifigkeit eines Bauteils während der Nutzung die auf Basis des PDS als kritisch definierte Reststeifigkeit, signalisiert dies einen umfangreichen Schädigungsgrad und eine progressive Schädigungsentwicklung, sodass ein Austausch des Bauteils vorgenommen werden muss.

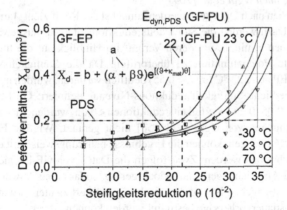

Abbildung 5.45 Modellierungsansatz auf Basis von Exponentialfunktionen zur Beschreibung des material- und temperaturabhängigen Verlaufs des Defektverhältnisses über der Steifigkeitsreduktion

Steifigkeitsbasierte Restlebensdauerabschätzung

Die im vorherigen Abschnitt vorgestellte schädigungsbasierte Bewertung ermöglicht eine Klassifizierung des Zustands. Eine direkte Aussage über die Restlebensdauer des Bauteils ist jedoch nicht möglich. Um dies zu realisieren, muss ein repräsentativer Steifigkeitsverlauf über der Lebensdauer bekannt sein, mit dem die durchschnittliche Restlebensdauer nach Überschreitung der kritischen Steifigkeitsreduktion – bzw. bei Eintritt des PDS – abgeschätzt werden kann. Aus Abschnitt 5.2.3 folgt, dass sich der Steifigkeitsverlauf material- und temperaturabhängig ausbildet und daher prinzipiell für die verschiedenen Zustände ermittelt werden muss.

In dieser Arbeit liegen umfangreiche Steifigkeitsverläufe vor, weshalb die Restlebensdauerabschätzung auf Grundlage des PDS-basierten kritischen Defektverhältnisses möglich ist. Im weiteren Verlauf des Kapitels wird jedoch zur Verallgemeinerung des Ansatzes eine modellbasierte Beschreibung von Steifigkeitsverläufen am Beispiel von GF-PU und -EP unter 23 °C zur Restlebensdauerabschätzung vorgenommen. In diesem Kontext werden drei Ansätze zur Steifigkeitsmodellierung angewandt, verglichen und validiert, die in Abschnitt 2.2.2 näher erläutert werden. Als Grundlage für die Modelle werden die normierten Messdaten des dynamischen E-Moduls und der Lastspielzahl verwendet.

Modellierung nach Ogin et al. [104]

In dem Vorgehen nach Ogin et al. werden zunächst der Koeffizient A und die Potenz n bestimmt. Dazu werden die Steifigkeitsreduktionsraten für ausgewählte Steifigkeitsreduktionen ermittelt, um deren Verlauf im Hinblick auf die für das Modell vorausgesetzte Potenzfunktion zu überprüfen. Da die Steifigkeitsverläufe von GF-PU und -EP unter 23 °C ($\sigma_{o,r} = 0{,}55$) deutlich variieren, wurden materialabhängig unterschiedliche Steifigkeitsreduktions-Niveaus definiert: GF-PU: 0,05–0,15 und GF-EP: 0,05–0,26. Steifigkeitsreduktionen $< 0{,}05$ wurden in Anlehnung an die Untersuchungen von Ogin et al. [58] nicht genutzt. Wie die Fit-Kurven in Abbildung 5.46a) zeigen, können die Ergebnisse näherungsweise mit einer Potenzfunktion beschrieben werden. Zwar folgen die Daten von GF-EP nicht exakt der Funktion, die Abweichungen sind jedoch gering, sodass eine Anwendbarkeit des Modells vorerst gegeben ist und die zugehörigen Koeffizienten A und Potenzen n für die Lebensdauervorhersage bestimmt werden können:

- GF-PU: $A = 10{,}037$; $n = 1{,}241$
- GF-EP: $A = 17{,}321$; $n = 1{,}974$

Dadurch liegen alle Informationen zur Berechnung der Steifigkeitsverläufe mittels Gleichung 2.12 vor. In Abbildung 5.46b) ist ein Vergleich der modellierten mit den gemessenen Steifigkeitsverläufen von GF-PU und -EP dargestellt. Bis zu einer Lebensdauer von ca. 50 % stimmen die Verläufe sehr gut überein. Für GF-PU folgt eine Überschätzung durch das Modell, indem der Wendepunkt des realen Steifigkeitsverlaufs nicht abgebildet werden kann. Für GF-EP zeigt sich ein vergleichbarer Zusammenhang. Es wird deutlich, dass das Modell auf Grundlage einer einfachen Potenzfunktion eine Änderung des Steifigkeitsverlaufs von degressiver zu progressiver Steifigkeitsreduktion nicht abbilden kann. Insbesondere die Überschätzung der Reststeifigkeit mit höher werdender Lastspielzahl ist als kritisch anzusehen, da somit die Gefahr eines vorzeitigen Bauteilausfalls gegeben ist. Dies wird beispielhaft am Steifigkeitsverlauf von GF-PU deutlich, dargestellt mittels Strichlinien in Abbildung 5.46b). Die ermittelte kritische Steifigkeitsreduktion (θ_{PDS}) von 0,22 geht auf Basis der Messdaten mit einer Lebensdauer von ca. 83 % einher. Mit dem Modell wird eine Lebensdauer von ca. 111 % berechnet.

Der Zusammenhang, den Ogin et al. [58] nutzen, bezieht sich ausschließlich auf die Steifigkeitsreduktion in Relation zur Transversalrissdichte. Abweichende Schädigungsmechanismen werden in diesem Modellierungsansatz nicht berücksichtigt. Aus den Ergebnissen in Abschnitt 5.2.3 ist bekannt, dass die Transversalrissdichte (insbesondere in den 90°-Lagen) über der Lebensdauer ein ausgeprägtes Sättigungsverhalten aufweist und dadurch mit der von Ogin et al. verwendeten Potenzfunktion beschrieben werden kann. In dieser Arbeit konnte zusätzlich festgestellt werden, dass die Schädigungsentwicklung im späteren Verlauf der Lebensdauer maßgeblich durch eine progressive Delaminationsbildung bestimmt wird, einhergehend mit der Ausbildung eines Wendepunkts im Steifigkeitsverlauf. Da dieser Abschnitt der Steifigkeitsentwicklung nicht mit dem Modell beschrieben werden kann, ist dessen Anwendung auf den Bereich zwischen Initialzustand und Wendepunkt begrenzt. Das Modell ist somit für das untersuchte, quasi-isotrope GF-PU und -EP nicht zur Restlebensdauerabschätzung im Zusammenhang mit der Steifigkeitsreduktion auf Grundlage des kritischen Defektverhältnisses geeignet.

Modellierung nach Whitworth [109] und Shokrieh und Lessard [110]
Die Modellierungsansätze nach Whitworth sowie Shokrieh und Lessard sind gegenüber dem von Ogin et al. [104] komplexer aufgebaut. Zwar basieren die Modelle weiterhin auf einer Potenzfunktion, diese ist infolge zusätzlicher Rechenoperationen hingegen variabler. So ist die Grundlage der Potenzfunktion bei Whitworth eine Summe mit einem variablen Summanden und bei Shokrieh und Lessard eine zusätzlich integrierte Potenzfunktion mit einem variablen Parameter. Dadurch ist

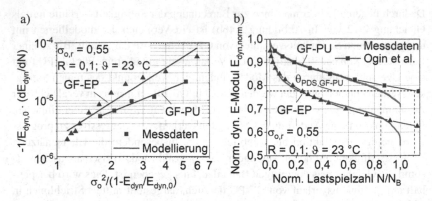

Abbildung 5.46 Graphische Darstellung der a) Steifigkeitsreduktionsrate und b) realen und modellierten Steifigkeitsverläufe für GF-PU und -EP unter 23 °C bei $\sigma_{o,r} = 0{,}55$

zu erwarten, dass die Steifigkeitsverläufe – insbesondere nach Eintritt des Wendepunkts – mit einer höheren Übereinstimmung als mit dem Modell nach Ogin et al. beschrieben werden können. Der Koeffizient h und die Potenz m (Whitworth) wurden – äquivalent zu den Potenzen λ und γ (Shokrieh und Lessard) – softwarebasiert in Bezug auf die kleinsten Fehlerquadrate ermittelt (Tabelle 5.4).

Tabelle 5.4 Ermittelte Parameter für die Modelle nach Whitworth und nach Shokrieh und Lessard zur Beschreibung der Steifigkeitsverläufe

	Whitworth [109]		Shokrieh und Lessard [110]	
	Koeffizient	Potenz	Potenz 1	Potenz 2
	h	m	λ	γ
GF-PU	220,004	13,1777	1,549	5,524
GF-EP	4,771	6,136	1,147	2,629

Die Steifigkeitsverläufe können anschließend auf Grundlage der Modellparameter und den Gleichungen 2.13 und 2.14 berechnet werden. Diese sind in Abbildung 5.47 dargestellt. Die Steifigkeitsverläufe weisen sowohl für GF-PU als auch GF-EP unter Anwendung beider Modelle insgesamt eine sehr gute Übereinstimmung mit den Messdaten auf. In diesem Zusammenhang werden auch die Wendepunkte der Steifigkeitsverläufe abgebildet, wodurch die modellbasierte Restlebensdauerabschätzung ggü. der Anwendung des Modells nach Ogin et al. deutlich verbessert wird. Einzig der Verlauf von GF-EP kann nach Eintritt des Wendepunkts mit dem Modell nach Whitworth nicht ausreichend beschrieben werden. Bei näherer Betrachtung des Modellierungsansatzes nach Whitworth fällt zudem auf, dass dieser mehrere Lösungen erzeugt, da es zu lokalen Minima der Summe der Fehlerquadrate kommt. Diese Problematik kann bspw. umgangen werden, indem die Fehlerquadrate nach 60 % Lebensdauer signifikant höher gewichtet werden. Nichtsdestotrotz wird die Anwendung des Modells und die Ermittlung des globalen Minimums erschwert, weshalb sich das Modell nach Shokrieh und Lessard in dem vorliegenden Fall besser eignet. Für das im obigen Abschnitt vorgestellte Beispiel an GF-PU resultiert mit Shokrieh und Lessard für die kritische Steifigkeitsreduktion (θ_{PDS}) von 0,22 eine Restlebensdauer von 17 % (visualisiert mit einer Strichlinie in Abbildung 5.47b) und somit eine sehr gute Übereinstimmung mit den realen Daten.

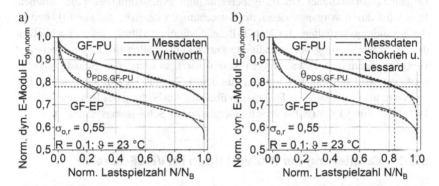

Abbildung 5.47 Steifigkeitsverläufe für GF-PU und -EP unter 23 °C bei $\sigma_{o,r} = 0,55$ auf Basis der Messdaten und der Modelle nach a) Whitworth und b) Shokrieh und Lessard

Unter Berücksichtigung des Defektverhältnisses bei Eintritt des PDS und der daraus resultierenden kritischen Steifigkeitsreduktion – die den Übergang zu einer progressiven Schädigungsentwicklung darstellt – kann somit eine kontinuierliche Zustandsbewertung (engl.: structural health monitoring) erfolgen. Durch zusätzliche Bezugnahme der kritischen Steifigkeitsreduktion auf den durchschnittlichen material- und temperaturabhängigen Steifigkeitsverlauf – durch Verwendung des Modellierungsansatzes nach Shokrieh und Lessard [110] – kann darüber hinaus eine Restlebensdauerabschätzung nach Eintritt des PDS durchgeführt werden. Dieses Vorgehen setzt eine reproduzierbare Steifigkeitsentwicklung voraus.

5.3   Ermüdungs- und Schädigungsverhalten im VHCF-Bereich

In diesem Kapitel wird das Ermüdungs- und Schädigungsverhalten von GF-PU und -EP im VHCF-Bereich untersucht und den Ergebnissen aus dem LCF- bis HCF-Bereich gegenübergestellt. Die Versuche wurden unter einer Raumtemperatur von ca. 23 °C durchgeführt. Zu Anfang des Kapitels wird eine Validierung der in Abschnitt 4.3 erläuterten Prüfverfahren vorgestellt und das geeignetere Konzept zur zyklischen Untersuchung von GFK im VHCF-Bereich identifiziert. Anschließend werden im Rahmen von lebensdauerdauerorientierten Betrachtungen die Wöhlerkurven aus dem LCF- bis HCF-Bereich um den VHCF-Bereich erweitert und die mögliche Ausbildung der Regionen III und IV anhand zusätzlicher Übergangsbereiche und Potenzfunktionen beschrieben. Dies wird durch vorgangsorientierte Betrachtungen ergänzt, die zur Erläuterung des Ermüdungsverhaltens im VHCF-Bereich dienen. Mittels einer abschließenden Charakterisierung der Schädigungsentwicklung sollen die lebensdauer- und vorgangsorientierten Betrachtungen komplettiert werden. Die Schädigungsentwicklung wird mit den Ergebnissen aus dem LCF- bis HCF-Bereich verglichen und dient als Grundlage zur Diskussion über die Ausbildung der Regionen III und IV infolge eines im VHCF-Bereich divergierenden Schädigungsverhaltens.

5.3.1   Validierung der Prüfverfahren im VHCF-Bereich

In Abschnitt 4.3 wurden Prüfverfahren zur Durchführung von Versuchen im VHCF-Bereich auf Basis eines Ultraschall- und Resonanzprüfsystems vorgestellt und deren Prüfmethoden entwickelt. Im Folgenden findet auf Basis der Temperatur- und mechanischen Kennwertentwicklung eine vergleichende Bewertung der Prüfverfahren statt. Anschließend werden die Einflüsse der Temperatur und Frequenz im Vergleich zum Prüfverfahren im LCF- bis HCF-Bereich diskutiert.

Ultraschallprüfsystem
Abbildung 5.48 zeigt die Ergebnisse repräsentativer ESV an GF-EP unter Einsatz des Ultraschall- und Resonanzprüfsystems. Zu Beginn wird positiv angemerkt, dass mit der entwickelten Prüfmethode für das Ultraschallprüfsystem – insbesondere des Probenadapters und der Probengeometrie – eine reproduzierbare Resonanzfrequenz von ca. 20 kHz erzielt werden konnte. Dadurch sind grundsätzlich zyklische Versuche an GFK unter axialer Belastung mit dem Ultraschallprüfsystem möglich. In

Untersuchungen mit einer Start-Oberspannung von 65 MPa und einer effektiven Frequenz von ca. 950 Hz konnte jedoch beobachtet werden, dass die Auslenkung der Probe und damit einhergehend die Maximaltemperatur über der Versuchsdauer zurückgehen. Die Reduktion der Auslenkung ist dabei voraussichtlich auf die Steifigkeitsentwicklung von GF-EP unter zyklischer Beanspruchung zurückzuführen. Da die Versuche am Ultraschallprüfsystem unter Wegregelung stattfinden, resultiert die für GFK bekannte Steifigkeitsreduktion infolge von Schädigungsinitiierung und -fortschritt bei konstanter Wegamplitude in einer geringeren Beanspruchung und damit einhergehend in einer Reduktion der Maximaltemperatur (Eigenerwärmung) und Auslenkung.

Dieses Phänomen wurde auch in anderen Versuchsreihen an FVK mit Ultraschallprüfsystemen beobachtet [157] [166] [173]. In Untersuchungen an einem cross-ply CFK unter 3P-Biegung wurden Steifigkeitsreduktionen von 4 bis 18 % ermittelt, die jedoch nicht hinsichtlich einer Vergleichbarkeit mit unter Spannungsregelung ermittelten Ergebnissen bewertet wurden [63]. In Versuchen unter axialer Belastung an unidirektionalem GFK wurde eine Steifigkeitsreduktion von maximal 5 % gemessen, deren Einfluss auf die dargestellte Wöhlerkurve untersucht und als vernachlässigbar angesehen wurde [173]. In dem in Abbildung 5.48 aufgeführten Versuch wird nach 210 min eine Reduktion der Auslenkung von ca. 25 % festgestellt. Dies lässt auf eine Steifigkeitsreduktion im belasteten Bereich schließen. Die Reduktion der Auslenkung tritt vorwiegend zu Versuchsbeginn auf, was auf eine vergleichbare Schädigungs- und Steifigkeitsentwicklung zu Versuchen im LCF- bis HCF-Bereich (Abschnitt 5.2.3) hinweist. Die umfangreichere Steifigkeitsreduktion ggü. den Ergebnissen von Flore et al. [166] beruht auf dem quasi-isotropen Lagenaufbau, in dem die Transversalrisse in den 90°- und ±45°-Faserbündeln in einer zusätzlichen Steifigkeitsreduktion resultieren [96], und führt unter Wegregelung zu einer deutlichere Änderung der Beanspruchung während eines ESV. Unter diesen Voraussetzungen können die mit dem Ultraschallprüfsystem erzielten Ergebnisse nicht mit den unter Spannungsregelung gewonnenen Ergebnissen im LCF- bis HCF-Bereich verglichen werden. Aufgrund dessen zeigt sich dieses Prüfverfahren – ohne weitere Modifikationen – für die Untersuchungen als ungeeignet und wurde nicht weiter berücksichtigt.

Resonanzprüfsystem
Durch das Resonanzprüfsystem können konstante zyklische Beanspruchungen unter einer Frequenz von ca. 1 kHz realisiert werden. In dem Beispiel an GF-EP aus Abbildung 5.48 weist die Wegamplitude – als Bestandteil der Steifigkeitsberechnung (Gleichung 2.9) – einen qualitativ vergleichbaren Verlauf zu den Ergebnissen

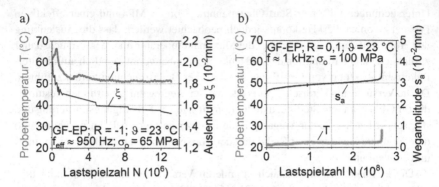

Abbildung 5.48 Vergleich ausgewählter Kennwertverläufe von GF-EP für je einen ESV unter Einsatz des a) Ultraschallprüfsystems (nach [92]) und b) Resonanzprüfsystems

im LCF- bis HCF-Bereich auf. Dadurch wird die Vermutung aus dem vorherigen Abschnitt bestärkt, dass die Schädigungsentwicklung im VHCF-Bereich ähnlich zu der im LCF- bis HCF-Bereich abläuft. Die Eigenerwärmung ist darüber hinaus über die Versuchsdauer sehr gering. Das Prüfverfahren auf Basis des Resonanzprüfsystems scheint daher zur Ermittlung belastbarer Versuchsergebnisse an quasi-isotropem GFK im VHCF-Bereich geeignet zu sein.

Die Temperaturentwicklung muss jedoch näher untersucht und bewertet werden. Nach dem Energieratenansatz (Abschnitt 5.1.2) ergibt sich bspw. für eine Eigenerwärmung von 2 K (unter $\sigma_o =$ 95 MPa) eine Frequenz von ca. 34 Hz. Das Resonanzprüfsystem ist auf eine Frequenz von ca. 1 kHz limitiert und erlaubt keine Anpassungen. Die geringe Eigenerwärmung in Abbildung 5.48 ist daher insbesondere auf die Luftkühlung und die Oberflächentemperaturmessung mittels Thermoelement zurückzuführen. In den Untersuchungen an dem Ultraschallprüfsystem wurden mit einer Thermokamera unter einer vergleichbaren effektiven Frequenz – trotz einer geringeren Oberspannung – Temperaturerhöhungen von über 40 K gemessen. Auch die Literatur weist eine große Varianz hinsichtlich der gemessenen Oberflächentemperaturen in Versuchen unter hohen Frequenzen auf. Die Angaben für die Temperaturerhöhung variieren von < 5 K [166] bis > 40 K [181] im ungeschädigten und > 80 K [181] geschädigten Probenzustand, was voraussichtlich darauf zurückzuführen ist, dass in den Untersuchungsreihen verschiedene Kühl- und Temperaturmesskonzepte verwendet wurden. Es ist daher notwendig, das zugrundeliegende Messverfahren und dein Einfluss von Kühlung in der Bewertung der Eigenerwärmung zu berücksichtigen. Dies kann über die Abschätzung des Temperaturgradienten im Probenquerschnitt erfolgen. Ziel ist es, einen zulässigen

Beanspruchungsbereich zu ermitteln, in dem die Temperaturerhöhung unterhalb eines festgelegten Grenzwerts bleibt.

Temperatureinfluss
Zur temperaturbasierten Ermittlung der Einsatzgrenzen des Resonanzprüfsystems wurde das Vorgehen aus Abschnitt 5.1.2 aufgegriffen und eine Probe aus GF-EP mit einer Kernbohrung und anschließend je einem auf- und eingeklebten Thermoelement versehen. Einstufenversuche wurden auf unterschiedlichen Beanspruchungsniveaus durchgeführt und die Oberflächen- und Kerntemperatur aufgezeichnet. Abbildung 5.49a) zeigt die Entwicklung der Oberflächen- und Kerntemperatur für Oberspannungen von 60 bis 140 MPa. Beide Temperaturen zeigen ein lineares Verhalten. Die Oberflächentemperatur bleibt nahezu konstant und weist zwischen 60 und 140 MPa einen Unterschied von nur 2 K auf. Die Kerntemperatur steigt hingegen deutlich von anfänglich ca. 30 °C um ca. 40 K (Gleichung 5.15). Somit nimmt die Differenz zwischen Oberflächen- und Kerntemperatur mit steigender Oberspannung reproduzierbar zu (siehe Probe 2). Um den Einfluss der Luftkühlung zu bewerten, wurden zusätzliche Versuche ohne Luftkühlung durchgeführt (Abbildung 5.49b). Die Kerntemperatur steigt in diesem Fall exponentiell, sodass bereits bei $\sigma_o = 90$ MPa eine Temperatur von deutlich über 100 °C (> 50 % Tg) erreicht wird. Die Oberflächentemperatur weist im Gegensatz zu den Versuchen mit Luftkühlung einen qualitativ vergleichbaren Verlauf mit einer nur gering zunehmenden Temperaturdifferenz zur Kerntemperatur auf.

$$T_{Kern} = 0,5 \cdot \sigma_o - 1,4 \qquad (5.15)$$

Aus den Untersuchungen kann geschlussfolgert werden, dass die Messung der Oberflächentemperatur mittels Thermoelement signifikant durch die Luftkühlung beeinflusst wird, indem das Thermoelement infolge von Konvektion gekühlt wird. Dadurch wird eine zu geringe Eigenerwärmung angenommen. Das Konzept zur Bewertung der Probentemperatur auf Basis von Messungen der Oberflächentemperatur ist bei simultaner Luftkühlung daher als unzulässig zu bewerten. Auf Grundlage der oben aufgeführten Erkenntnisse sind die detektierten, geringen Temperaturerhöhungen an den Probenoberflächen von u. a. Flore et al. [166] hinsichtlich deren Validität in Frage zu stellen, da auch dort eine Luftkühlung eingesetzt wurde. Es ist davon auszugehen, dass die Kerntemperaturen signifikant höher sind. Geringere Ermüdungsfestigkeiten im Vergleich zu Untersuchungen mit konventionellen Prüfverfahren, wie sie bspw. durch Balle und Backe [170] und Weibel et al. [157] festgestellt wurden, können daher voraussichtlich durch die Temperaturerhöhung im Kern begründet werden.

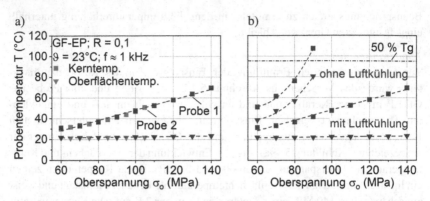

Abbildung 5.49 Entwicklung der Oberflächen- und Kerntemperatur von GF-EP in Abhängigkeit von a) der Oberspannung und b) der Luftkühlung

Auch in Versuchsreihen ohne Luftkühlung [167] ist unter Bezugnahme auf Abbildung 5.49b) und die Resultate aus Abschnitt 5.1.2 (Abbildung 5.7b) anzunehmen, dass die Temperaturerhöhung im Kern höher ist als an der Oberfläche. Aufgrund der qualitativ vergleichbaren Entwicklung der Oberflächen- und Kerntemperatur lässt sich die Kerntemperatur jedoch abschätzen. Dies ist unter Einsatz von Luftkühlung nicht möglich und erschwert die Bewertung hinsichtlich der Verwertbarkeit der Untersuchungsergebnisse. Dies belegt die Notwendigkeit zur Untersuchung der Zusammenhänge zwischen der beanspruchungsabhängigen Oberflächen- und Kerntemperatur. Für das Resonanzprüfsystem bestätigt die Temperaturentwicklung im Kern, dass dieses Prüfverfahren an GFK nur im niedrigen Beanspruchungsbereich (VHCF) valide eingesetzt werden kann. In diesem Bereich kann mit Einsatz der Luftkühlung die Temperaturentwicklung im Kern auf bspw. $\Delta T \approx 20$ K für $\sigma_o = 90$ MPa begrenzt werden. Das Prüfsystem wurde daher unter Berücksichtigung der Temperaturentwicklung und in Anlehnung an VHCF-spezifische Grenzwerte von Hosoi et al. [60] und Jeannin et al. [65] ausschließlich in einem Beanspruchungsbereich von $\sigma_{o,r} = 0{,}25$ bis 0,35 eingesetzt. Für die Untersuchungen der Schädigungsentwicklung unter $\sigma_{o,r} = 0{,}275$ resultiert rechnerisch eine Temperaturerhöhung im Kern von $\Delta T \approx 23$ K, die in Vieille und Taleb [83] für Gewebe-FVK als zulässig angesehen wird. Die Vergleichbarkeit mit den Ergebnissen aus dem LCF- bis HCF-Bereich muss dennoch in tiefer gehenden Untersuchungen verifiziert werden.

Frequenzeinfluss
Zusätzlich zur Temperatur kann die Frequenz indirekt einen Einfluss auf das Ermüdungsverhalten ausüben, indem zeitabhänge Verformungsvorgänge unter

variierender Frequenz zu verschiedenen mechanischen Eigenschaften der Probe
führen. Eine Vergleichbarkeit der Prüfverfahren im VHCF- und LCF- bis HCF-
Bereich wird durch die große Differenz der Frequenz erschwert, da unter hoher
Beanspruchung eine signifikante Temperaturerhöhung bei Verwendung des Resonanzprüfsystems und unter niedriger Beanspruchung eine hohe Versuchsdauer bei
Verwendung des servo-hydraulischen Prüfsystems vorliegen. Um dennoch einen
indirekten Eindruck hinsichtlich der Vergleichbarkeit der Prüfverfahren zu ermöglichen, wurden exemplarische Versuche an einem weiteren Resonanzprüfsystem
(Zwick, Vibrophore, $F_{max} = \pm 5$ kN) mit einer Frequenz von ca. 67 Hz durchgeführt. Die Bruchlastspielzahlen unter einer Oberspannung von 110 MPa bis 140 MPa
– ermittelt mit dem 1 kHz Resonanzprüfsystem – sind in Abbildung 5.50 den Versuchsergebnissen an dem 67 Hz Resonanzprüfsystem ($\sigma_o = 110$ bis 130 MPa) und
servo-hydraulischen Prüfsystem ($\sigma_o = 140$ MPa) gegenübergestellt.

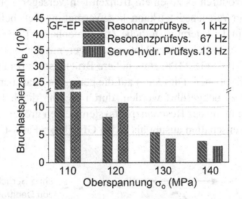

Abbildung 5.50   a) Vergleich der mit Resonanzprüfsystemen und dem servo-hydraulischen
Prüfsystem ermittelten Bruchlastspielzahlen für Oberspannungen von 110 bis 140 MPa an
GF-EP

Auffällig ist, dass mit dem Resonanzprüfsystem (1 kHz) – trotz der unter 140 MPa
erwarteten hohen Eigenerwärmung im Kern – eine höhere Bruchlastspielzahl erzielt
wurde, als mit dem servo-hydraulischen Prüfsystem (13 Hz). Ein Erklärungsansatz
für diese Ergebnisse kann in den zeitabhängigen Verformungsprozessen liegen.
Diesbezüglich ist bekannt, dass infolge des viskoelastischen Verformungsverhaltens von GFK eine Steigerung der Dehnrate i. d. R. zu einer positiven Beeinflussung
der mechanischen Kennwerte führt. Zur Berechnung der Dehnrate, die unter Verwendung des Resonanzprüfsystems mit einer Frequenz von 1 kHz entsteht, wird

vereinfacht von einer zum servo-hydraulischen Prüfsystem identischen Totaldehnungsamplitude ausgegangen. Daraus resultiert für Untersuchungen in dem auf
Abbildung 5.54 basierenden quasi-linear-elastischen Beanspruchungsbereich mit
dem Resonanzprüfsystem eine Dehnrate von $< 10\,\mathrm{s}^{-1}$. Mit dem servo-hydraulischen
Prüfsystem werden für vergleichbare Versuche Dehnraten von ca. $0{,}3\,\mathrm{s}^{-1}$ erreicht.
Ausweislich der Literatur zeigt unidirektionales GFK im Speziellen bei Dehnraten $> 10\,\mathrm{s}^{-1}$ einen ausgeprägten, festigkeitssteigernden Dehnrateneffekt, aber auch
in dem hier betrachteten Dehnratenbereich wurde ein geringer Einfluss festgestellt
[36] [37]. Für den vorliegenden quasi-isotropen Lagenaufbau muss zudem von einer
größeren Dehnratenabhängigkeit infolge der zusätzlichen matrixdominierenden
Lagen ausgegangen werden.

Einen weiteren zeitabhängigen Verformungsprozess stellt das zyklische Kriechen dar. Dieses ist in der Theorie infolge der längeren Versuchsdauer bei gleicher
Beanspruchung am servo-hydraulischen Prüfsystem ausgeprägter als am Resonanzprüfsystem, wodurch es zu einem frühzeitigen Versagen von GF-EP kommt.
Aufgrund fehlender Versuchsdaten kann diese Vermutung nicht belegt werden, allerdings zeigen sich in der Literatur ähnliche Zusammenhänge [83] [154]. Für GF-PU
werden hingegen in vergleichbaren Untersuchungen mit dem servo-hydraulischen
Prüfsystem ($\sigma_o = 100\text{–}115$ MPa) stets höhere Bruchlastspielzahlen erzielt als mit
den Resonanzprüfsystemen. Dies kann auf die geringere Glasübergangstemperatur
von PU ggü. EP zurückgeführt werden, durch welche die höhere Eigenerwärmung unter Verwendung des Resonanzprüfsystems einen größeren Einfluss auf die
mechanischen Eigenschaften ausübt als es bei GF-EP der Fall ist.

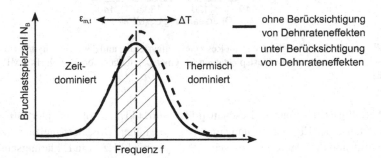

Abbildung 5.51 Schematische Darstellung der Bruchlastspielzahlausbildung über der
Frequenz in Abhängigkeit der dominierenden Effekte

Auf Grundlage der aufgeführten Erkenntnisse muss hinsichtlich des Energieratenansatzes (Abschnitt 5.1.2) hinterfragt werden, ob die ausschließliche
Berücksichtigung thermischer Effekte zur Frequenzermittlung ausreichend ist. Zwar
werden durch den Energieratenansatz die Versuchsdauern beanspruchungsübergreifend ggü. der Nutzung einer konstanten Frequenz angeglichen, jedoch birgt die
Einbeziehung zeitlicher Effekte zusätzliches Potenzial zur optimierten Ermittlung
geeigneter Frequenzen im Sinne höchstmöglicher Bruchlastspielzahlen und materialübergreifend reproduzier- und vergleichbarer Ergebnisse. Als Hypothese wird
festgehalten, dass das Ermüdungsverhalten von GFK – in Abhängigkeit der Frequenz und Materialien – sowohl kriech- als auch temperaturdominiert sein kann
und darüber hinaus durch die Dehnrate beeinflusst wird. Die ideale Frequenz liegt
somit bei identischer Ausprägung der zeitlichen und thermischen Effekte vor. Die
Zusammenhänge der Hypothese sind in Abbildung 5.51 schematisch dargestellt und
stellen die Basis für eine zukünftige Erweiterung des Energieratenansatzes – bspw.
durch Implementierung von Versuchen zur Ermittlung der beanspruchungs- und
frequenzabhängigen zyklischen Kriechvorgänge – dar.

Insgesamt können mit dem Energieratenansatz bereits in der vorliegenden Form
– verglichen mit der Nutzung konstanter Frequenzen – Vorteile hinsichtlich der Vergleichbarkeit der Prüfverfahren erzielt werden. Für die maximale Beanspruchung
von $\sigma_o = 120$ MPa ($\asymp \sigma_{o,r} = 0,35$), die mit dem Resonanzprüfsystem aufgebracht wird, resultiert mit dem Energieratenansatz eine berechnete Frequenz von
ca. 20 Hz. Diese ist höher als die von der Norm empfohlene Frequenz von 5 Hz
[160] und die im Regelfall in der Literatur verwendeten Frequenzen [81] [89] [126]
[218], wodurch eine Vergleichbarkeit zu den Versuchen mit dem Resonanzprüfsystem eher gegeben ist. Bei Erhöhung der als zulässig definierten Eigenerwärmung
vergrößert sich dieser Vorteil unter Verwendung des Energieratenansatzes. Die
Ergebnisse aus den Validierungsversuchen (Abbildung 5.50) weisen daher, trotz
der wahrscheinlichen Beeinflussung des Verformungsverhaltens infolge zeit- und
temperaturabhängiger Prozesse, eine sehr gute Übereinstimmung auf. In diesem
Kontext weichen die Bruchlastspielzahlen des 1 kHz Resonanzprüfsystems beanspruchungsabhängig maximal zwischen -24 und + 27 % ggü. den Ergebnissen unter
Verwendung der anderen Prüfsysteme ab. Dies lässt auf die Zulässigkeit der Ergänzung der Ergebnisse aus dem LCF- bis HCF-Bereich mit denen des VHCF-Bereichs
schließen. Eine statistische Absicherung wird dennoch für zukünftig weiterführende
Untersuchungen empfohlen.

5.3.2   Lebensdauerorientierte Betrachtung

Die gewonnenen Versuchsergebnisse unter relativen Oberspannungen von 0,25 bis 0,35 sind in Abbildung 5.52 – ergänzend zu den bereits aus Abschnitt 5.2.1 bekannten Daten – aufgeführt. Erwartungsgemäß steigt die Bruchlastspielzahl mit geringer werdender Beanspruchung. Die Versuchsergebnisse im VHCF-Bereich scheinen dabei dem im HCF-Bereich vorliegenden Trend zu folgen. Wie in Abschnitt 2.3.3 verdeutlicht wurde, sind jedoch aktuell keine genormten Modellierungsansätze zur Beschreibung des VHCF-Bereichs vorhanden. Aufgrund dessen wird im Folgenden stufenweise eine Annäherung an eine für quasi-isotropes GFK gültige Beschreibung des VHCF-Bereichs erläutert sowie die Zusammenhänge untersucht und bewertet.

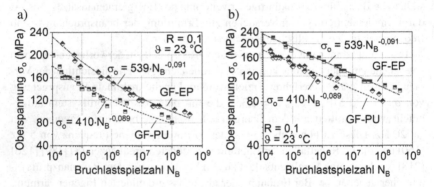

Abbildung 5.52 Wöhlerkurven vom HCF- bis VHCF-Bereich für GF-PU und -EP in a) halblogarithmischer und b) doppellogarithmischer Darstellung mit dem Modellierungsansatz in Anlehnung an Basquin

Zu Beginn wird der Verlauf der Wöhlerkurven für GF-PU und -EP für den gesamten Bruchlastspielzahlbereich (exklusive der Region I) jeweils mittels einer Potenzfunktion beschrieben. Dies stellt ein vergleichsweise einfaches Vorgehen dar, das in aktuellen Forschungsarbeiten [65] erfolgreich eingesetzt wurde. Abbildung 5.52 zeigt die Modellierung für GF-PU und -EP in der für FVK bekannten halblogarithmischen und der hier vergleichend aufgeführten doppellogarithmischen Darstellung. Die Potenzfunktionen beschreiben die Versuchsergebnisse jeweils mit einer sehr guten Übereinstimmung ($R^2 = 0,95$ [GF-PU] und 0,99 [GF-EP]). Es fällt jedoch auf, dass die Lebensdauer aller Versuche mit einer Bruchlastspielzahl $> 4 \cdot 10^7$ durch die Modelle unterschätzt wird. Dies wird durch die doppellogarithmische Darstellung visuell verdeutlicht. Es scheint daher einen Übergang ähnlich zu dem zwischen Region I und II zu geben, der mit einer Änderung des Verlaufs der Wöhlerkurve einhergeht. Der Übergang wird anhand der Änderung der Neigungskennzahl k ermittelt. Dabei wird der Bruchlastspielzahlbereich zweier Potenzfunktionen variiert und auf Grundlage der Änderung der Neigung und der Anzahl an Versuchsergebnissen der Übergang zwischen dem HCF-Bereich (Region II) und der neu eingeführten Region III des VHCF-Bereichs ermittelt. Da eine Abgrenzung durch eine exakte Übergangslastspielzahl aufgrund der unzureichenden statistischen Absicherung fehleranfällig ist, wird ein Übergangsbereich von Region II zu III auf Basis der Potenzfunktionen eingeführt und jeweils auf 10^6 Lastspiele gerundet.

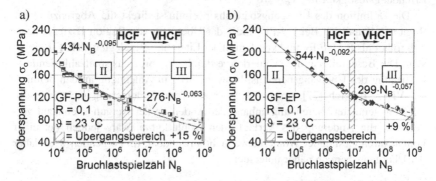

Abbildung 5.53 Wöhlerkurven im HCF- bis VHCF-Bereich für a) GF-PU und b) GF-EP in halblogarithmischer Darstellung mit Modellierungsansätzen in Anlehnung an Basquin

Durch die Aufteilung in zwei Regionen wird deutlich, dass ein Abflachen der Wöhlerkurve im Bereich sehr hoher Lastspielzahlen stattfindet (Abbildung 5.53). Dies stimmt mit Beobachtungen in vergleichbaren Untersuchungsreihen an unidirektionalem GFK überein [61] [166] [185]. In diesen Untersuchungsreihen zeigten kombinierte Modellierungsansätze mittels linearer Regression und Potenzfunktion [61] sowie mehrerer Potenzfunktionen [185] Schwächen bezüglich der Beschreibung des LCF- und VHCF-Bereichs. Im VHCF-Bereich fand überwiegend eine deutliche Unterschätzung der Ermüdungsfestigkeit statt, ähnlich zu dem Modellierungsansatz aus Abbildung 5.52. Dies ist darauf zurückzuführen, dass zur Beschreibung des VHCF-Bereichs mittels einer Potenzfunktion ein zu umfangreicher Lastspielzahlbereich genutzt (bspw. $N_B > 10^5$ [185]) oder eine

Vielzahl an Durchläufern erzeugt wurde [61], die für die Bestimmung der Potenz-funktion nicht verwertbar sind. In dieser Arbeit wurden die Versuche stets bis zum Eintritt des Versagens durchgeführt. Die Beschreibung der Regionen II und III erfolgt jeweils anhand einer separaten Potenzfunktion (Abbildung 5.53). Hierbei ist zu betonen, dass – im Gegensatz zu Ansätzen aus der Literatur [185] – eine Abgrenzung der Potenzfunktionen anhand des oben erläuterten Übergangsbereichs stattfindet. Dies ermöglicht eine sehr gute Beschreibung des Ermüdungsverhaltens sowohl für GF-PU als auch -EP. Eine Unterschätzung der Lebensdauer, wie sie bei der Beschreibung der Wöhlerkurve anhand einer Potenz-funktion für den gesamten Bruchlastspielzahlbereich (exklusive Region I) erfolgt (s. graue Punkt-Linie in Abbildung 5.53), kann damit vermieden werden. Dar-aus resultiert eine um 15 % (GF-PU) bzw. 9 % (GF-EP) höhere, abgeschätzte Ermüdungsfestigkeit für $N_B \approx 10^9$.

Die Definition des Übergangsbereichs beeinflusst direkt die Abgrenzung der Regionen II und III. Bei GF-PU findet der Übergang von Region II zu III deut-lich früher als für GF-EP und vor dem in der Literatur festgelegten VHCF-Bereich statt. Die Beschreibung der Wöhlerkurve durch eine bruchlastspielzahlorientierte Festlegung des Übergangsbereichs, bspw. auf 10^7 in Anlehnung an den definier-ten VHCF-Bereich [77], erscheint daher als Verallgemeinerung nicht sinnvoll. Die hier genutzte Abgrenzung anhand der Änderung der Neigungskennzahl ver-deutlicht die Änderung des Verlaufs der Wöhlerkurve, wäre jedoch bei einer komplexeren Gestalt der Wöhlerkurve nicht anwendbar. Im Folgenden wird daher der Übergangsbereich näher untersucht.

Analyse des Übergangsbereichs
Zur Erläuterung der unterschiedlichen Ausprägung der Übergangsbereiche für GF-PU und -EP wird ein Ansatz auf Basis der Totaldehnungsamplitude disku-tiert. Die Dehnung bzw. Totaldehnungsamplitude stellt i. A. einen hinsichtlich des Ermüdungs- und Schädigungsverhaltens relevanten Kennwert dar [7]. Zur Abschätzung der im VHCF-Bereich beanspruchungsabhängig vorliegenden Deh-nungen wurde eine Korrelation zwischen der Wegamplitude und Totaldehnungs-amplitude durchgeführt.

Abbildung 5.54 zeigt die Gegenüberstellung der oberspannungsabhängigen Wegamplitude, gemessen mittels des Resonanzprüfsystems, und Totaldehnungs-amplitude, gemessen unter 10 Hz an dem servo-hydraulischen Prüfsystem. Sowohl die Wegamplitude als auch die Totaldehnungsamplitude weisen bis ca. 120 MPa ein lineares Verhältnis zur Oberspannung auf. Im Anschluss findet übereinstimmend eine überproportionale Zunahme statt. Ein Validierungsversuch

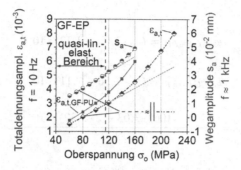

Abbildung 5.54 Vergleich der Totaldehnungs- und Wegamplitude aus Versuchen unter 10 Hz bzw. 1 kHz für verschiedene Oberspannungen an GF-EP

an GF-PU bestätigt die Erkenntnisse, allerdings ist der Übergang zu einer überproportionalen Entwicklung erwartungsgemäß bereits bei einer etwas geringeren Oberspannung ersichtlich. Die Steigerung der Weg- und Totaldehnungsamplitude ist für GF-EP bis 120 MPa nahezu linear, sodass von einem quasi-linearelastischen Bereich ausgegangen werden kann. Daraus kann der Schluss gezogen werden, dass in dem quasi-linear-elastischen Bereich trotz der verschiedenen Frequenzen bei Änderung der Oberspannung keine zusätzlichen Einflussgrößen auftreten, die zu einer abweichenden Entwicklung der Kennwerte führen. Unter Vernachlässigung von frequenzbedingten Dehnrateneffekten wird daher im Folgenden vereinfacht angenommen, dass für GF-PU und -EP im VHCF-Bereich zu Versuchsbeginn Totaldehnungsamplituden entsprechend der Messwerte aus den Versuchen bei 10 Hz vorliegen. Durch Nutzung dieser Zusammenhänge werden die Totaldehnungsamplituden für den Übergangsbereich berechnet. Das Vorgehen wird schrittweise für GF-PU erläutert und gilt äquivalent für GF-EP.

Mittels der in Gleichung 5.19 aufgeführten Potenzfunktionen zur Beschreibung der Regionen II und III lassen sich die den Übergangsbereich eingrenzenden Oberspannungen für GF-PU berechnen. Zur Berechnung der minimalen Oberspannung wird das Modell der Region III für eine Bruchlastspielzahl von $4 \cdot 10^6$ und für die maximale Oberspannung das Modell der Region II für eine Bruchlastspielzahl von $2 \cdot 10^6$ angewandt. Daraus resultiert der maximal mögliche Oberspannungsbereich – in diesem Fall von 106 bis 110 MPa. Im quasi-linear-elastischen Bereich aus Abbildung 5.54 lässt sich das Verhältnis von Totaldehnungsamplitude zu Oberspannung durch Gleichung 5.16 beschreiben. Die gemittelte Totaldehnungsamplitude im Übergangsbereich ergibt sich analog mit dem arithmetischen Mittelwert aus der minimalen und maximalen Oberspannung nach Gleichung 5.18

zu 0,324.

$$\varepsilon_{a,t,GF-PU} = (\sigma_o \cdot 3{,}03 - 3{,}32) \cdot 10^{-3} \qquad (5.16)$$

$$\varepsilon_{a,t,GF-EP} = (\sigma_o \cdot 2{,}56 - 1{,}11) \cdot 10^{-3} \qquad (5.17)$$

$$\bar{\varepsilon}_{a,t,\ddot{U},GF-PU} = \frac{[(110 + 106) \cdot 3{,}03 - 2 \cdot 3{,}32)] \cdot 10^{-3}}{2} = 0{,}324 \qquad (5.18)$$

Für GF-EP folgt nach diesem Vorgehen für einen Übergangsbereich von $8 \cdot 10^6$ bis $1 \cdot 10^7$ und Gleichung 5.17 eine gemittelte Totaldehnungsamplitude von 0,313. Das bedeutet, dass trotz der großen Abweichung der Bruchlastspielzahl (bis Faktor 4) für die Übergangsbereiche von GF-PU und -EP, die Totaldehnungsamplitude fast identisch ist (Abweichung <3 %). Die quantitativen Werte der Totaldehnungsamplitude müssen ggf. korrigiert werden, da diese mit der vorgestellten Methode auf Grundlage der Zusammenhänge unter Frequenzen von 10 Hz ermittelt und somit Dehnrateneffekte infolge der variierenden Frequenz nicht berücksichtigt werden. Da die potenzielle, quantitative Änderung der Ergebnisse sowohl GF-PU als auch -EP betrifft, kann davon ausgegangen werden, dass die Totaldehnungsamplitude im Übergangsbereich weiterhin vergleichbar wäre. Unabhängig davon wird durch die gute Übereinstimmung von GF-PU und -EP deutlich, dass der Übergangsbereich mit hoher Wahrscheinlichkeit maßgeblich durch die vorliegende Dehnung definiert wird. Die Bestimmung der Übergangsbereiche auf Basis der Totaldehnungsamplitude kann daher einen Ansatz zur zukünftigen, materialspezifischen Beschreibung der Wöhlerkurven von FVK darstellen.

Vollumfängliche Beschreibung der Wöhlerkurve vom LCF- bis VHCF-Bereich
Die Gleichungen 5.19 und 5.20 zeigen die mathematische Beschreibung und Aufteilung der Regionen I bis III. Die Region I wurde bereits in Abschnitt 5.2.1 vorgestellt. Durch die zusätzliche Region III beschränkt sich Region II auf eine maximale Lastspielzahl von $4 \cdot 10^6$ (GF-PU) bzw. $1 \cdot 10^7$ (GF-EP). Die mathematische Beschreibung erfolgt mittels Potenzfunktionen in Anlehnung an Basquin.

$$\text{GF-PU} \quad \sigma_o = \begin{cases} 304{,}2 - 7{,}6 \cdot N_B^{0,341} & \text{I}: N_B \leq 1 \cdot 10^3 \\ 434{,}4 \cdot N_B^{-0,095} & \text{II}: 5 \cdot 10^2 \leq N_B \leq 4 \cdot 10^6 \\ 276{,}4 \cdot N_B^{-0,063} & \text{III}: N_B \geq 2 \cdot 10^6 \end{cases} \qquad (5.19)$$

$$\text{GF-EP} \quad \sigma_o = \begin{cases} 355{,}9 - 9{,}5 \cdot N_B{}^{0{,}295} & \text{I}: \ N_B \leq 1 \cdot 10^3 \\ 543{,}9 \cdot N_B{}^{-0{,}092} & \text{II}: \ 5 \cdot 10^2 \leq N_B \leq 1 \cdot 10^7 \\ 298{,}8 \cdot N_B{}^{-0{,}057} & \text{III}: \ N_B \geq 8 \cdot 10^6 \end{cases} \quad (5.20)$$

Die vollumfänglichen Wöhlerkurven sind in Abbildung 5.55 dargestellt. Demonstrativ zur Darstellung der unzureichenden Übereinstimmung einfacherer Ansätze ist in dunkelgrauer Punkt-Linie je eine Potenzfunktion über alle drei Regionen sowie über die Regionen II und III abgebildet. Für beide FVK zeigt sich, dass die Beschreibung des Ermüdungsverhaltens mittels einer gesamten Potenzfunktion zu einer Unterschätzung des LCF-Bereichs und einer Überschätzung des VHCF-Bereichs führt. Mit einer Potenzfunktion zur Beschreibung der Regionen II und III erfolgt, wie oben erläutert, übereinstimmend eine Unterschätzung der Ermüdungseigenschaften im VHCF-Bereich. Die Beschreibung der Wöhlerkurve mit einer gesamten Potenzfunktion ist hinsichtlich einer konservativen bzw. sicheren Bauteilauslegung kritisch zu sehen. Dem gegenüber kann mit der gemeinschaftlichen Beschreibung der Regionen II und III keine ideale Ausnutzung der Leistungsfähigkeit der FVK ermöglicht werden. Die Aufteilung der Wöhlerkurve in die Regionen I bis III führt hingegen zu einer sehr guten Abbildung der Ermüdungseigenschaften.

Die Wöhlerkurve von GF-PU weist in allen Regionen eine ähnliche Neigung zu GF-EP auf. Das Verhältnis der Neigungskennzahl k von Region II zu III für GF-PU ($10{,}5/15{,}9 = 1/1{,}5$) ist fast identisch zu GF-EP ($10{,}9/17{,}5 = 1/1{,}6$). Es lässt sich zusammenfassen, dass für quasi-isotropes GFK ein Übergangsbereich vom HCF- zum VHCF-Bereich vorliegt, der mit einer Änderung der Neigung der Wöhlerkurve um 50 bis 60 % einhergeht. Der Verlauf der Wöhlerkurve ähnelt damit denen für kubisch flächenzentrierte Metalle, bspw. Aluminium, wobei deren Änderung der Neigungskennzahl ungleich ausgeprägter ist und nachweislich eine Änderung der Versagensmechanismen von vornehmlich oberflächen(nahen) Schädigungen zu internen Schädigungen nach sich zieht [249] [250]. Eine abweichende oder verzögerte Schädigungsentwicklung im VHCF-Bereich wurde auch für FVK als Grund für die sich ändernde Neigung von Region II zu III vermutet [10] [157] [166] und konnte im Rahmen der vorliegenden Arbeit nachgewiesen werden. Die tiefer gehende Untersuchung zur Schädigungsentwicklung folgt in Abschnitt 5.3.4.

Diskussion über die Existenz einer potenziellen Dauerfestigkeit
Nach Talreja [58] besitzen FVK eine Dauerfestigkeit, sofern ein Grenzwert für die Dehnung (bzw. Totaldehnungsamplitude) unterschritten wird. Durch

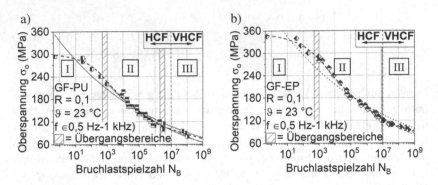

Abbildung 5.55 Beschreibung der Wöhlerkurven vom LCF- bis VHCF-Bereich für Versuche unter 23 °C an a) GF-PU und b) GF-EP durch Aufteilung in drei Regionen mit spezifischer Modellierung in Anlehnung an Basquin

unterschreiten des Grenzwerts können Matrixrisse nicht initiieren bzw. Vorschädigungen nicht fortschreiten (Abschnitt 2.3.2). Im vorhergien Absatz konnte gezeigt werden, dass das Ermüdungsverhalten – bspw. die Ausbildung von Übergangsbereichen – von GF-PU und -EP voraussichtlich durch die aufgebrachte Totaldehnungsamplitude beeinflusst wird. Mit diesem Vorgehen wird die Hypothese von Talreja an dem vorliegenden GF-PU und -EP untersucht. Dazu muss zu Beginn ein Grenzwert der Totaldehnungsamplitude identifiziert werden, der zu einer Dauerfestigkeit der untersuchten Materialien führt. Nach Kenntnisstand des Autors sind keine Informationen zum Verformungsverhalten von quasi-isotropem GFK mit Bruchlastspielzahlen $> 10^8$ unter axialer Ermüdungsbeanspruchung vorhanden/veröffentlicht, weshalb auf alternative Ergebnisse zurückgegriffen wird.

Eine Dauerfestigkeit von FVK wurde bisher in der Literatur nicht abschließend nachgewiesen, weshalb i. A. keine belastbaren Kennwerte zur Totaldehnungsamplitude – unabhängig vom FVK – vorliegen. In diesem Zusammenhang wurde an quasi-unidirektionalem GFK gezeigt, dass es selbst bei geringen Totaldehnungsamplituden von 0,108 weiterhin zu einem Versagen kommt [166]. Der Grenzwert der Totaldehnungsamplitude zur Ermittlung einer potenziellen Dauerfestigkeit wird daher für eine erste Abschätzung auf $< 0,108$ gesetzt. Die Basis bildet erneut Gleichung 5.16. Durch Umstellung der Gleichung und Einsetzen des Grenzwerts für die Totaldehnungsamplitude kann die daraus resultierende Oberspannung berechnet werden. Für GF-PU und -EP ergeben sich Oberspannungen < 37 und < 43 MPa, die den Eintritt einer Dauerfestigkeit darstellen würden.

Durch den abweichenden Lagenaufbau ist die Übertragung des genutzten Grenzwerts voraussichtlich nicht zulässig, weshalb dieser Ansatz nicht weiterverfolgt
wird.

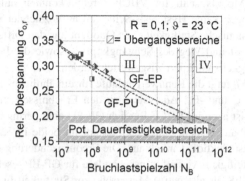

Abbildung 5.56 Darstellung des Übergangs in den potenziellen Dauerfestigkeitsbereich
unter Annahme einer Dauerfestigkeit – basierend auf [11] – ab $\sigma_{o,r} = 0,2$

Alternativ wird die Hypothese von Talreja anhand der relativen Oberspannung bewertet. In Untersuchungen bis 10^8 Lastspielen konnte an quasi-isotropem
GFK unter einer relativen Oberspannung von 0,2 keine Schädigungsinitiierung
festgestellt werden [10]. In der Annahme, dass auch bei längerer Versuchsdauer
ein Schädigungseintritt ausbleibt, wird eine relative Oberspannung von 0,2 als
Grenzwert für die Dauerfestigkeit definiert (GF-PU: $\sigma_o = 59$ MPa, GF-EP: $\sigma_o =
69$ MPa). In Abbildung 5.56 sind die Potenzfunktionen der Regionen III aus den
Gleichungen 5.19 und 5.20 auf die relative Oberspannung bezogen dargestellt und
über den Grenzwert hinaus extrapoliert. Die potenzielle Dauerfestigkeit – visualisiert als Region IV – wird auf Basis dieses Vorgehens nach ca. $4 \cdot 10^{10}$ (GF-PU)
bzw. $> 10^{11}$ (GF-EP) Lastspielen erreicht.

Die Ergebnisse aus den Abschätzungen der Dauerfestigkeit auf Basis der Totaldehnungsamplitude und relativen Oberspannung deuten darauf hin, dass eine
Dauerfestigkeit – sofern existent – für quasi-isotropes GFK voraussichtlich erst
im sehr hohen Lastspielzahlbereich $> 10^{10}$ auftritt. In diesem Zusammenhang kann
die Hypothese von Talreja weder bestätigt noch widerlegt werden. Die Relevanz der potenziellen Dauerfestigkeit ist aber – in Bezug auf die zu ertragenden
Lastspielzahlen – in der Anwendung für den Großteil der Bauteile irrelevant.

5.3.3 Vorgangsorientierte Betrachtung

Im LCF- bis HCF-Bereich fand die vorgangsorientierte Betrachtung des Ermüdungsverhaltens auf Basis der Verlustenergie, totalen Mitteldehnung und des dynamischen E-Moduls statt. Im VHCF-Bereich konnten aufgrund fehlender Dehnungsmessungen keine Hysteresis-Schleifen aufgezeichnet werden, weshalb alternativ die dynamische Steifigkeit – als Quotient aus den Differenzen der Spitzenwerte von Kraft und Weg des Schwingkopfs – sowie die Frequenzänderung infolge der Steifigkeitsreduktion ausgewertet wurden.

Abbildung 5.57 zeigt die Kennwertverläufe für ein ähnliches Beanspruchungsniveau von GF-PU und -EP. Äquivalent zu den Ergebnissen aus dem LCF- bis HCF-Bereich weist auch im VHCF-Bereich GF-PU eine geringere Ausgangssteifigkeit als GF-EP auf. Zudem bilden sich erneut für beide FVK die Phasen I bis III der Steifigkeitsreduktion deutlich aus. Die Frequenzänderung spiegelt den charakteristischen Steifigkeitsverlauf – insbesondere für GF-EP – sehr gut wider und kann daher für GFK als alternative Messgröße zur Steifigkeit fungieren.

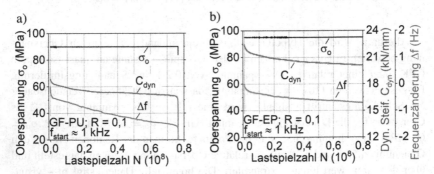

Abbildung 5.57 Kennwertentwicklung der dynamischen Steifigkeit und Frequenz in ESV an a) GF-PU und b) GF-EP

Steifigkeitsorientierte Betrachtung
Zur tiefer gehenden Analyse der Steifigkeitsverläufe sind die dynamischen Steifigkeiten in Abbildung 5.58 normiert für GF-PU und -EP über der absoluten Lastspielzahl dargestellt. Die normierte dynamische Steifigkeit sinkt mit steigender Beanspruchung zunehmend über der Lastspielzahl. Dies stimmt mit

Erkenntnissen aus der Literatur überein und kann auf eine umfangreichere Schädigungsentwicklung mit steigender Beanspruchung zurückgeführt werden [251]. In
diesem Zusammenhang wurde durch Montesano et al. [251] festgestellt, dass zwischen den Steifigkeitsverläufen im HCF-Bereich ($\sigma_{o,r} \geq 0{,}65$; N_B zwischen ca.
10^4 und $5{\cdot}10^6$ Lastspielen) und dem VHCF-Bereich ($\sigma_{o,r} \leq 0{,}60$; ausschließlich
Durchläufer bis 10^7 Lastspiele) eine deutliche Änderung der Steifigkeitsreduktion innerhalb der ersten 10^4 Lastspiele stattfindet. In der vorliegenden Arbeit
finden sich qualitativ ähnliche Ergebnisse wieder. So kann auf Grundlage von
Abbildung 5.58 für GF-PU zwischen $\sigma_o = 100$ MPa und 90 MPa ($N_B \approx$
10^7 bis $5{\cdot}10^7$) und für GF-EP zwischen 120 MPa und 110 MPa ($N_B \approx 10^7$
bis $4{\cdot}10^7$) eine deutliche Änderung der Steifigkeitsreduktion erkannt werden.
Diese stimmt näherungsweise mit den auf Basis der Neigung der Wöhlerkurven
ermittelten Übergangsbereichen von GF-PU und -EP zwischen dem HCF- und
VHCF-Bereich überein. Für beide FVK müsste dabei der Übergangsbereich etwas
zu höheren Bruchlastspielzahlen verschoben werden. Die Übergangsbereiche von
GF-PU und -EP nähern sich in dem Fall an und beginnen übereinstimmend mit
dem von Mughrabi [62] vorgegebenen VHCF-Bereich bei ca. 10^7 Lastspielen.

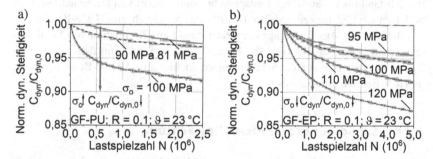

Abbildung 5.58 Normierte dynamische Steifigkeitsverläufe über der absoluten Lastspielzahl unter variierenden Oberspannungen für a) GF-PU und b) GF-EP

Bei Betrachtung der vollständigen Steifigkeitsverläufe über der normierten
Lastspielzahl wird ein zusätzliches Phänomen offensichtlich (Abbildung 5.59).
Im Regelfall nimmt die Steifigkeit über der normierten Lebensdauer mit geringer
werdender Beanspruchung stärker ab, was für die Beanspruchungsniveaus von
$\sigma_o = 90$ bis 100 MPa (GF-PU) bzw. 100 bis 120 MPa (GF-EP) auch der Fall
ist. Dieser Trend konnte im LCF- bis HCF-Bereich (Abschnitt 5.2.2) beobachtet werden und ist darauf zurückzuführen, dass unter niedrigerer Beanspruchung

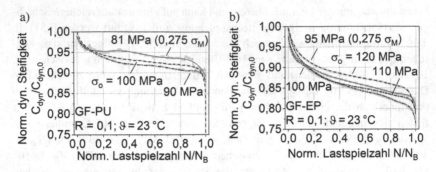

Abbildung 5.59 Normierte dynamische Steifigkeitsverläufe über der normierten Lastspielzahl unter variierenden Oberspannungen für a) GF-PU und b) GF-EP

eine umfangreichere Schädigungsentwicklung stattfindet [9]. Für die Beanspruchungsniveaus von $\sigma_o = 81$ (GF-PU) bzw. 95 MPa (GF-EP) – äquivalent zu einer relativen Oberspannung von je 0,275 – ist hingegen die Steifigkeitsreduktion geringer. Ähnliche Ergebnisse erzielten Weibel et al. [62] an CFK. Im VHCF-Bereich fand bis ca. 80 % der Lastspiele bis zum Eintritt von Delaminationen ($N \approx 4 \cdot 10^8$) eine Steifigkeitsreduktion<50 % im Vergleich zum HCF-Bereich ($N \approx 1,4 \cdot 10^7$) statt. Auf Grundlage der Erkenntnisse zur Korrelation von Steifigkeit und Schädigungsgrad aus den Abschnitten 5.2.2bis 5.2.4 kann daher geschlussfolgert werden, dass sich die Schädigungsentwicklung im VHCF-Bereich von der im HCF-Bereich unterscheidet.

5.3.4 Schädigungsorientierte Betrachtung

Die Untersuchungen zur Schädigungsentwicklung im VHCF-Bereich wurden in S-ESV nach Abschnitt 4.1 bei $\sigma_{o,r} = 0,275$ – einhergehend mit einer Bruchlastspielzahl von $1,0 \cdot 10^8$ (GF-PU) und $3,9 \cdot 10^8$ (GF-EP) – durchgeführt. Die Schädigungsentwicklung wird zu Beginn dieses Kapitels qualitativ auf Grundlage von CT-Scans betrachtet und anschließend quantitativ auf Basis der Kennwerte der Defektanalyse charakterisiert.

Qualitative Schädigungsentwicklung
In Abbildung 5.60 ist eine Übersicht von CT-Scans in Form von Drauf- und Frontansichten nach ausgewählten Anteilen der Lebensdauer für GF-PU und - EP dargestellt. Die vollständigen qualitativen Abbildungen der CT-Scans sind

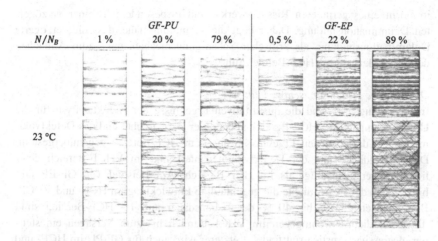

Abbildung 5.60 Übersichtsdarstellung der lebensdauerorientierten Schädigungsentwicklung von GF-PU und -EP im VHCF-Bereich ($\sigma_{o,r} = 0{,}275$) in S-ESV unter 23 °C anhand von Drauf- und Frontansichten

dem Anhang D zu entnehmen. Übereinstimmend mit den Ergebnissen aus den S-MSV (Abbildung 5.38) bilden sich zu Versuchsbeginn unter $\sigma_{o,r} = 0{,}275$ ausschließlich Zwischenfaserrisse in den 90°-Faserbündeln. Erst im weiteren Verlauf der Lebensdauer entstehen auch in den ± 45°-Faserbündeln Zwischenfaserrisse, deren Rissbildung in GF-PU ggü. -EP verzögert stattfindet. Insgesamt weist GF-PU ggü. -EP über der gesamten Lebensdauer ein geringeres Rissnetzwerk auf. Diese Ergebnisse zeigen somit die gleichen Zusammenhänge, wie sie bereits im HCF-Bereich unter $\sigma_{o,r} = 0{,}55$ beobachtet werden konnten. Ein abweichendes Verhalten zeigt sich hingegen hinsichtlich der Delaminationsbildung. Im HCF-Bereich bilden sich materialübergreifend erste Delaminationen ab ca. 10 % der Lebensdauer. Im VHCF-Bereich können hingegen in GF-PU bis 79 % der Lebensdauer keine und in GF-EP erstmals nach 89 % der Lebensdauer Delaminationen festgestellt werden. Daher ist zu vermuten, dass sich voraussichtlich auch in GF-PU nach 79 % der Lebensdauer, im weiteren Verlauf Delaminationen bilden, die das Versagen einleiten.

Zusammenfassend sind die grundsätzliche Schädigungsentwicklung und die sich bildenden Schädigungsmechanismen im VHCF-Bereich vergleichbar zu denen im HCF-Bereich. Der maßgebliche Unterschied in der Schädigungsentwicklung im VHCF-Bereich liegt in einem geringeren Schädigungsgrad, u. a.

in Form eines geringeren Rissnetzwerks, und insbesondere in einer verzögerten Delaminationsbildung. Daher liegt die Vermutung nahe, dass die verzögerte
Delaminationsbildung, als kritischer Schädigungsmechanismus, zum Abflachen
der Wöhlerkurve im VHCF-Bereich führt.

Quantitative Schädigungsentwicklung
In Abbildung 5.61 sind die quantitativen Ergebnisse der Defektanalyse für die
Untersuchungen im VHCF-Bereich anhand der Defektdichte und des Defektvolumenanteils dar- und den Ergebnissen aus dem HCF-Bereich gegenübergestellt.
Die Defektdichte und der Defektvolumenanteil sind im VHCF-Bereich deutlich geringer ausgeprägt als im HCF-Bereich. Am Beispiel von GF-EP fällt
hinsichtlich der Defektdichte die gegenläufige Entwicklung im HCF- und VHCF-
Bereich nach ca. 30 bis 40 % der Lebensdauer auf. Im HCF-Bereich sinkt
die Defektdichte, wohingegen im VHCF-Bereich bis zum Versagen ein stetiger, degressiver Anstieg stattfindet. Letzterer wird auch für GF-PU im HCF- und
VHCF-Bereich beobachtet. Dabei wird die Materialabhängigkeit der Defektdichte
dadurch verdeutlicht, dass in GF-EP selbst unter $\sigma_{o,r} = 0{,}275$ eine höhere Defektdichte vorliegt, als in GF-PU unter $\sigma_{o,r} = 0{,}55$, was durch die Bildung eines
umfangreicheren Rissnetzwerks in GF-EP begründet wird.

    Bei Betrachtung des Defektvolumenanteils nähern sich die Kurven von GF-PU
und -EP jeweils im HCF- und VHCF-Bereich an. Somit ist ein materialspezifischer Zusammenhang zwischen der Beanspruchung und dem sich über der

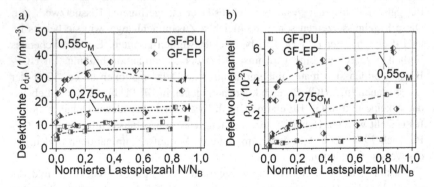

Abbildung 5.61 Entwicklung von a) Defektdichte und b) Defektvolumenanteil über der
normierten Lastspielzahl für GF-PU und -EP unter 23 °C im VHCF-Bereich ($\sigma_{o,r} = 0{,}275$)
und vergleichend im HCF-Bereich ($\sigma_{o,r} = 0{,}55$)

Lebensdauer bildenden Defektvolumenanteil ersichtlich. Der geringere Defektvolumenanteil im VHCF-Bereich steht in guter Übereinstimmung mit der rückläufigen Steifigkeitsreduktion (Abbildung 5.59). Der versuchsübergreifend stetige Anstieg des Defektvolumenanteils bestätigt nochmals die Feststellung aus Abschnitt 5.2.3, dass infolge der hohen Defektdichte und des großen Defektvolumenanteils für GF-EP im HCF-Bereich Verbindungen zwischen verschiedenen Defekten entstehen, was dazu führt, dass die softwarebasierte Auswertung die Defekte nicht differenziert und die Defektdichte sinkt. Dieser Effekt repräsentiert weiteres Optimierungspotenzial hinsichtlich der softwarebasierten Defektanalyse. Bei Ausblendung dieses Effektes wird zusammengefasst, dass die Defektdichte und der Defektvolumenanteil beanspruchungsübergreifend ein Sättigungsverhalten aufweisen und beanspruchungs- und materialabhängig auf verschiedenen Niveaus liegen. Letzteres belegt, dass diese Kennwerte nicht für einen materialübergreifenden Vergleich der Ermüdungsfestigkeit geeignet sind, da diese für GF-EP ggü. -PU – trotz größerer Defektdichte und -volumenanteile – höher ist.

In Abbildung 5.62 ist das Defektverhältnis dargestellt. Sowohl für GF-PU als auch -EP liegt das Defektverhältnis im VHCF-Bereich auf einem niedrigeren Niveau als im HCF-Bereich. Dies lässt sich durch die im HCF-Bereich festgestellte und im VHCF-Bereich ausbleibende Initiierung von Delaminationen während der ersten Hälfte der Lebensdauer begründen. Dadurch ist die durchschnittliche Defektgröße geringer und das Defektverhältnis nimmt während der stationären Phase einen kleineren Wert an. Dabei drehen sich im VHCF-Bereich die Verhältnisse von GF-PU und -EP ggü. dem HCF-Bereich um.

Dies belegt eine geringere Rissausbreitung und die ausbleibende Delaminationsbildung und deutet auf ein verbessertes Ermüdungsverhalten von GF-PU im VHCF-Bereich hin. Am Beispiel von GF-EP zeigt sich, dass der grundsätzliche Verlauf und insbesondere der exponentielle Anstieg des Defektverhältnisses zu Versuchsende im HCF- und VHCF-Bereich vergleichbar sind. Der exponentielle Anstieg geht mit einer progressiven Delaminationsbildung einher, die das Versagen einleitet. Die progressive Delaminationsbildung weist auf den in Abschnitt 5.2.4 eingeführten „progressive damage state" (PDS) hin. Der PDS wurde im HCF-Bereich auf 0,2 festgelegt, um während der stationären Phase über den material- und temperaturabhängigen Defektverhältnissen zu liegen und gleichzeitig einen Schnittpunkt mit den Kurven zu ermöglichen. Wird der PDS im gleichen Verhältnis wie die Beanspruchung reduziert (Faktor 2), resultiert daraus im VHCF-Bereich ein vergleichbarer Zusammenhang wie im HCF-Bereich. Mittels des PDS von 0,1 folgt im VHCF-Bereich für GF-EP eine Restlebensdauerabschätzung von ca. 20 %, im HCF-Bereich (PDS = 0,2)

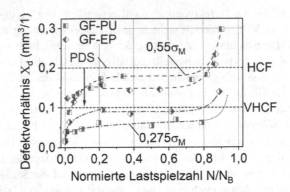

Abbildung 5.62 Entwicklung des Defektverhältnisses über der normierten Lastspielzahl für GF-PU und -EP unter 23 °C im VHCF-Bereich ($\sigma_{o,r} = 0{,}275$) und vergleichend im HCF-Bereich ($\sigma_{o,r} = 0{,}55$)

von ca. 15 %. Daraus kann geschlossen werden, dass ein quantitativer Zusammenhang zwischen der Beanspruchung und dem Defektverhältnis bzw. dem PDS besteht. Dieser kann in weiterführenden Arbeiten näher untersucht und für beanspruchungsübergreifende, schädigungsbasierte Zustandsbewertungen und Restlebensdauerabschätzungen genutzt werden.

Zusammenfassende Erläuterungen zum Ermüdungs- und Schädigungsverhalten im VHCF-Bereich

In den Abschnitten 5.3.2 und 5.3.3 wurde das Ermüdungsverhalten von GF-PU und -EP im VHCF-Bereich charakterisiert und in Abschnitt 5.3.4 um die Analyse des Schädigungsverhaltens ergänzt. Aus den Untersuchungen können folgende Schlussfolgerungen gezogen werden:

- Die Wöhlerkurven von GF-PU und -EP flachen im VHCF-Bereich ab und weisen eine Änderung der Neigung um 50 bis 60 % verglichen zum HCF-Bereich auf.
- Das Ermüdungsverhalten vom LCF- bis VHCF-Bereich kann durch eine Kombination von drei Potenzfunktionen sehr gut beschrieben werden.
- Die Totaldehnungsamplitude kann die Grundlage zur Ermittlung und Beschreibung der Übergangsbereiche bilden.

- Eine Dauerfestigkeit von GF-PU und -EP kann weder bestätigt noch widerlegt werden, würde aber voraussichtlich erst in einem Bereich $> 10^{10}$ Lastspiele auftreten.
- Die Schädigungsentwicklung ist im VHCF-Bereich grundsätzlich vergleichbar zum HCF-Bereich, findet aber weniger ausgeprägt statt.
- Die Delaminationsbildung ist verzögert, leitet das Versagen ein und ist daher hauptverantwortlich für die geringere Neigung der Wöhlerkurve im VHCF-Bereich.
- Das Defektverhältnis ist geeignet, um den Eintritt der progressiven Schädigungsentwicklung – insbesondere der Delaminationsbildung – zu beschreiben.
- Der „progressive damage state" scheint beanspruchungsabhängig zu sein und repräsentiert einen potenziellen Grenzwert für zukünftig tiefer gehende, schädigungsbasierte Modellierungsansätze des Ermüdungsverhaltens und für darauf aufbauende Restlebensdauerabschätzungen.

In der vorliegenden Arbeit wurde der Einfluss der Umgebungstemperatur auf das Ermüdungs- und Schädigungsverhalten ausschließlich im LCF- bis HCF-Bereich untersucht. Die Erkenntnisse aus der Schädigungsanalyse im VHCF-Bereich unter 23 °C lassen jedoch vermuten, dass durch die geringere und verzögerte Delaminationsbildung der negative Einfluss erhöhter Temperaturen im VHCF-Bereich weniger ausgeprägt ist, da sich dieser im HCF-Bereich insbesondere durch eine Zunahme des Delaminationsanteils bemerkbar machte. Diese Vermutung wird dadurch bestärkt, dass im HCF-Bereich festgestellt wurde, dass sich die temperaturabhängige Ermüdungsfestigkeit mit geringerer Beanspruchung annähert. Diese Erkenntnis muss in weiterführenden Untersuchungen im VHCF-Bereich validiert werden, um ein tiefer gehendes Verständnis über das temperaturabhängige Ermüdungs- und Schädigungsverhalten zu generieren und neue Möglichkeiten zur Berechnung des beanspruchungsübergreifenden Temperatureinflusses zu realisieren.

Zusammenfassung und Ausblick 6

In der vorliegenden Arbeit wurden quasi-isotrop glasfaserverstärkte Kunststoffe (GFK) mit variierender Matrixkomponente hinsichtlich des temperaturabhängigen Ermüdungs- und Schädigungsverhaltens vom LCF- bis VHCF-Bereich charakterisiert und gegenübergestellt. Als Matrixkomponenten wurden ein neu entwickeltes Polyurethan (PU) und ein für die Verwendung in der Luftfahrt zertifiziertes Epoxid (EP) verwendet. Um eine Vergleichbarkeit der Versuchsergebnisse von GF-PU und -EP zu gewährleisten, wurden im Rahmen der Arbeit umfangreiche Methodenentwicklungen durchgeführt. Ein Schwerpunkt lag auf der Entwicklung und Validierung eines Ansatzes zur Ermittlung geeigneter Frequenzen auf Basis der induzierten Energierate, um kritische Eigenerwärmungen ausschließen zu können. Die Bewertung des Ermüdungsverhaltens erfolgte anschließend lebensdauerorientiert anhand von Wöhlerkurven und vorgangsorientiert in Ein- und Mehrstufenversuchen auf Grundlage von Spannungs-Dehnungs-Hysteresis-Kennwerten. Die zyklischen Versuche im LCF- bis HCF-Bereich wurden unter niedrigen bis hohen Umgebungstemperaturen (-30 bis $70\,°C$) durchgeführt, um anwendungsrelevante Prüfbedingungen abzubilden. Mikrostrukturelle Analysen mittels Rasterelektronenmikroskopie, mikroskopischer Elementanalyse und Computertomographie dienten der Erörterung materialspezifischer Einflüsse auf das Ermüdungsverhalten. Zur Durchführung von zyklischen Versuchen bis in den VHCF-Bereich wurden zwei Prüfmethoden entwickelt und validiert. Die Untersuchung des Ermüdungsverhaltens von GF-PU und -EP erfolgte im VHCF-Bereich – äquivalent zum LCF- bis HCF-Bereich – in Einstufenversuchen sowohl lebensdauer- als auch vorgangsorientiert. Die Schädigungsentwicklung wurde im LCF- bis VHCF-Bereich mit einer sequenziellen Prüfstrategie ermittelt, die

D. Hülsbusch, *Charakterisierung des temperaturabhängigen Ermüdungs- und Schädigungsverhaltens von glasfaserverstärktem Polyurethan und Epoxid im LCF- bis VHCF-Bereich*, Werkstofftechnische Berichte | Reports of Materials Science and Engineering, https://doi.org/10.1007/978-3-658-34643-0_6

eine alternierende Durchführung von zyklischen Versuchen und – nach definierten Lastspielen bzw. Steifigkeitsreduktionen – in situ computertomographischen Analysen beinhaltet. Der Schädigungsgrad wurde dabei qualitativ mittels zweidimensionaler, graphischer Darstellung der dreidimensional erfassten Messlänge und quantitativ auf Basis volumenbezogener Kennwerte der Defektanalyse bewertet. Um eine Vergleichbarkeit des material- und temperaturabhängigen Schädigungsgrads zu gewährleisten, wurde ein standardisiertes Vorgehen zur in situ Computertomographie entwickelt.

Ansätze zur temperaturorientierten Frequenzermittlung
Ein Schwerpunkt der Arbeit lag auf der Entwicklung einer Methode zur Ermittlung geeigneter Frequenzen im Sinne einer optimierten Vergleichbarkeit beanspruchungsübergreifender Versuche. Aus der Literatur geht hervor, dass insbesondere die Eigenerwärmung einen signifikanten Einfluss auf das Ermüdungsverhalten und die Bruchlastspielzahl ausübt, weshalb mit den mittels der Methode berechneten Frequenzen eine versuchsübergreifend gleichbleibende Eigenerwärmung angestrebt wurde. Dazu wurden zwei Ansätze auf Basis der Dehnrate und Energierate entwickelt und validiert.

Der Dehnratenansatz basiert auf der Hypothese, dass eine identische Dehnrate – unabhängig vom Beanspruchungsniveau – zu einer gleichbleibenden Wärmedissipation führt. Mit diesem Grundsatz konnten, basierend auf einer Referenzfrequenz, beanspruchungsspezifische Frequenzen bestimmt werden. In Mehrstufenversuchen zeigte sich, dass mit diesem Vorgehen die Eigenerwärmung über den gesamten Versuch ggü. der Nutzung einer durchgehend konstanten Frequenz deutlich geringer und gleichbleibender war. Jedoch fand weiterhin eine stufenweise zunehmende Erwärmung statt, welche auf die induzierte Energie zurückgeführt wurde, die zu einem Großteil in Wärme dissipiert. Die induzierte Energie wird durch die Fläche unter dem Belastungsast der Hysteresis-Schleife beschrieben und wird mit steigender Beanspruchung überproportional größer.

Auf dieser Feststellung beruhend wurde in einer weiteren Methode ein Energieratenansatz zur Frequenzermittlung genutzt. Der Energieratenansatz basiert auf der Erkenntnis, dass die Frequenz als Multiplikator der induzierten Energie fungiert und somit direkt die induzierte Energierate und Eigenerwärmung bestimmt. Durch Frequenzsteigerungsversuche konnte der Zusammenhang zwischen der Oberspannung, der Eigenerwärmung und der induzierten Energierate ermittelt werden. Aus den Ergebnissen wurde geschlossen, dass sowohl für faserverstärkte als auch unverstärkte Kunststoffe ein linearer Zusammenhang zwischen der Oberspannung und der induzierten Energierate – die zu einer definierten Eigenerwärmung führt – besteht. Dies ermöglicht die mathematische Beschreibung des Zusammenhangs mit einer Geradengleichung und dadurch die Ermittlung der zulässigen induzierten Energierate, und nachfolgend der zulässigen Frequenzen, auf Basis zweier materialspezifischer Kennwerte. Diese Kennwerte können zukünftig materialübergreifend durch wenige Frequenzsteigerungsversuche bestimmt und zur Ermittlung geeigneter Frequenzen genutzt werden.

Der Energieratenansatz basiert auf der Annahme, dass die Ermüdungseigenschaften maßgeblich durch die Eigenerwärmung beeinflusst werden. Zeitbezogene Einflussgrößen, wie Dehnrateneffekte und zyklische Kriechvorgänge, werden dabei nicht berücksichtigt. Auf Grundlage der Literatur und der Erkenntnisse in dieser Arbeit scheint jedoch das zyklische Kriechen einen signifikanten Einfluss auf das Ermüdungsverhalten auszuüben. Daraus resultierend muss hinsichtlich des induzierten Energieratenansatzes hinterfragt werden, ob die ausschließliche Berücksichtigung thermischer Effekte zur Frequenzermittlung ausreichend ist. Zwar werden durch den Energieratenansatz die beanspruchungsübergreifenden Versuchsdauern ggü. der Nutzung einer konstanten Frequenz angeglichen, jedoch birgt die Einbeziehung zeitlicher Effekte zusätzliches Potenzial zur Ermittlung idealer Frequenzen im Sinne gleichbleibender Rahmenbedingungen. Als Hypothese wird festgehalten, dass das Verformungsverhalten von GFK in Abhängigkeit der Frequenz sowohl zeit- als auch temperaturdominiert stattfinden kann. Die Implementierung weiterer Versuche zur Ermittlung der beanspruchungs- und frequenzabhängigen zyklischen Kriechvorgänge stellt somit eine mögliche Ergänzung und Optimierung des Energieratenansatzes dar.

In situ Computertomographie zur Ermittlung des Schädigungsgrads
Die in situ Computertomographie – als Computertomographie unter statischer Beanspruchung des Prüfkörpers – wurde angewandt, um quasi-zerstörungsfrei volumetrische Informationen zum Schädigungsgrad zu erhalten. Das Vorgehen zur in situ Computertomographie ist nicht genormt und es lassen sich in der Literatur verschiedenste Parameter und Herangehensweisen feststellen. Aufgrund dessen wurde ein standardisiertes Vorgehen ausgearbeitet, um den Schädigungsgrad unter identischen Bedingungen zu ermitteln und eine Vergleichbarkeit der Ergebnisse zu gewährleisten. Dazu wurden u. a. geeignete Akquisitionsparameter der Computertomographie identifiziert. Darüber hinaus wurde der Zusammenhang zwischen der statischen Beanspruchung – zur stetigen Rissöffnung während der computertomographischen Analyse – und dem detektierbaren Schädigungsgrad untersucht. Auf Grundlage dieses Zusammenhangs und eines prüfsystembedingten Korrekturfaktors, der durch in situ DIC-Messungen der Dehnungsdifferenz von Vorder- und Rückseite ermittelt wurde, konnte eine geeignete statische Beanspruchung berechnet werden.

Zur Defektanalyse wurde je ein Vorgehen auf Basis einer qualitativen und quantitativen Untersuchung des Schädigungsgrads entwickelt. Die qualitative Untersuchung erfolgte mittels zweidimensionaler Betrachtungen des 3D CT Volumens in Front-, Drauf- und Seitenansicht sowie anhand von Schnittbildern, um die lagenbezogene Schädigungsentwicklung kenntlich zu machen. Die quantitative Schädigungsentwicklung stellte einen maßgeblichen Aspekt der Arbeit dar. Dazu wurden die Kennwerte der Defektdichte und des Defektvolumenanteils genutzt, die auf Kennwerten der Literatur – bei zweidimensionaler Betrachtungsweise – basieren. Diese Kennwerte wurden vorliegend erfolgreich um die dritte Dimension erweitert und beziehen die Anzahl und das Volumen der computertomographisch ermittelten Defekte auf das berücksichtigte Ausgangsvolumen der Probe. Zusätzlich wurde mit dem Defektverhältnis ein neuer Kennwert eingeführt, der den Quotienten aus Defektvolumenanteil und Defektdichte darstellt. Um eine Klassifizierung der Defekte in Risse und Delaminationen durchzuführen, wurde ein Filter angewandt, der eine Einteilung der Defekte nach der Voxelanzahl ermöglicht.

In den Untersuchungen zeigte sich, dass die Defektdichte und die Klassifizierung auf Grundlage der Voxelanzahl insbesondere bei großen Defektdichten und -volumenanteilen fehleranfällig ist. Dies wurde darauf zurückgeführt, dass Defekte teilweise untereinander verbunden waren, wodurch bei automatisierter Auswertung keine Separierung erfolgte. Der Anteil in Verbindung stehender Defekte nahm dabei erwartungsgemäß mit höherem Schädigungsgrad zu, was dazu führte, dass die Defektdichte teilweise sank und der Delaminationsanteil überschätzt wurde. Dies stellt eine hauptsächliche Problematik hinsichtlich der automatisierten Bewertung dar. In zukünftigen Arbeiten müssen daher optimierte Auswertealgorithmen entwickelt werden. Diesbezüglich weisen neuronale Netzwerke ein großes Potenzial auf, die auf Grundlage von selbstlernenden Strukturen eine Abgrenzung von Schädigungsmechanismen bspw. anhand deren Orientierung oder Form ermöglichen können.

Ermüdungs- und Schädigungsverhalten im LCF- bis HCF-Bereich
Das Ermüdungs- und Schädigungsverhalten wurde mit den auf Basis des Energieratenansatzes ermittelten Frequenzen und dem für die in situ Computertomographie entwickelten Vorgehen untersucht. In den lebensdauerorientierten Versuchsreihen wurde festgestellt, dass GF-EP im Vergleich zu GF-PU eine höhere Ermüdungsfestigkeit aufweist. Auch bei relativer Betrachtung – durch Bezugnahme der Oberspannung auf die materialspezifische Zugfestigkeit – wurde dies bestätigt. Durch rasterelektronenmikroskopische Untersuchungen in Verbindung

mit mikroskopischen Elementanalysen konnte die divergierende Ermüdungsfestigkeit u. a. auf einen Porenanteil von ca. 1,2 % sowie auf eine vermutlich geringere Grenzschichtfestigkeit der Faser-Matrix-Anbindung von GF-PU zurückgeführt werden. Letztere Erkenntnis beruht auf der Annahme, dass ein adhäsives Versagen zwischen Fasern und Matrix eine geringere Grenzschichtfestigkeit repräsentiert, als es bei einem kohäsiven Versagen der Fall ist. Diese auf der Literatur basierende Vermutung muss durch tiefer gehende Untersuchungen der Grenzschicht, bspw. in Form von Faser-Pull-Out-Versuchen, validiert werden.

Als hauptverantwortlich für die geringere Ermüdungsfestigkeit von GF-PU zeigte sich in den Untersuchungen zur Schädigungsentwicklung die beschleunigte Delaminationsbildung, einhergehend mit einem größeren Delaminationsanteil am Defektvolumen ggü. GF-EP. Die grundsätzliche Schädigungsentwicklung von GF-PU und -EP ist vergleichbar und setzt sich primär aus Zwischenfaserrissen in 90°- und ±45°-Faserbündeln, ausgehend von Faser-Matrix-Ablösungen, und Meta- sowie intralaminaren Delaminationen zusammen. GF-EP wies eine deutlich höhere Defektdichte und einen größeren Defektvolumenanteil auf, welche sich insbesondere zu Versuchsbeginn durch Zwischenfaser- und Matrixrisse einstellten. In Anbetracht der höheren Ermüdungsfestigkeit von GF-EP scheinen diese Schädigungsmechanismen jedoch weniger relevant zu sein. Ausschlaggebend sind die sich im weiteren Verlauf bildenden Delaminationen, die maßgeblich für die progressive Schädigungsentwicklung in der zweiten Hälfte der Lebensdauer und für das anschließende Versagen sind. Die beschleunigte Delaminationsbildung in GF-PU resultiert daher – trotz eines ansonsten geringeren Schädigungsgrads – in einer Degradation der Ermüdungsfestigkeit.

Dieser Zusammenhang konnte auch auf die temperaturabhängige Ermüdungsfestigkeit übertragen werden. Mit höherer Temperatur sank die Ermüdungsfestigkeit von GF-PU und -EP, einhergehend mit einer beschleunigten Delaminationsbildung und einem größeren Delaminationsanteil am Defektvolumen. Dies wurde maßgeblich auf die unter erhöhter Temperatur zunehmende Matrixduktilität und in der Folge die größere Rissöffnung und dadurch höhere Spannungskonzentration an der Rissspitze zurückgeführt. Die Differenz der temperaturabhängigen Ermüdungsfestigkeit nimmt mit geringerer Beanspruchung ab. Dies ließ sich dadurch begründen, dass im HCF- bis VHCF-Bereich mit zunehmender Lebensdauer die progressive Delaminationsbildung verzögert stattfindet und einen geringeren Anteil am Defektvolumen annimmt, wodurch der negative Einfluss erhöhter Temperaturen mit zunehmender Lebensdauer an Relevanz verliert. Unter relativer Betrachtung der Ermüdungsfestigkeit – bezogen auf die temperaturabhängige Zugfestigkeit – machte sich dies dadurch bemerkbar, dass die Wöhlerkurve mit steigender Temperatur eine geringere Neigung aufwies, wodurch im HCF-Bereich die Wöhlerkurve für 70 °C über der von −30 °C lag. Dies ging mit der Bildung eines Pivot-Punkts im LCF- bis HCF-Bereich einher, der als Drehpunkt für die temperaturabhängigen Wöhlerkurven dient. Die Differenz in der Neigung der Wöhlerkurve war für GF-EP gering, weshalb ein Ansatz abgeleitet werden konnte, mit dem eine Abschätzung temperaturspezifischer Wöhlerkurven auf Basis einer bestehenden Wöhlerkurve unter 23 °C und der temperaturspezifischen Zugfestigkeit erfolgen kann. Zur näheren Berechnung des Temperatureinflusses wurde ein neues Abbildungsschema eingeführt, in dem die Wöhlerkurve unter 23 °C die Referenzkurve für die weiteren Wöhlerkurven darstellt. Dadurch lassen sich temperaturbedingte Differenzen der bruchlastspielzahlspezifischen Oberspannungen ermitteln und visualisieren.

Durch vorgangsorientierte Untersuchungen an GF-PU und -EP konnte die Schädigungsentwicklung mit dem Verlauf von Hysteresis-Kennwerten korreliert werden. Dazu wurden u. a. die Steifigkeit – in Form des dynamischen E-Moduls – und als neuer Kennwert der Flächenschwerpunkt der Hysteresis-Schleife ausgewertet. Der Flächenschwerpunkt zeigt reproduzierbare Änderungen zu Versuchsbeginn und verschiedene Typen der Entwicklung nach ca. 85–90 % der Lebensdauer. Eine Gesetzmäßigkeit konnte dabei im Rahmen dieser Arbeit nicht festgestellt werden. Die Steifigkeit nahm den aus der Literatur bekannten, drei-stufigen Verlauf an. Die Ausprägung des material- und temperaturabhängigen Verlaufs wies dabei eine sehr gute Übereinstimmung mit der jeweiligen Schädigungsentwicklung auf. So nahm die Steifigkeitsreduktion während des ersten Drittels der Lebensdauer mit sinkender Temperatur sowie für GF-EP ggü. -PU zu. Dies wird in der Schädigungsentwicklung durch ein umfangreicheres Rissnetzwerk repräsentiert. In der zweiten Hälfte der Lebensdauer – nach Eintritt eines Wendepunkts – ist der Steifigkeitsverlauf von GF-PU stärker geneigt als von GF-EP, einhergehend mit einer umfangreicheren Delaminationsbildung.

In diesem Zusammenhang zeigte der neu eingeführte Kennwert des Defektverhältnisses ein großes Potenzial zur Bewertung des Probenzustands. Das Defektverhältnis repräsentiert die Delaminationsbildung durch eine Steigung des Kennwertverlaufs. Material- und temperaturübergreifend konnte ein charakteristischer Verlauf des Defektverhältnisses über drei Phasen erkannt werden. Das Defektverhältnis tendiert dabei in der zweiten, stationären Phase zu einem beanspruchungsabhängigen Wert und bildet anschließend, nach ca. 75 % der Lebensdauer einen exponentiellen Anstieg aus. In Mehrstufenversuchen konnte das Potenzial des Kennwerts bestätigt werden, indem dieser temperaturübergreifend vergleichbare Verläufe annahm und dabei die mit steigender Temperatur degradierende Ermüdungsfestigkeit anhand einer beschleunigt stattfindenden, exponentiellen

Kennwertentwicklung repräsentierte. Die quantitativen Werte des Defektverhältnisses im Mehrstufenversuch stimmten insbesondere im HCF-Bereich sehr gut mit den Ergebnissen aus Einstufenversuchen überein. Im Beanspruchungsbereich äquivalent zum VHCF-Bereich nahm die Differenz hingegen zu. Dies ließ sich dadurch begründen, dass sich mit der konstanten Anzahl von 10^4 Lastspielen pro Stufe unter geringer Beanspruchung die stationäre Phase des Defektverhältnisses nicht ausbildet und daher auf Basis von Mehrstufenversuchen unterschätzt wird. Um die Mehrstufenversuche in Kombination mit der quantitativen Defektanalyse für eine beanspruchungsübergreifende Abschätzung der Schädigungsentwicklung zu qualifizieren, bietet sich daher eine beanspruchungsabhängige Anpassung der stufenspezifischen Lastspielzahl an. Diesbezüglich kann bspw. eine konstante induzierte Energie pro Stufe angestrebt werden, um eine optimierte Vergleichbarkeit der stufenabhängigen Schädigungsentwicklung zu gewährleisten. Unter diesen Voraussetzungen kommen zukünftig Modellierungsansätze zur Abschätzung der beanspruchungsabhängigen Lebensdauer auf Basis der Entwicklung des Defektverhältnisses in Mehrstufenversuchen in Frage.

Der charakteristische Verlauf des Defektverhältnisses wurde auf Basis der Ergebnisse aus Einstufenversuchen genutzt, um eine schädigungs- und steifigkeitsorientierte Restlebensdauerabschätzung durchzuführen. Dazu wurde der direkte Zusammenhang von Steifigkeit und Schädigungsgrad anhand von zonenspezifischen Untersuchungen bestätigt und auf Grundlage des sich über der Steifigkeitsreduktion ausbildenden Defektverhältnisses ein kritischer Grenzwert, der „progressive damage state" (PDS), eingeführt. Dieser stellt den Eintritt einer progressiven Schädigungsentwicklung und insbesondere Delaminationsbildung dar. Mittels dieses Grenzwerts wurden das kritische Defektverhältnis und damit einhergehend die kritische Steifigkeitsreduktion bestimmt. Diese kann zukünftig als materialspezifischer Richtwert zur kontinuierlichen Zustandsbewertung genutzt werden. Der Grenzwert wurde darüber hinaus erfolgreich für eine Restlebensdauerabschätzung herangezogen, indem dieser mit Modellen zur lebensdauerorientierten Steifigkeitsentwicklung kombiniert wurde.

Ermüdungs- und Schädigungsverhalten im VHCF-Bereich
Zur Untersuchung des Ermüdungs- und Schädigungsverhaltens von GF-PU und -EP im VHCF-Bereich wurden zwei Methoden, basierend auf einem Ultraschall- und Resonanzprüfsystem, entwickelt und validiert. Durch die Auslegung eines Probenadapters und die Identifikation geeigneter Prüfparameter war es möglich, die FVK uniaxial im Ultraschallprüfsystem zu prüfen. Dabei wurden jedoch zwei maßgebliche Probleme deutlich. Infolge der hohen Frequenz von 20 kHz tritt trotz Nutzung von Puls-Pause-Verhältnissen eine hohe Eigenerwärmung auf.

Zudem führt das weggeregelte Prüfverfahren zu einer Änderung der Beanspruchung während des Versuchs aufgrund der eintretenden Steifigkeitsreduktion, sodass dieses Prüfverfahren für die Untersuchungen nicht geeignet war. Für weiterführende Versuchsreihen – insbesondere im Lastspielzahlbereich größer 10^9 – weist das Ultraschallprüfsystem hingegen aufgrund der hohen Frequenzen ein großes Potenzial auf. Die Eigenerwärmung wird infolge der geringeren Beanspruchung begrenzt. Durch zusätzliche Optimierungen der Luftkühlung und eine Implementierung eines zweiten Regelkreises zur Anpassung der Wegregelung an die Auslenkung der Probe – mit dem Ziel einer konstanten Beanspruchung – kann dieses Prüfverfahren daher zukünftig eine wichtige Rolle in der Ermüdungsprüfung von langzeit-ermüdungsbeanspruchten FVK spielen.

Das Resonanzprüfsystem arbeitet mit einer Frequenz von 1 kHz unter ansonsten vergleichbaren Bedingungen zum servo-hydraulischen Prüfsystem aus dem LCF- bis HCF-Bereich. In näheren Untersuchungen der Temperaturentwicklungen im Kern und an der Probenoberfläche konnte die grundsätzliche Eignung des Prüfverfahrens nachgewiesen werden. Die Versuche wurden bis maximal ca. $4 \cdot 10^8$ Lastspiele unter 23 °C durchgeführt. Es wurde festgestellt, dass die Wöhlerkurven von GF-PU und -EP im VHCF-Bereich abflachen, einhergehend mit einer Änderung der Neigung von 50 bis 60 % verglichen zum HCF-Bereich. Dadurch bildete sich im VHCF-Bereich eine zusätzliche Region der Wöhlerkurve, die durch einen Übergangsbereich vom HCF-Bereich abgegrenzt wurde. Mittels einer regionenspezifischen Beschreibung auf Grundlage von separaten Potenzfunktionen konnte die Wöhlerkurve vom LCF- bis VHCF-Bereich mit einer sehr hohen Übereinstimmung beschrieben werden.

Die Schädigungsentwicklung ist im VHCF-Bereich grundsätzlich vergleichbar zum HCF-Bereich, findet aber weniger ausgeprägt statt. Die Delaminationsbildung ist verzögert, leitet das Versagen ein und ist daher hauptverantwortlich für die geringere Neigung der Wöhlerkurve im VHCF-Bereich. Dabei wurden in der vorliegenden Arbeit Dehnraten- und Kriecheffekte unberücksichtigt gelassen. Deren Einflüsse müssen somit in zukünftigen Arbeiten untersucht werden, um eine ideale Vergleichbarkeit der Schädigungsentwicklung vom HCF- zum VHCF-Bereich zu ermöglichen. In diesem Zusammenhang stellt zusätzlich das temperaturabhängige Ermüdungs- und Schädigungsverhalten im VHCF-Bereich einen noch unerforschten Aspekt dar. Aus den Untersuchungen im HCF-Bereich wurde geschlossen, dass sich die Wöhlerkurven von -30 bis 70 °C mit geringer werdender Beanspruchung annähern. Sofern dies auch im VHCF-Bereich zutrifft, ist der Aspekt des Temperatureinflusses – für den Einsatzbereich von -30 bis 70 °C – im VHCF-Bereich näherungsweise zu vernachlässigen.

Die Arbeit gibt somit einen Leitfaden für die ganzheitliche Untersuchung der Ermüdungseigenschaften im Bereich geringer bis sehr hoher Lastspielzahlen wieder und stellt einen Beitrag zum grundlagenorientierten Verständnis über das temperaturabhängige Ermüdungs- und Schädigungsverhalten anwendungsrelevanter GFK-Strukturen dar. Dies bildet die Basis zur Optimierung langlebiger, ermüdungsbeanspruchter faserverstärkter Strukturbauteile, bspw. von Rotorblättern von Windkraftanlagen, im Sinne einer idealen Ausnutzung der mechanischen Leistungsfähigkeit und eines reduzierten Materialeinsatzes sowie Recyclingaufkommens. In diesem Zusammenhang belegt das deutlich geringere Rissnetzwerk von GF-PU ggü. GF-EP das Potenzial von PU für die Anwendung in ermüdungsbeanspruchten Bauteilen. Dies gilt insbesondere für den Einsatz in langzeit-ermüdungsbeanspruchten Bauteilen (VHCF-Bereich), in denen die Delaminationsbildung verzögert stattfindet. Die Delaminationsbildung stellt das maßgebliche Optimierungspotenzial von PU dar, und muss durch Modifikationen zukünftiger PU-Konfigurationen entschleunigt und reduziert werden. Diesbezüglich ist insbesondere die Reduktion des Porenanteils anzustreben. Zudem würde eine Steigerung der Glasübergangstemperatur die potenziellen Anwendungsgebiete erweitern. Dies ist unter wirtschaftlichen Gesichtspunkten grundsätzlich für eine Vielzahl an Industrieanwendungen interessant. In diesem Zusammenhang wird unter Berücksichtigung der signifikanten Zeit- und Kostenreduktion infolge der geringeren Taktzeiten im RTM-Verfahren sowie der umfangreichen Anpassungsmöglichkeiten des Eigenschaftsprofils von PU durch den Autor eine Intensivierung der Betrachtung dieses Materials empfohlen. Dies schließt sowohl Maßnahmen hinsichtlich der Weiterentwicklung von PU entsprechend den aufgeführten Eigenschaften als auch eine tiefer gehende Untersuchung von auf PU basierenden FVK ein.

Publikationen und Präsentationen

Im Themenbereich der Dissertation wurden vom Autor u. a. folgende Fachartikel und Konferenzbeiträge vorveröffentlicht:

1. Hülsbusch, D.; Kohl, A.; Striemann, P.; Niedermeier, M.; Strauch, J.; Walther, F.: Development of an energy-based approach for optimized frequency selection for fatigue testing on polymers – Exemplified on polyamide 6. *Polymer Testing* 81 (2020) 106260. https://doi.org/10.1016/j.polymertesting.2019.106260

2. Hülsbusch, D.; Mrzljak, S.; Walther, F.: In situ computed tomography for the characterization of the damage development in glass fiber-reinforced polyurethane. *Materials Testing* 61, 9 (2019) 821–828. https://doi.org/10.3139/120.111389

3. Hülsbusch, D.; Kohl, A.; Mrzljak, S.; Fehrenbacher, U.; Emig, J.; Striemann, P.; Niedermeier, M.; Walther, F.: An energy rate approach for optimized frequency selection for reproducible fatigue assessment of composites. *Proceedings of the 22nd International Conference on Composite Materials* (2019) 1–8.

4. Mrzljak, S.; Hülsbusch, D.; Walther, F.: Damage initiation and propagation in glass-fiber-reinforced polyurethane during cyclic loading analyzed by in situ computed tomography. *Proceedings of the 7th International Conference on Fatigue of Composites* (2018) 1–9.

5. Hülsbusch, D.; Jamrozy, M.; Mrzljak, S.; Walther, F.: Strain rate-related characterization of fatigue behavior of glass-fiber-reinforced polyurethane and epoxy. *Proceedings of the 21st International Conference on Composite Materials* (2017) 1–10.

6. Hülsbusch, D.; Jamrozy, M.; Mrzljak, S.; Walther, F.: Mechanism-oriented characterization of the fatigue behavior of glass fiber-reinforced polyurethane based on hysteresis and temperature measurements. *Key Engineering Materials* 742 (2017) 629–635. https://doi.org/10.4028/www.scientific.net/KEM. 742.629

7. Hülsbusch, D.; Jamrozy, M.; Frieling, G.; Müller, Y.; Barandun, G. A.; Niedermeier, M.; Walther, F.: Comparative characterization of quasi-static and cyclic deformation behavior of glass fiber-reinforced polyurethane (GFR-PU) and epoxy (GFR-EP). *Materials Testing* 59, 2 (2017) 109–117. https://doi. org/10.3139/120.110972

8. Hülsbusch, D.; Walther, F.: Efficient testing solutions for automotive application materials: performance capability assessment of fiber-reinforced polymers and hybrid structures. *Proceedings of the 9th Symposium on Composite Materials for Automotive Applications* (2017) 85–96.

9. Hülsbusch, D.; Barandun, G. A.; Walther, F.: PRISCA: Polyurethane as a matrix material for composite components. *European Polyurethane Journal* 100 (2017) 36–38.

10. Hülsbusch, D.; Müller, Y.; Barandun, G. A.; Niedermeier, M.; Walther, F.: Mechanical properties of GFR-polyurethane and -epoxy for impact-resistant applications under service-relevant temperatures. *Proceedings of the 17th European Conference on Composite Materials* (2016) 1–8.

11. Hülsbusch, D.; Walther, F.: Damage detection and fatigue strength estimation of carbon fibre reinforced polymers (CFRP) using combined electrical and high-frequency impulse measurements. *The e-Journal of Nondestructive Testing* 20, 1 (2015) 1–9.

Im Themenbereich der Dissertation wurden vom Autor u. a. folgende Fachvorträge präsentiert:

1. Hülsbusch, D. (V); Mrzljak, S.; Walther, F.: Charakterisierung des temperaturspezifischen Ermüdungsverhaltens glasfaserverstärkter Kunststoffe anhand computertomographischer in situ Analyse der Schädigungsentwicklung. *WerkstoffWoche*, Dresden, 18.–20. Sept. (2019).

2. Hülsbusch, D. (V.); Kohl, A.; Mrzljak, S.; Fehrenbacher, U.; Emig, J.; Striemann, P.; Niedermeier, M.; Walther, F.: An energy rate approach for optimized frequency selection for reproducible fatigue assessment of composites. *ICCM22, 22nd International Conference on Composite Materials*, Melbourne, Australien, 11.–16. Aug. (2019).

3. Hülsbusch, D. (V.); Mrzljak, S.; Barandun, G. A.; Schüssler, L.; Walther, F.: Charakterisierung des temperaturspezifischen Ermüdungs- und Schädigungsverhaltens von glasfaserverstärktem Polyurethan und Epoxidharz der Luftfahrtindustrie. *4a Technologietag, Leichtbau und Composites*, Schladming, Österreich, 25.–27. Febr. (2019).

4. Hülsbusch, D. (V.); Walther, F.: Instrumentierte Ermüdungsuntersuchung zur Bestimmung der Schädigungsentwicklung in CFK und GFK. *Carbon Composites e. V., Strukturelle Integrität und Composites Fatigue*, Donauwörth, 26. April (2018).

5. Hülsbusch, D. (V.); Kabel, M.; Jamrozy, M.; Walther, F.: Modellierung des Poreneinflusses auf das Verformungsverhalten von Polyurethan. *4a Technologietag, Kunststoffe auf dem Prüfstand – Testen und Simulieren*, Schladming, Österreich, 28. Febr. - 01. März (2018).

6. Hülsbusch, D. (V.); Walther, F.: Efficient testing solutions for automotive application materials: performance capability assessment of fiber-reinforced polymers and hybrid structures. *CAA 9, 9th Symposium on Composite Materials for Automotive Applications*, Kyoto, Japan, 17. Nov (2017).

7. Hülsbusch, D. (V.); Walther, F.: Instrumented testing solutions for the characterization of aerospace application materials: GFR-Epoxy and -Polyurethane. *Composites Europe, 12. Europäische Fachmesse & Forum für Verbundwerkstoffe*, Stuttgart, 19.–21. Sept. (2017).

8. Hülsbusch, D. (V.); Jamrozy, M.; Mrzljak, S.; Walther, F.: Strain rate-related characterization of fatigue behavior of glass-fiber-reinforced polyurethane and epoxy. *ICCM21, 21st International Conference on Composite Materials*, Xi'an, China, 21.–25. Aug. (2017).

9. Hülsbusch, D. (V.); Jamrozy, M.; Mrzljak, S.; Walther, F.: Mechanism-oriented characterization of the fatigue behavior of glass fiber-reinforced polyurethane based on hysteresis and temperature measurements. *21st Symposium on Composites*, Bremen, 05.–07. Juli (2017).

10. Hülsbusch, D. (V.); Müller, Y.; Barandun, G. A.; Niedermeier, M.; Walther, F.: Mechanical properties of GFR-polyurethane and -epoxy for impact-resistant applications under service-relevant temperatures. *ECCM17, 17th European Conference on Composite Materials*, München, 26.–30. Juni (2016).

11. Hülsbusch, D. (V.); Myslicki, S.; Walther, F.: Quasi-static and cyclic investigations on carbon fiber reinforced polymers (CFRP) using combined measurement setup. *Advanced Engineering UK*, Birmingham, England, 04.–05. Nov. (2015).

Studentische Arbeiten

Im Themenbereich der Dissertation wurden vom Autor u. a. folgende studentische Arbeiten betreut:

1. Helwing, R.: Entwicklung einer Versuchsmethodik zur hochfrequenten Ermüdungsprüfung faserverstärkter Kunststoffe im VHCF-Bereich. Bachelorarbeit, Technische Universität Dortmund, Dortmund, (2019).

2. Kohl, A.: Entwicklung einer energiebasierten Versuchsmethodik zur frequenzoptimierten Ermüdungsprüfung am Beispiel von Polyamid 6. Bachelorarbeit, Technische Universität Dortmund, Dortmund, (2018).

3. Mrzljak, S.: Charakterisierung des temperaturspezifischen Ermüdungsverhaltens von glasfaserverstärktem Polyurethan auf Basis der Schädigungs- und Hystereseentwicklung. Masterarbeit, Technische Universität Dortmund, Dortmund, (2018).

4. Gerdes, L.; Ledendecker, H.: Entwicklung eines modular aufgebauten und messtechnisch instrumentierten Fallturms zur Durchführung reproduzierbarer Impact-Versuche. Fachwissenschaftliche Projektarbeit, Technische Universität Dortmund, Dortmund, (2018).

5. Mrzljak, S.: Entwicklung einer optimierten Versuchsmethodik zur reproduzierbaren Ermittlung der zyklisch induzierten Schädigungsentwicklung in glasfaserverstärkten Kunststoffen. Fachwissenschaftliche Projektarbeit, Technische Universität Dortmund, Dortmund, (2018).

6. Jamrozy, M.: Simulationsgestützte Lebensdauerberechnung für faserverstärkte Kunststoffe auf Grundlage energie- und spannungsbasierter Modelle. Masterarbeit, Technische Universität Dortmund, Dortmund, (2017).

7. Hammerschmidt, N.: Optimierung der Prüfkörperherstellung zur Materialqualifizierung faserverstärkter Kunststoffe. Bachelorarbeit, Technische Universität Dortmund, Dortmund, (2017).

8. Bengfort, P.: Charakterisierung des zyklischen Verformungsverhaltens glasfaserverstärkter Epoxidharze unter Zug-Druck-Wechselbelastung. Fachwissenschaftliche Projektarbeit, Technische Universität Dortmund, Dortmund, (2017).

9. Jamrozy, M.: Charakterisierung der Dehnratenabhängigkeit von glasfaserverstärktem Polyurethan unter Variation der Versuchsstrategie in Ein- und Mehrstufenversuchen. Fachwissenschaftliche Projektarbeit, Technische Universität Dortmund, Dortmund, (2017).

10. Mrzljak, S.: Computertomographische Charakterisierung der Schädigungsentwicklung an glasfaserverstärktem Polyurethan unter Berücksichtigung von Relaxations- und Kriechvorgängen. Bachelorarbeit, Technische Universität Dortmund, Dortmund, (2016).

11. Jamrozy, M.: Charakterisierung und Validierung des Steifigkeitsverlustes von glasfaserverstärktem Polyurethan unter kombinierter quasistatischer und zyklischer Belastung. Bachelorarbeit, Technische Universität Dortmund, Dortmund, (2016).

12. Jamrozy, M.; Brunsmann, T.: Quasistatische und zyklische Charakterisierung von Polyurethan-Reinharzproben. Fachwissenschaftliche Projektarbeit, Technische Universität Dortmund, Dortmund, (2016).

13. Özkan, F.: Structural Health Monitoring an faserverstärkten Kunststoffen mittels Acoustic Emission und Resistometrie. Masterarbeit, Technische Universität Dortmund, Dortmund, (2014).

Den Studierenden danke ich für die geleisteten Beiträge.

Curriculum Vitae

Persönliche Angaben

Name: Daniel Hülsbusch
Geburtsdatum/-ort: 25.01.1986 in Lüdinghausen
Familienstand: ledig, ein Sohn

Akademische Ausbildung

2006–2013   Dipl.-Ing. Maschinenbau, Technische Universität Dortmund
2013–2020   Dr.-Ing. Maschinenbau, Technische Universität Dortmund

Beruflicher Werdegang

2014-aktuell   Oberingenieur, Fachgebiet Werkstoffprüftechnik, Technische Universität Dortmund
2013–2019   Gruppenleiter, Gruppe Verbundwerkstoffe, Fachgebiet Werkstoffprüftechnik, Technische Universität Dortmund
2010–2012   Studentische Hilfskraft, Lehrstuhl für Werkstofftechnologie, Technische Universität Dortmund

© Der/die Herausgeber bzw. der/die Autor(en), exklusiv lizenziert durch Springer Fachmedien Wiesbaden GmbH, ein Teil von Springer Nature 2021 D. Hülsbusch, *Charakterisierung des temperaturabhängigen Ermüdungs- und Schädigungsverhaltens von glasfaserverstärktem Polyurethan und Epoxid im LCF- bis VHCF-Bereich*, Werkstofftechnische Berichte I Reports of Materials Science and Engineering, https://doi.org/10.1007/978-3-658-34643-0

Erschienene Bände

Band 5   Schmiedt-Kalenborn, A.: Mikrostrukturbasierte Charakterisierung des
          Ermüdungs- und Korrosionsermüdungsverhaltens von Lötverbindungen
          des Austenits X2CrNi18-9 mit Nickel- und Goldbasislot. Dissertation,
          Technische Universität Dortmund, Springer Vieweg Verlag, Wiesbaden
          (2020). https://doi.org/10.1007/978-3-658-30105-7.
Band 4   Wittke, P.: Charakterisierung spanlos gefertigter Innengewinde
          in Aluminium- und Magnesium-Leichtbauwerkstoffen. Dissertation,
          Technische Universität Dortmund, Springer Vieweg Verlag, Wiesbaden
          (2019). https://doi.org/10.1007/978-3-658-27943-1
Band 3   Schmack, T.: Entwicklung einer ganzheitlichen Methode zur Bestim-
          mung des dehnratenabhängigen Verhaltens faserverstärkter Kunststoffe.
          Dissertation, Technische Universität Dortmund, Springer Vieweg Ver-
          lag, Wiesbaden (2019). https://doi.org/10.1007/978-3-658-26931-9
Band 2   Klein, M.: Mikrostrukturbasierte Bewertung des Korrosionsermüdungs-
          verhaltens der Magnesiumlegierungen DieMag422 und AE42. Dis-
          sertation, Technische Universität Dortmund, Springer Vieweg Verlag,
          Wiesbaden (2019). https://doi.org/10.1007/978-3-658-25310-3
Band 1   Siddique, S.: Reliability of Selective Laser Melted AlSi12 Alloy for
          Qua-sistatic and Fatigue Applications. Dissertation, Technische Uni-
          versität Dortmund, Springer Vieweg Verlag, Wiesbaden (2019). https://
          doi.org/10.1007/978-3-658-23425-6

Literaturverzeichnis

1. Zotz, F.; Kling, M.; Langner, F.; Hohrath, P.; Born, H.; Feil, A.: Entwicklung eines Konzepts und Maßnahmen für einen ressourcensichernden Rückbau von Windenergieanlagen. Umweltbundesamt, Dessau-Roßlau, ISSN 1862–4804 (2019).
2. Li, H.; Richards, C.; Watson, J.: High-performance glass fiber development for composite applications. *International Journal of Applied Glass Science* 5 (2014) 65–81. https://doi.org/10.1111/ijag.12053.
3. Li, H.; Charpentier, T.; Du, J.; Vennam, S.: Composite reinforcement: Recent development of continous glass fibers. *International Journal of Applied Glass Science* 8 (2017) 23–36. https://doi.org/10.1111/ijag.12261.
4. Covestro AG: Covestro liefert erstmals Polyurethanharz für den Einsatz in Windrotorblättern. https://presse.covestro.de/news.nsf/id/covestro-liefert-erstmals-polyurethanharz-fuer-den-einsatz-in-windrotorblaettern (2019) [Zugriff am 26.01.2020].
5. Covestro AG: Weltweit erste PU-Rotorblätter für Windkraftanlagen: Größere und bessere Rotorblätter dank Polyurethan-Infusionsharz. https://solutions.covestro.com/de/highlights/artikel/stories/2019/pu-f%C3%BCr-die-rotorblaetter-von-windkraftanlagen [Zugriff am 26.01.2020].
6. Vassilopoulos, A.; Keller, T.: Fatigue of fiber-reinforced composites. Springer-Verlag, Heidelberg, ISBN 978-1-84996-181-3 (2011). https://doi.org/10.1007/978-1-84996-181-3.
7. Holzmüller, J.: Schäden an Rotorblättern von Windenergieanlagen: Exemplarische Beispiele von Schäden, Schadensursachen und Möglichkeiten der Instandsetzung und Prävention. Aurich, (2012).
8. Mandell, J. F.; Samborsky, D. D.: DOE/MSU Composite Material Fatigue Database: Test Methods, Materials, and Analysis. National Technical Information Service, Springfield, USA, (1997) 1–202.

© Der/die Herausgeber bzw. der/die Autor(en), exklusiv lizenziert durch Springer Fachmedien Wiesbaden GmbH, ein Teil von Springer Nature 2021
D. Hülsbusch, *Charakterisierung des temperaturabhängigen Ermüdungs- und Schädigungsverhaltens von glasfaserverstärktem Polyurethan und Epoxid im LCF- bis VHCF-Bereich,* Werkstofftechnische Berichte | Reports of Materials Science and Engineering, https://doi.org/10.1007/978-3-658-34643-0

9. Cormier, L.; Joncas, S.; Nijssen, R. P. L.: Effects of low temperature on the mechanical properties of glass fibre-epoxy composites: static tension, compression, R = 0.1 and R = −1 fatigue of ±45° laminates. *Wind Energy* 19, 6 (2016) 1023–1041. https://doi.org/ 10.1002/we.1880.

10. Hosoi, A.; Shi, J.; Sato, N.; Kawada, H.: Variations of fatigue damage growth in cross-ply and quasi-isotropic laminates under high-cycle fatigue loading. *Journal of Solid Mechanics and Materials Engineering* 3, 2 (2009) 138–149. https://doi.org/10.1299/ jmmp.3.138.

11. Michler, G. H.: Atlas of Polymer Structures – Morphology, Deformation, and Fracture Structures. Carl Hanser Verlag, München, ISBN 978-1-56990-557-9 (2016).

12. Seidel, W. W.; Hahn, F.: Werkstofftechnik: Werkstoffe – Eigenschaften – Prüfung – Anwendung. Carl Hanser Verlag, München, ISBN 978-3-446-45415-6 (2012).

13. Ehrenstein, G.: Polymeric Materials: Structure – Properties – Applications. Carl Hanser Verlag, München, ISBN 978-3-446-43413-4 (2001).

14. AVK – Industrievereinigung Verstärkte Kunststoffe: Handbuch Faserverbundkunst-stoffe/ Composites. Springer Vieweg, Wiesbaden, ISBN 978-3-658-02754-4 (2013).

15. Clyne, T. W.; Hull, D.: An introduction to composite materials, 3. Ed. Cambridge University Press, Cambridge, UK, (2019). https://doi.org/10.1017/9781139050586.

16. Thomason, J. L.: Glass fibre sizing: A review. *Composites Part A: Applied Science and Manufacturing* 127 (2019) 105619. https://doi.org/10.1016/j.compositesa.2019. 105619.

17. Moosburger-Will, J.; Bauer, M.; Laukmanis, E.; Horny, R.; Wetjen, D.; Manske, T.; Schmidt-Stein, F.; Töpker, J.; Horn, S.: Interaction between carbon fibers and polymer sizing: Influence of fiber surface chemistry and sizing reactivity. *Applied Surface Science* 439 (2018) 305–312. https://doi.org/10.1016/j.apsusc.2017.12.251.

18. Swain III, R. E.: The role of the fiber/matrix interphase in the static and fatigue behavior of polymeric matrix composite laminates. Dissertation, Virgina Polytechnic and State University, Blacksburg, USA, (1992).

19. Andrew, J. J.; Srinivasan, S. M.; Arockiarajan, A.; Dhakal, H. N.: Parameters influencing the impact response of fiber-reinforced polymer matrix composite materials: A critical review. *Composite Structures* 224 (2019) 111007. https://doi.org/10.1016/j.compstruct. 2019.111007.

20. Roos, E.; Maile, K.: Werkstoffkunde für Ingenieure: Grundlagen, Anwendung, Prüfung. Springer-Verlag, Berlin, ISBN 978-3-642-54989-2 (2008). https://doi.org/10.1007/978-3-642-54989-2.

21. Schürmann, H.: Konstruieren mit Faser-Kunststoff-Verbunden. Springer-Verlag, Berlin, ISBN 978-3-540-72190-1 (2007). https://doi.org/10.1007/978-3-540-72190-1.

22. Czichos, H.; Skrotzki, B.; Simon, F.-G.: Das Ingenieurwissen: Werkstoffe. Springer-Verlag, Berlin, ISBN 978-3-642-41126-7 (2014). https://doi.org/10.1007/978-3-642-41126-7.

23. Elsner, P.; Eyerer, P.; Hirth, T.: Kunststoffe – Eigenschaften und Anwendungen. Springer-Verlag, Berlin, ISBN 978-3-642-16173-5 (2012). https://doi.org/10.1007/978-3-642-16173-5.

24. Somarathna, H. M. C. C.; Raman, S. N.; Mohotti, D.; Mutalib, A. A.; Badri, K. H.: The use of polyurethane for structural and infrastructural engineering applications: A state-of-the-art review. *Construction and Building Materials* 190 (2018) 995–1014. https://doi.org/10.1016/j.conbuildmat.2018.09.166.

25. Czeiszperger, R.; Duckett, J.; Pastula, A.; Duckett, E.; Seneker, S.: Effective additives for improving abrasion resistance in polyurethane elastomers. Anderson Development Company, Michigan, USA, (2019) 1–14.

26. Li, Y.; Yang, Z.; Zhang, J.; Ding, L.; Pan, L.; Huang, C.; Zheng, X.; Zeng, C.; Lin, C.: Novel polyurethane with high self-healing efficiency for functional energetic composites. *Polymer Testing* 76 (2019) 82–89. https://doi.org/10.1016/j.polymertesting.2019.03.014.

27. Königsreuther, P.: PUR als Matrixalternative für Composite-Verarbeiter. https://www.maschinenmarkt.vogel.de/pur-als-matrixalternative-fuer-composite-verarbeiter-a-492236/ (2015) [Zugriff am 08.02.2020].

28. Covestro AG: Erste Windkrafträder mit Polyurethan von Covestro. https://presse.covestro.de/news.nsf/id/erste-windkraftraeder-mit-polyurethan-von-covestro (2018) [Zugriff am 08.02.2020].

29. Rühl Puromer GmbH: Faserverbundsysteme – puropreg®. http://www.ruehl-ag.de/pur-systeme/produkte/faserverbundsysteme.html [Zugriff am 08.02.2020].

30. BASF SE: Fiber-reinforced composites made of polyurethane systems. (2019) [Zugriff am 09.02.2020].

31. Hexcel AG: Loctite MAX 3 – Polyurethan-Matrixharz der neuesten Generation. https://www.henkel.de/presse-und-medien/presseinformationen-und-pressemappen/2013-09-19-presseinformation-loctite-max-3-polyurethan-matrixharz-dcr-neuesten-generation-193470 (2013) [Zugriff am 26.10.2019].

32. Hexcel AG: HexFlow® RTM 6. https://www.imatec.it/wp-content/uploads/2016/05/RTM6_global.pdf (2016) [Zugriff am 26.10.2019].

33. Caminero, M. A.; Rodriguez, G. P.; Muñoz, V.: Effect of stacking sequence on Charpy impact and flexural damage behavior of composites. *Composite Structures* 136 (2016) 345–357. https://doi.org/10.1016/j.compstruct.2015.10.019.

34. Arnold, B.: Werkstofftechnik für Wirtschaftsingenieure. Springer-Verlag, Heidelberg, ISBN 978-3-42-36591-1 (2013). https://doi.org/10.1007/978-3-642-36591-1.

35. Jamrozy, M.: Charakterisierung der Dehnratenabhängigkeit von glasfaserverstärktem Polyurethan unter Variation der Versuchsstrategie in Ein- und Mehrstufenversuchen. Fachwissenschaftliche Projektarbeit, Technische Universität Dortmund, Dortmund, (2017).

36. Ou, Y.; Zhu, D.: Tensile behavior of glass fiber reinforced composite at different strain rates and temperatures. *Construction and Building Materials* 96 (2015) 648–656. https://doi.org/10.1016/j.conbuildmat.2015.08.044.

37. Shokrieh, M. M.; Omidi, M. J.: Tension behavior of unidirectional glass/epoxy composites under different strain rates. *Composite Structures* 88 (2009) 595–601. https://doi.org/10.1016/j.compstruct.2008.06.012.

38. Kander, R. G.; Siegmann, A.: The effect of strain rate on damage mechanisms in a glass/polypropylene composite. *Journal of Composite Materials* 26, 10 (1992) 1455–1473. https://doi.org/10.1177/002199839202601004.

39. Zhou, Y.; Wang, Y.; Xia, Y.; Jeelani, S.: Tensile behavior of carbon fiber bundles at different strain rates. *Materials Letters* 64, 3 (2010) 246–248. https://doi.org/10.1016/j.matlet.2009.10.045.

40. Gerlach, R.; Siviour, C. R.; Petrinic, N.; Wiegand, J.: Experimental characterisation and consitutive modelling of RTM-6 resin under impact loading. *Polymer* 49, 11 (2008) 2728–2737. https://doi.org/10.1016/j.polymer.2008.04.018.

41. Xia, Y.; Yuan, J.; Yang, B.: A statistical model and experimental study of the strain-rate dependence of the strength of fibres. *Composites Science and Technology* 52, 4 (1994) 499–504. https://doi.org/10.1016/0266-3538(94)90032-9.

42. Feih, S.; Boiocchi, E.; Kandare, E.; Mathys, Z.; Gibson, A. G.; Mouritz, A. P.: Strength degradation of glass and carbon fibres at high temperature. *Proceedings of the 17th International Conference on Composite Materials* (2009) 1–10.

43. Reis, J. M. L.; Coelho, J. L. V.; Monteiro, A. H.; da Costa Mattos, H. S.: Tensile behavior of glass/epoxy laminates at varying strain rates and temperatures. *Composites Part B: Engineering* 43, 4 (2012) 2041–2046. https://doi.org/10.1016/j.compositesb.2012.02.005.

44. Jamrozy, M.; Brunsmann, T.: Quasistatische und zyklische Charakterisierung von Polyurethan-Reinharzproben. Studienarbeit, Technische Universität Dortmund, Dortmund, (2016).

45. Kumarasamy, S.; Shukur Zainol Abidin, M.; Abu Bakar, M. N.; Nazida, M. S.; Mustafa, Z.; Anjang, A.: Effects of high and low temperature on the tensile strength of glass fiber reinforced polymer composites. *Materials Science and Engineering* 370 (2018) 012021. https://doi.org/10.1088/1757-899X/370/1/012021.

46. Caous, D.; Bois, C.; Wahl, J.-C.; Palin-Luc, T.; Valette, J.: A method to determine composite material residual tensile strength in the fibre direction as a function of the matrix damage state after fatigue loading. *Composites Part B: Engineering* 127 (2017) 15–25. https://doi.org/10.1016/j.compositesb.2017.06.021.

47. Aklilu, G.; Adali, S.; Bright, G.: Temperature effect on mechanical properties of carbon, glass and hybrid polymer composite specimens. *International Journal of Engineering Research in Africa* 39 (2018) 119–138. https://doi.org/10.4028/www.scientific.net/JERA.39.119.

48. van Wingerde, A. M.; van Delft, D. R. V.; Janssen, L. G. J.; Philippidis, T. P.; Brøndstedt, P.; Dutton, A. G.; Jacobsen, T. K.; Nijssen, R. P. L.; Kensche, C. W.; Lekou, D. J.; van Hemelrijck, D.: OPTIMAT BLADES: Results and Perspectives. Knowledge Center WMC, Kolding, Dänemark, (2006).

49. Thomason, J. L.; Yang, L.: Temperature dependence of the interfacial shear strength in glass-fibre epoxy composites. *Composites Science and Technology* 96 (2014) 7–12. https://doi.org/10.1016/j.compscitech.2014.03.009.

50. Alcock, B.; Cabrera, N. O.; Barkoula, N.-M.; Wang, Z.; Peijs, T.: The effect of temperature and strain rate on the impact performance of recyclable all-polypropylene composites. *Composites Part B: Engineering* 39, 3 (2008) 537–547. https://doi.org/10.1016/j.compositesb.2007.03.003.

51. Bathias, C.: An engineering point of view about fatigue of polymer matrix composites. *International Journal of Fatigue* 28, 10 (2006) 1094–1099. https://doi.org/10.1016/j.ijfatigue.2006.02.008.

52. DIN 50100: Schwingfestigkeitsversuch – Durchführung und Auswertung von zyklischen Versuchen mit konstanter Lastamplitude für metallische Werkstoffproben und Bauteile. Beuth Verlag, Berlin, (2016).

53. Zilch-Bremer, H.: Realisierung des Hysteresis-Meßverfahrens. *Das Hysteresis-Meßverfahren*, Erlangen, (1993) 1.2.1–1.2.27.

54. DIN 50100: Dauerschwingversuch. Beuth Verlag, Berlin, (1978).

55. Walther, F.: Microstructure-oriented fatigue assessment of construction materials and joints using short time load increase procedure. *Materials Testing* 56, 7–8 (2014) 519–527. https://doi.org/10.3139/120.110592.

56. Starke, P.; Walther, F.; Eifler, D.: "PHYBAL" a short-time procedure for a reliable fatigue life calculation. *Advanced Engineering Materials* 12, 4 (2010) 276–282. https://doi.org/10.1002/adem.200900344.

57. ISO 13003: Fibre-reinforced plastics – Determination of fatigue properties under cyclic loading conditions. Beuth Verlag, Genf, Schweiz, (2003).

58. Radaj, D.; Vormwald, M.: Ermüdungsfestigkeit – Grundlagen für Ingenieure. Springer-Verlag, Heidelberg, ISBN 978-3-540-71459-0 (2007). https://doi.org/10.1007/978-3-540-71459-0.

59. Talreja, R.; Singh, C. V.: Damage and Failure of Composite Materials. Cambridge University Press, Cambridge, UK, (2012). https://doi.org/10.1017/CBO9781139011 6063.

60. Hosoi, A.; Takamura, K.; Sato, N.; Kawada, H.: Quantitative evaluation of fatigue damage growth in CFRP laminates that changes due to applied stress level. *International Journal of Fatigue* 33, 6 (2011) 781–787. https://doi.org/10.1016/j.ijfatigue.2010.12.017.

61. Mandell, J. F.; Samborsky, D. D.; Wang, L.; Wahl, N. K.: New fatigue data for wind turbine blade materials. *Proceedings of the ASME Wind Energy Symposium* 6–9 (2003) 167–179. https://doi.org/10.1115/WIND2003-692.

62. Mughrabi, H.: On 'multi-stage' fatigue life diagrams and the relevant life-controlling mechanisms in ultrahigh-cycle fatigue. *Fatigue & Fracture of Engineering Materials & Structures* 25, 8–9 (2002) 755–765. https://doi.org/10.1046/j.1460-2695.2002.00550.x.

63. Kawai, M.; Yajima, S.; Hichinohe, A.; Kawase, Y.: High-temperature off-axis fatigue behaviour of unidirectional carbon-fibre-reinforced composites with different resin matrices. *Composites Science and Technology* 61, 9 (2001) 1285–1302. https://doi.org/10.1016/S0266-3538(01)00027-6.

64. Movahedi-Rad, A. V.; Keller, T.; Vassilopoulos, A. P.: Stress ratio effect on tension-tension fatigue behavior of angle-ply GFRP laminates. *International Journal of Fatigue* 126 (2019) 103–111. https://doi.org/10.1016/j.ijfatigue.2019.04.037.

65. Jeannin, T.; Gabrion, X.; Ramasso, E.; Placet, V.: About the fatigue endurance of unidirectional flax-epoxy composite laminates. *Composites Part B: Engineering* 165 (2019) 690–710. https://doi.org/10.1016/j.compositesb.2019.02.009.

66. Mivehchi, H.; Varvani-Farahani, A.: The effect of temperature on fatigue strength and cumulative fatigue damage of FRP composites. *Procedia Engineering* 2, 1 (2010) 2011–2020. https://doi.org/10.1016/j.proeng.2010.03.216.

67. Chen, K.; Kang, G.; Lu, F.; Chen, J.; Jiang, H.: Effect of relative humidity on uniaxial cyclic softening/hardening and intrinsic heat generation of polyamide-6 polymer. *Polymer Testing* 56 (2016) 19–28. https://doi.org/10.1016/j.polymertesting.2016. 09.020.

68. Kun, F.; Carmona, H. A.; Andrade Jr., J. S.; Herrmann, H. J.: Universality behind Basquin's law of fatigue. *Physical Review Letters* 100, 9 (2008) 094301. https://doi. org/10.1103/PhysRevLett.100.094301.

69. Sendeckyj, G.: Fitting models to composite materials fatigue data. *ASTM STP 724 – Test methods and design allowables for fibrous composites.* ASTM International, West Conshohocken, USA, (1981) 245–260.

70. Epaarachchi, J. A.; Clausen, P. D.: An empirical model for fatigue behavior prediction of glass fibre-reinforced plastic composites for various stress ratios and test frequencies. *Composites Part A: Applied Science and Manufacturing* 34, 4 (2003) 313–326. https:// doi.org/10.1016/S1359-835X(03)00052-6.

71. Nijssen, R. P. L.: Phenomenological fatigue analysis and life modeling. *Fatigue Life Prediction of Composites and Composite Structures.* Woodhead Publishing, Duxford, UK, (2019) 47–75. https://doi.org/10.1533/9781845699796.1.47.

72. Kabelka, J.: Mechanische Dämpfung. *Das Hysteresis-Messverfahren.* Erlangen, (1993) 1.1.1–1.1.17.

73. Bledzki, A. K.; Gassan, J.; Kurek, K.: The accumulated dissipated energy of composites under cyclic-dynamic stress. *Experimental Mechanics* 37, 3 (1997) 324–327. https:// doi.org/10.1007/BF02317425.

74. Pristavok, J.: Mikromechanische Untersuchungen an Epoxidharz-Glasfaser-Verbundwerkstoffen unter zyklischer Wechselbelastung. Dissertation, Technische Universität Dresden, Dresden, (2006).

75. Natarajan, V.; Gangarao, H. V. S.; Shekar, V.: Fatigue response of fabric-reinforced polymeric composites. *Journal of Composite Materials* 39, 17 (2005) 1541–1559. https:// doi.org/10.1177/0021998305051084.

76. Altstädt, V.: Hysteresismessungen zur Charakterisierung der mechanischen-dynamischen Eigenschaften von R-SMC. Dissertation, Universität Kassel, Kassel, (1987).

77. Movahedi-Rad, A. V.; Keller, T.; Vassilopoulos, A. P.: Creep effects on tension-tension fatigue behavior of angle-ply GFRP composite laminates. *International Journal of Fatigue* 123 (2019) 144–156. https://doi.org/10.1016/j.ijfatigue.2019.02.010.

78. Ascione, L.; Berardi, V. P.; D'Aponte, A.: Creep phenomena in FRP materials. *Mechanics Research Communications* 43 (2012) 15–21. https://doi.org/10.1016/j.mechrescom.2012.03.010.

79. Petermann, J.; Schulte, K.: The effects of creep and fatigue stress ratio on the long-term behaviour of angle-ply CFRP. *Composite Structures* 57, 1–4 (2002) 205–210. https:// doi.org/10.1016/S0263-8223(02)00084-3.

80. Kang, G.; Liu, Y.; Wang, Y.; Chen, Z.; Xu, W.: Uniaxial ratchetting of polymer and polymer matrix composites: Time-dependent experimental observations. *Materials Science and Engineering: A* 523, 1–2 (2009) 13–20. https://doi.org/10.1016/j.msea. 2009.06.055.

81. Brunbauer, J.; Pinter, G.: On the strain measurement and stiffness calculation of carbon fibre reinforced composites under quasi-static tensile and tension-tension fatigue

loads. *Polymer Testing* 40 (2014) 256–264. https://doi.org/10.1016/j.polymertesting.2014.09.014.

82. Taubert, R.: Einfluss von nichtlinearem Materialverhalten auf die Entwicklung und Auswirkung von Zwischenfaserbrüchen in Verbundlaminaten. Dissertation, Technische Universität München, München, (2017).

83. Vieille, B.; Taleb, L.: High-temperature fatigue behavior of woven-ply thermoplastic composites. *Fatigue Life Prediction of Composites and Composite Structures.* Woodhead Publishing, Duxford, UK, (2019) 195–238. https://doi.org/10.1016/B978-0-08-102575-8.00006-1.

84. Naik, N. K.: Woven fibre thermoset composites. *Fatigue in Composites.* Woodhead Publishing, Oxford, UK, (2003) 296–313. https://doi.org/10.1016/B978-1-85573-608-5.50015-2.

85. Gamstedt, K.; Andersen, S.: Fatigue degradation and failure of rotating composite structures – Materials characterisation and underlying mechanisms. Risø National Laboratory, Roskilde, Dänemark, ISBN 87–550–2866–7 (2001).

86. Pandita, S. D.; Huysmans, G.; Wevers, M.; Verpoest, I.: Tensile fatigue behaviour of glass plain-weave fabric composites in on- and off-axis directions. *Composites Part A: Applied Science and Manufacturing* 32, 10 (2001) 1533–1539. https://doi.org/10.1016/S1359-835X(01)00053-7.

87. Adam, T. J.; Nolte, F.; Begemann, B.; Horst, P.: Selective laser illumination method for enhanced damage monitoring of micro cracking and delamination in GFRP laminates. *Polymer Testing* 65 (2018) 125–133. https://doi.org/10.1016/j.polymertesting.2017.11.022.

88. Carraro, P. A.; Quaresimin, M.: Fatigue damage and stiffness evolution in composite laminates: a damage-based framework. *Procedia Engineering* 213 (2018) 17–24. https://doi.org/10.1016/j.proeng.2018.02.003.

89. Pakdel, H.; Mohammadi, B.: Stiffness degradation of composite laminates due to matrix cracking and induced delamination during tension-tension fatigue. *Engineering Fracture Mechanics* 216 (2019) 106489. https://doi.org/10.1016/j.engfracmech.2019.106489.

90. Nairn, J. A.; Hu, S.: Matrix microcracking. *Damage Mechanics of Composite Materials.* Elsevier Science, Oxford, UK, ISBN 9780080934181 (1994).

91. Reifsnider, K. L.: Damage and damage mechanics. *Fatigue of Composite Materials,* Elsevier Science, Amsterdam, Niederlande, ISBN 978–0–444–70507–5 (1991) 11–77.

92. Helwing, R.: Entwicklung einer Versuchsmethodik zur hochfrequenten Ermüdungsprüfung faserverstärkter Kunststoffe im VHCF-Bereich. Bachelorarbeit, Technische Universität Dortmund, Dortmund, (2018).

93. Kumar, R.; Talreja, R.: Fatigue damage evolution in woven fabric composites. *Proceedings of the 41st AIAA/ASME/ASCE/AHS/ASC Structures, Structural Dynamics, and Materials Conference and Exhibition* (2000) AIAA-2000–1685. https://doi.org/10.2514/6.2000-1685.

94. Yu, B.; Bradley, R. S.; Soutis, C.; Hogg, P. J.; Withers, P. J.: 2D and 3D imaging of fatigue failure mechanisms of 3D woven composites. *Composites Part A: Applied Science and Manufacturing* 77 (2015) 37–49. https://doi.org/10.1016/j.compositesa.2015.06.013.

95. Ogihara, S.; Takeda, N.; Kobayashi, S.; Kobayashi, A.: Effects of stacking sequence on microscopic fatigue damage development in quasi-isotropic CFRP laminates with

interlaminar-toughened layers. *Composites Science and Technology* 59, 9 (1999) 1387–1398. https://doi.org/10.1016/S0266-3538(98)00180-8.

96. Tong, J.: Characteristics of fatigue crack growth in GFRP laminates. *International Journal of Fatigue* 24, 2–4 (2002) 291–297. https://doi.org/10.1016/S0142-1123(01)000 84-6.

97. D'Amore, A.; Grassia, L.; Ceparano, A.: Correlations between damage accumulation and strength degradation of fibre reinforced composites subjected to cyclic loading. *Procedia Engineering* 167 (2016) 97–102. https://doi.org/10.1016/j.proeng. 2016.11.674.

98. Reifsnider, K.; Raihan, R. M. D.; Vadlamudi, V.: Heterogeneous fracture mechanics for multi-defect analysis. *Composite Structures* 156 (2016) 20–28. https://doi.org/10.1016/ j.compstruct.2016.04.008.

99. Kassapoglou, C.: Fatigue in composite materials under spectrum loading. *Composites Part A: Applied Science and Manufacturing* 41, 5 (2010) 663–669. https://doi.org/10. 1016/j.compositesa.2010.01.016.

100. Tserpes, K. I.; Papanikos, P.; Labeas, G.; Pantelakis, S.: Fatigue damage accumulation and residual strength assessment of CFRP laminates. *Composite Structures* 62, 2 (2004) 219– 230. https://doi.org/10.1016/S0263-8223(03)00169-7.

101. Montesano, J.; Selezneva, M.; Fawaz, Z.; Poom, C.; Behdinan, K.: Elevated temperature off-axis fatigue behavior of an eight-harness satin woven carbon-fiber/bismaleimide laminate. *Composites Part A: Applied Science and Manufacturing* 43, 9 (2012) 1454– 1466. https://doi.org/10.1016/j.compositesa.2012.04.016.

102. Naderi, M.; Kahirdeh, A.; Khonsari, M. M.: Dissipated thermal energy and damage evolution of glass/epoxy using infrared thermography and acoustic emission. *Composites Part B: Engineering* 43, 3 (2012) 1613–1620. https://doi.org/10.1016/j.compositesb. 2011.08.002.

103. Adam, T.; Dickson, R. F.; Jones, C. J.; Reiter, H.; Harris, B.: A power law fatigue damage model for fibre-reinforced plastic laminates. *Proceedings of the Institution of Mechanical Engineers* 200, 3 (1986) 155–166. https://doi.org/10.1243/PIME_PROC_ 1986_200_111_02.

104. Ogin, S. L.; Smith, P. A.; Beaumont, P. W. R.: Matrix cracking and stiffness reduction during the fatigue of a (0/90)s GFRP laminate. *Composites Science and Technology* 22, 1 (1985) 23–31. https://doi.org/10.1016/0266-3538(85)90088-0.

105. Tao, C.; Ji, H.; Qiu, J.; Zhang, W.; Wang, Z.; Yao, W.: Characterization of fatigue damages in composite laminates using Lamb wave velocity and prediction of residual life. *Composite Structures* 166 (2017) 219–228. https://doi.org/10.1016/j.compstruct. 2017.01.034.

106. Tamuzs, V.; Dzelzitis, K.; Reifsnider, K.: Fatigue of woven composite laminates in off-axis loading I. The mastercurves. *Applied Composite Materials* 11, 5 (2004) 259–279. https://doi.org/10.1023/B:ACMA.0000037132.63191.3a.

107. Padmaraj, N. H.; Vijaya, K. M.; Dayananda, P.: Experimental study on the tension-tension fatigue behaviour of glass/epoxy quasi-isotropic composites. *Journal of King Saud University – Engineering Sciences* (2019) in Press. https://doi.org/10.1016/j.jks ues.2019.04.007.

108. Shiri, A.; Yazdani, M.; Pourgol-Mohammad, M.: A fatigue damage accumulation model based on stiffness degradation of composite materials. *Materials & Design* 88 (2015) 1290–1295. https://doi.org/10.1016/j.matdes.2015.09.114.

109. Whitworth, H. A.: A stiffness degradation model for composite laminates under fatigue loading. *Composite Structures* 40, 2 (1997) 95–101. https://doi.org/10.1016/S0263-822 3(97)00142-6.

110. Shokrieh, M. M.; Lessard, L. B.: Progressive fatigue damage modeling of composite materials, Part I: Modeling. *Journal of Composite Materials* 34, 13 (2000) 1056–1080. https://doi.org/10.1177/002199830003401301.

111. Stoll, M. M.; Weidenmann, K. A.: Fatigue of fiber-metal-laminates with aluminum core, CFRP face sheets and elastomer interlayers (FMEL). *International Journal of Fatigue* 107 (2018) 110–118. https://doi.org/10.1016/j.ijfatigue.2017.10.017.

112. Taheri-Behrooz, F.; Shokrieh, M. M.; Lessard, L. B.: Residual stiffness in cross-ply laminates subjected to cyclic loading. *Composite Structures* 85, 3 (2008) 205–212. https://doi.org/10.1016/j.compstruct.2007.10.025.

113. Esmkhani, M.; Shokrieh, M. M.; Taheri-Behrooz, F.: Fatigue behavior of nanoparticle-filled fibrous polymeric composites. *Fatigue Life Prediction of Composites and Composite Structures*. Woodhead Publishing, Duxford, UK, (2019) 135–193. https://doi.org/10.1016/B978-0-08-102575-8.00005-X.

114. Mrzljak, S.: Charakterisierung des temperaturspezifischen Ermüdungsverhaltens von glasfaserverstärktem Polyurethan auf Basis der Schädigungs- und Hystereseentwicklung. Masterarbeit, Technische Universität Dortmund, Dortmund, (2018).

115. Mejlej, V. G.; Osorio, D.; Vietor, T.: An improved fatigue failure model for multidirectional fiber-reinforced composite laminates under any stress ratios of cyclic loading. *Procedia CIRP* 66 (2017) 27–32. https://doi.org/10.1016/j.procir.2017.03.303.

116. Philippidis, T. P.; Vassilopoulos, A. P.: Stiffness reduction of composite laminates under combined cyclic stresses. *Advanced Composite Letters* 10, 3 (2001) 113–124. https://doi.org/10.1177/096369350101000302.

117. Nijssen, R. P. L.: Fatigue Life Prediction and Strength Degradation of Wind Turbine Rotor Blade Composites. Dissertation, Delft University of Technology, Delft, Niederlande, ISBN 90–9021221–3 (2007).

118. Kawai, M.; Morishita, M.; Fuzi, K.; Sakurai, T.; Kemmochi, K.: Effects of matrix ductility and progressive damage on fatigue strengths of unnotched and notched carbon fibre plain woven roving fabric laminates. *Composites Part A: Applied Science and Manufacturing* 27, 6 (1996) 493–502. https://doi.org/10.1016/1359-835X(95)00052-4.

119. Albouy, W.; Vieille, B.; Taleb, L.: Influence of matrix ductility on the high-temperature fatigue behavior of off-axis woven-ply thermoplastic and thermoset laminates. *International Journal of Fatigue* 63 (2014) 85–96. https://doi.org/10.1016/j.ijfatigue.2014.01.010.

120. Gnädinger, F.; Middendorf, P.; Fox, B.: Interfacial shear strength studies of experimental carbon fibres, novel thermosetting polyurethane and epoxy matrices and bespoke sizing agents. *Composites Science and Technology* 133 (2016) 104–110. https://doi.org/10.1016/j.compscitech.2016.07.029.

121. Boufaida, Z.; Farge, L.; André, S.; Meshaka, Y.: Influence of the fiber/matrix strength on the mechanical properties of a glass fiber/thermoplastic-matrix plain weave fabric

composite. *Composites Part A: Applied Science and Manufacturing* 75 (2015) 28–38. https://doi.org/10.1016/j.compositesa.2015.04.012.

122. Mäder, E.; Gao, S.-l.; Plonka, R.: Static and dynamic properties of single and multifiber/epoxy composites modified by sizings. *Composites Science and Technology* 67, 6 (2007) 1105–1115. https://doi.org/10.1016/j.compscitech.2006.05.020.

123. Gamstedt, E. K.; Berglund, L. A.; Peijs, T.: Fatigue mechanisms in unidirectional glass-fibre-reinforced polypropylene. *Composites Science and Technology* 59, 5 (1999) 759–768. https://doi.org/10.1016/S0266-3538(98)00119-5.

124. Keusch, S.; Queck, H.; Gliesche, K.: Influence of glass fibre/epoxy resin interface on static mechanical properties of unidirectional composites and on fatigue performance of cross ply composites. *Composites Part A: Applied Science and Manufacturing* 29, 5–6 (1998) 701–705. https://doi.org/10.1016/S1359-835X(97)00106-1.

125. Subramanian, S.; Reifsnider, K. L.; Stinchcomb, W. W.: A cumulative damage model to predict the fatigue life of composite laminates including the effect of fibre-matrix interphase. *International Journal of Fatigue* 17, 5 (1995) 343–351. https://doi.org/10.1016/0142-1123(95)99735-S.

126. Afaghi-Khatibi, A.; Ye, L.; Mai, Y.-W.: An experimental study of the influence of fibre-matrix interface on fatigue tensile strength of notched composite laminates. *Composites Part B: Engineering* 32, 4 (2001) 371–377. https://doi.org/10.1016/S1359-8368(01)00012-9.

127. Sisodia, S.; Gamstedt, E. K.; Edgren, F.; Varna, J.: Effects of voids on quasi-static and tension fatigue behaviour of carbon-fibre composite laminates. *Journal of Composite Materials* 49, 17 (2015) 2137–2148. https://doi.org/10.1177/0021998314541993.

128. Protz, R.; Kosmann, N.; Gude, M.; Hufenbach, W.; Schulte K.; Fiedler, B.: Voids and their effect on the strain rate dependent material properties and fatigue behaviour of non-crimp fabric composite materials. *Composites Part B: Engineering* 83 (2015) 346–351. https://doi.org/10.1016/j.compositesb.2015.08.018.

129. Lambert, J.; Chambers, A. R.; Sinclair, I.; Spearing, S. M.: 3D damage characterisation and the role of voids in the fatigue of wind turbine blade materials. *Composites Science and Technology* 72, 2 (2012) 337–343. https://doi.org/10.1016/j.compscitech.2011.11.023.

130. Liebig, W. V.; Viets, C.; Schulte, K.; Fiedler, B.: Influence of voids on the compressive failure behaviour of fibre-reinforced composites. *Composites Science and Technology* 117 (2015) 225–233. https://doi.org/10.1016/j.compscitech.2015.06.020.

131. Sims, G. D.; Gladman, D. G.: A framework for specifying the fatigue performance of glass fibre reinforced plastics. *Proceedings of the 13th British Plastics Federation Congress on Reinforced Plastics* (1982).

132. Shindo, Y.; Takano, S.; Horiguchi, K.; Sato, T.: Cryogenic fatigue behavior of plain weave glass/epoxy composite laminates under tension–tension cycling. *Cryogenics* 46, 11 (2006) 794–798. https://doi.org/10.1016/j.cryogenics.2006.07.003.

133. Kawai, M.; Maki, N.: Fatigue strengths of cross-ply CFRP laminates at room and high temperatures and its phenomenological modeling. *International Journal of Fatigue* 28, 10 (2006) 1297–1306. https://doi.org/10.1016/j.ijfatigue.2006.02.013.

134. Flore, D.; Wegener, K.: Influence of fibre volume fraction and temperature on fatigue life of glass fibre reinforced plastics. *AIMS Materials Science* 3, 3 (2016) 770–795. https://doi.org/10.3934/matersci.2016.3.770.

135. Tang, H. C.; Nguyen, T.; Chuang, T. J.; Chin, J. W.; Wu, H. F.; Lesko, J.: Temperature effects on fatigue of polymer composites. *Proceedings of the 7th Annual International Conference on Composite Engineering* 7 (2000) 861–862.

136. Vina, J.; Argüelles, A.; Canteli, A. F.: Influence of temperature on the fatigue behaviour of glass fibre reinforced polypropylene. *Strain* 47, 3 (2011) 222–226. https://doi.org/10.1111/j.1475-1305.2009.00671.x.

137. Miyano, Y.; Nakada, M.: Time and temperature dependent fatigue strengths for three directions of unidirectional CFRP. *Experimental Mechanics* 46, 2 (2006) 155–162. https://doi.org/10.1007/s11340-006-6834-5.

138. Katunin, A.: Wachla, D.: Minimizing self-heating based fatigue degradation in polymeric composites by air cooling. *Procedia Structural Integrity* 18 (2019) 20–27. https://doi.org/10.1016/j.prostr.2019.08.136.

139. Katunin, A.: Domination of self-heating effect during fatigue of polymeric composites. *Procedia Structural Integrity* 5 (2017) 93–98. https://doi.org/10.1016/j.prostr.2017.07.073.

140. Schaaf, A.; de Monte, M.; Moosbrugger, E.; Vormwald, M.; Quaresimin, M.: Life estimation methodology for short fiber reinforced polymers under thermo-mechanical loading in automotive applications. *Materials Science & Engineering Technology* 46, 2 (2015) 214–228. https://doi.org/10.1002/mawe.201400377.

141. Liang, S.; Gning, P. B.; Guillaumat, L.: A comparative study of fatigue behaviour of flax/epoxy and glass/epoxy composites. *Composites Science and Technology* 72, 5 (2012) 535–543. https://doi.org/10.1016/j.compscitech.2012.01.011.

142. Barron, V.; Buggy, M.; McKenna, N. H.: Frequency effects on the fatigue behaviour on carbon fibre reinforced polymer laminates. *Journal of Materials Science* 36, 7 (2001) 1755–1761. https://doi.org/10.1023/A:1011576725885.

143. Bale, J.; Valot, E.; Potit, O.; Bathias, C.; Monin, M.; Soemardi, T. P.: Thermal phenomenon of glass fibre composite under tensile static and fatigue loading. *Journal of Mechanical Engineering and Science* 11, 2 (2017) 2755–2769. https://doi.org/10.15282/jmes.11.2.2017.16.0250.

144. Kohl, A.: Entwicklung einer energiebasierten Versuchsmethodik zur frequenzoptimierten Ermüdungsprüfung am Beispiel von Polyamid 6. Bachelorarbeit, Technische Universität Dortmund, Dortmund, (2018).

145. Ratner, S. B.; Korobov, V. I.: Self-heating of plastics during cyclic deformation. *Polymer Mechanics* 1, 3 (1965) 63–68. https://doi.org/10.1007/BF00858807.

146. Lahuerta Calahorra, F.: Thickness effect in composite laminates in static and fatigue loading. Dissertation, Delft University of Technology, Delft, Niederlande, ISBN 978–94–6186–773–5 (2017).

147. Hertzberg, R. W.; Manson, J. A.; Skibo, M.: Frequency sensitivity of fatigue processes in polymeric solids. *Polymer Engineering and Science* 15, 4 (1975) 252–260. https://doi.org/10.1002/pen.760150404.

148. Parsons, M.; Stepanov, E. V.; Hiltner, A.; Baer, E.: Effect of strain rate on stepwise fatigue and creep slow crack growth in high density polyethylene. *Journal of Materials Science* 35, 8 (2000) 1857–1866. https://doi.org/10.1023/A:1004741713514.

149. Perreux, D.; Joseph, E.: The effect of frequency on the fatigue performance of filament-wound pipes under biaxial loading: Experimental results and damage model. *Composites*

Science and Technology 57, 3 (1997) 353–364. https://doi.org/10.1016/S0266-353 8(96)00155-8.

150. Mandell, J.; Meier, U.: Effects of stress ratio, frequency, and loading time on the tensile fatigue of glass-reinforced epoxy. *Long-Term Behavior of Composites*, ASTM International, West Conshohocken, USA, (1983) 55–77. https://doi.org/10.1520/STP 31816S.

151. Mishnaevsky Jr., L.; Brøndsted, P.: Cyclic loading frequency effect on the damage growth in the low-frequency range. *Polymer Composite Materials for Wind Power Turbines*, Risø National Laboratory, Roskilde, Dänemark, ISBN 87–550–3528–0 (2006) 239–248.

152. Mishnaevsky Jr., L.; Brøndstedt, P.: Micromechanical modeling of strength and damage of fiber reinforced composites. Risø National Laboratory, Roskilde, Dänemark, ISBN 978–87–550–3588–1 (2007) Risø-R-1601.

153. Růžek, R.; Kadlec, M.; Petrusová, L.: Effect of fatigue loading rate on lifespan and temperature of tailored blank C/PPS thermoplastic composite. *International Journal of Fatigue* 113 (2018) 253–263. https://doi.org/10.1016/j.ijfatigue.2018.04.023.

154. Zhou, Y.; Mallick, P. K.: Fatigue performance of an injection-molded short E-glass fiber-reinforced polyamide 6,6. I. Effects of orientation, holes, and weld line. *Polymer Composites* 27, 2 (2006) 230–237. https://doi.org/10.1002/pc.20182.

155. Bernasconi, A.; Kulin, R. M.: Effect of frequency upon fatigue strength of a short glass fiber reinforced polyamide 6: A superposition method based on cyclic creep parameters. *Polymer Composites* 30, 2 (2009) 154–161. https://doi.org/10.1002/pc.20543.

156. Osti de Moraes, D. V.; Magnabosco, R.; Donato, G. H. B.; Bettini, S. H. P.; Antunes, M. C.: Influence of loading frequency on the fatigue behaviour of coir fibre reinforced PP composite. *Polymer Testing* 41 (2015) 184–190. https://doi.org/10.1016/j.polymerte sting.2014.12.002.

157. Weibel, D.; Beck, T.; Balle, F.: Fatigue properties and damage of CF-PPS from high to very high cycles. *Proceedings of the 22nd International Conference on Composite Materials* (2019) 1–7.

158. Adam, T. J.; Horst, P.: Very high cycle fatigue testing and behavior of GFRP cross- and angle-ply laminates. *Fatigue of Materials at Very High Numbers of Loading Cycles*. Springer Spektrum, Wiesbaden, (2018) 511–532. https://doi.org/10.1007/978-3-658-24531-3_23.

159. Hahn, T. H.; Turkgenc, O.: The effect of loading parameters on fatigue of composites laminates: Part IV information systems. U.S. Department of Transportation, Washington D.C., USA, DOT/FAA/AR-00/48 (2000).

160. ASTM D7791–12: Standard test method for uniaxial fatigue properties of plastics. West Conshohocken, USA, (2012).

161. El Fray, M.; Altstädt, V.: Fatigue behaviour of multiblock thermoplastic elastomers. 1. Stepwise increasing load testing of poly(aliphatic/aromatic-ester) copolymers. *Polymer* 44, 16 (2003) 4635–4642. https://doi.org/10.1016/S0032-3861(03)00417-8.

162. El Fray, M.; Altstädt, V.: Fatigue behaviour of multiblock thermoplastic elastomers. 3. Stepwise increasing strain test of poly(aliphatic/aromatic-ester) copolymers. *Polymer* 45, 1 (2004) 263–273. https://doi.org/10.1016/j.polymer.2003.10.034.

163. Sonsino, C. M.: Fatigue testing under variable amplitude loading. *International Journal of Fatigue* 29, 6 (2007) 1080–1089. https://doi.org/10.1016/j.ijfatigue.2006.10.011.

164. Meneghetti, G.; Ricotta, M.; Lucchetta, G.; Carmignato, S.: An hysteresis energy-based synthesis of fully reversed axial fatigue behaviour of different polypropylene composites. *Composites Part B: Engineering* 65 (2014) 17–25. https://doi.org/10.1016/j.com positesb.2014.01.027.

165. Mayer, H.: Recent developments in ultrasonic fatigue. *Fatigue & Fracture of Engineering Materials & Structures* 39, 1 (2015) 3–29. https://doi.org/10.1111/ffe.12365.

166. Flore, D.; Wegener, K.; Mayer, H.; Oetting, C. C.: Investigation of the high and very high cycle fatigue behaviour of continuous fibre reinforced plastics by conventional and ultrasonic fatigue testing. *Composites Science and Technology* 141 (2017) 130–136. https://doi.org/10.1016/j.compscitech.2017.01.018.

167. Adam, T. J.; Horst, P.: Experimental investigation of the very high cycle fatigue of GFRP [90/0]s cross-ply specimens subjected to high-frequency four-point-bending. *Composites Science and Technology* 101 (2014) 62–70. https://doi.org/10.1016/j.com pscitech.2014.06.023.

168. Horst, P.; Adam, T. J.; Lewandrowski, M.; Begemann, B.; Nolte, F.: Very high cycle fatigue – Testing methods. *IOP Conf. Series: Materials Science and Engineering* 388 (2018) 012004. https://doi.org/10.1088/1757-899X/388/1/012004.

169. Backe, D.; Balle, F.; Eifler, D.: Fatigue testing of CFRP in the very high cycle fatigue (VHCF) regime at ultrasonic frequencies. *Composites Science and Technology* 106 (2015) 93–99. https://doi.org/10.1016/j.compscitech.2014.10.020.

170. Balle, F.; Backe, D.: Very high cycle fatigue of carbon fiber reinforced polyphenylene sulfide at ultrasonic frequencies. *Fatigue of Materials at Very High Numbers of Loading Cycles*. Springer Spektrum, Wiesbaden, (2018) 441–461. https://doi.org/10.1007/978-3-658-24531-3_20.

171. Stanzl, S.: A new experimental method for measuring life time and crack growth of materials under multi-stage and random loadings. *Ultrasonics* 19, 6 (1981) 269–271. https://doi.org/10.1016/0041-624X(81)90017-2.

172. Stanzl-Tschegg, S.: Very high cycle fatigue measuring techniques. *International Journal of Fatigue* 60 (2014) 2–17. https://doi.org/10.1016/j.ijfatigue.2012.11.016.

173. Backe, D.; Balle, F.: Ultrasonic fatigue and microstructural characterization of carbon fiber fabric reinforced polyphenylene sulfide in the very high cycle fatigue regime. *Composites Science and Technology* 126 (2016) 115–121. https://doi.org/10.1016/j. compscitech.2016.02.020.

174. Gude, M.; Hufenbach, W.; Koch, I.; Koschichow, R.; Schulte, K.; Knoll, J.: Fatigue testing of carbon fibre reinforced polymers under VHCF loading. *Procedia Materials Science* 2 (2013) 18–24. https://doi.org/10.1016/j.mspro.2013.02.003.

175. Just, G.; Koch, I.; Gude, M.: Characterisation and modelling of the inter-fibre cracking behaviour of CFRP up to very high cycles. *Fatigue of Materials at Very High Numbers of Loading Cycles*. Springer Spektrum, Wiesbaden, (2018) 607–628. https://doi.org/10. 1007/978-3-658-24531-3_27.

176. Koch, I.; Just, G.; Koschichow, J.; Hanke, U.; Gude, M.: Guided bending experiment for the characterisation of CFRP in VHCF-loading. *Polymer Testing* 54 (2016) 12–18. https://doi.org/10.1016/j.polymertesting.2016.06.019.

177. Hosoi, A.; Sato, N.; Kusumoto, Y.; Fujiwara, K.; Kawada, H.: High-cycle fatigue characteristics of quasi-isotropic CFRP laminates over 10^8 cycles (initiation and propagation

of delamination considering interaction with transverse cracks). *International Journal of Fatigue* 32, 1 (2010) 29–36. https://doi.org/10.1016/j.ijfatigue.2009.02.028.

178. Alpinis, R.: Acceleration of fatigue tests of polymer composite materials by using high-frequency loadings. *Mechanics of Composite Materials* 40 (2004) 107–118. https://doi.org/10.1023/B:MOCM.0000025485.93979.dd.

179. Lorsch, P.; Sinapius, M.; Wierach, P.: Methodology for the high frequency testing of fiber-reinforced plastics. *Fatigue of Materials at Very High Numbers of Loading Cycles*. Springer Spektrum, Wiesbaden, (2018) 487–509. https://doi.org/10.1007/978-3-658-24531-3_22.

180. Domínguez Almaraz, G. M.; Ruiz Vilchez, J. A.; Dominguez, A.; Meyer, Y.: Ultrasonic fatigue endurance of thin carbon fiber sheets. *Metallurgical and Materials Transaction A* 47 (2016) 1654–1660. https://doi.org/10.1007/s11661-016-3350-9.

181. Lorsch, P.: Methodik für eine hochfrequente Ermüdungsprüfung an Faserverbundwerkstoffen. Dissertation, Deutsches Zentrum für Luft- und Raumfahrt, Braunschweig, ISSN 1434–8454 (2016).

182. Domínguez Almaraz, G. M.; Correa Gómez, E.; Verduzco Juárez, J. C.; Avila Ambriz, J. L.: Crack initiation and propagation on the polymeric material ABS (Acrylonitrile Butadiene Styrene), under ultrasonic fatigue testing. *Frattura ed Integrità Strutturale* 9 (2015) 498–506. https://doi.org/10.3221/IGF-ESIS.34.55.

183. Domínguez Almaraz, G. M.; Gutiérrez Martínez, A.; Hernández Sánchez, R.; Correa Gómez, E.; Guzmám Tapia, M.; Verduzco Juárez, J. C.: Ultrasonic fatigue testing on the polymeric material PMMA, used in odontology applications. *Procedia Structural Integrity* 3 (2017) 562–570. https://doi.org/10.1016/j.prostr.2017.04.039.

184. Wu, T.; Yao, W.; Xu, C.: A VHCF life prediction method based on surface crack density for FRP. *International Journal of Fatigue* 114 (2018) 51–56. https://doi.org/10.1016/j.ijfatigue.2018.04.028.

185. Sutherland, H. J.; Mandell, J. F.: Application of the U.S. high cycle fatigue data base to wind turbine blade lifetime predictions. *Proceedings of the ASME Energy Week* (1996) 1–9.

186. Herrmann, C.; Hausherr, J. M.; Krenkel, W.: Einsatz der Computertomografie zur zerstörungsfreien Prüfung und Charakterisierung von Faserverbundwerkstoffen. *17. Symposium Verbundwerkstoffe und Werkstoffverbunde*. Wiley-VCH Verlag, Bayreuth, (2009) 240–256. https://doi.org/10.1002/9783527627110.ch34.

187. Garcea, S. C.; Wang, Y.; Withers, P. J.: X-ray computed tomography of polymer composites. *Composites Science and Technology* 156 (2018) 305–319. https://doi.org/10.1016/j.compscitech.2017.10.023.

188. Schiebold, K.: Zerstörungsfreie Werkstoffprüfung – Durchstrahlungsprüfung. Springer Verlag, Berlin, ISBN 978–3–662–44669–0 (2015).

189. Hering, E.; Martin, R.; Stohrer, M.: Physik für Ingenieure. Springer-Verlag, Berlin, ISBN 978–3–540–71856–7 (2016). https://doi.org/10.1007/978-3-540-71856-7.

190. Stegemann, D.: Zerstörungsfreie Prüfverfahren. Vieweg+Teubner Verlag, Wiesbaden, ISBN 978–3–322–94042–1 (1995). https://doi.org/10.1007/978-3-322-94042-1.

191. Mrzljak, S.: Computertomographische Charakterisierung der Schädigungsentwicklung an glasfaserverstärktem Polyurethan. Bachelorarbeit, Technische Universität Dortmund, Dortmund, (2016).

192. Nikishkov, Y.; Airoldi, L.; Makeev, A.: Measurement of voids in composites by X-ray computed tomography. *Composites Science and Technology* 89 (2013) 89–97. https://doi.org/10.1016/j.compscitech.2013.09.019.

193. Yu, B.; Blanc, R.; Soutis, C.; Withers, P. J.: Evolution of damage during the fatigue of 3D woven glass-fibre reinforced composites subjected to tension-tension loading observed by time-lapse X-ray tomography. *Composites Part A: Applied Science and Manufacturing* 82 (2016) 279–290. https://doi.org/10.1016/j.compositesa.2015.09.001.

194. Garcea, S. C.; Sinclair, I.; Spearing, S. M.: Fibre failure assessment in carbon fibre reinforced polymers under fatigue loading by synchrotron X-ray computed tomography. *Composites Science and Technology* 133 (2016) 157–164. https://doi.org/10.1016/j.com pscitech.2016.07.030.

195. Schell, J. S. U.; Renggli, M.; van Lenthe, G. H.; Müller, R.; Ermanni, P.: Micro-computed tomography determination of glass fibre reinforced polymer meso-structure. *Composites Science and Technology* 66, 13 (2006) 2016–2022. https://doi.org/10.1016/j.compsc itech.2006.01.003.

196. Schilling, P. J.; Karedla, B. P. R.; Tatiparthe, A. K.; Verges, M. A.; Herrington, P. D.: X-ray computed microtomography of internal damage in fiber reinforced polymer matrix composites. *Composites Science and Technology* 65, 14 (2005) 2071–2078. https://doi. org/10.1016/j.compscitech.2005.05.014.

197. Little, J. E.; Yuan, X.; Jones, M. I.: Characterisation of voids in fibre reinforced composite materials. *NDT & E International* 46 (2012) 122–127. https://doi.org/10.1016/j. ndteint.2011.11.011.

198. Sket, F.; Enfedaque, A.; Alton, C.; Gonzales, C.; Molina-Aldareguia, J. M.; Llorca, J.: Automatic quantification of matrix cracking and fiber rotation by X-ray computed tomography in shear-deformed carbon fiber reinforced laminates. *Composites Science and Technology* 90 (2014) 129–138. https://doi.org/10.1016/j.compscitech.2013.10.022.

199. Yu, B.; Bradley, R. S.; Soutis, C.; Withers, P. J.: A comparison of different approaches for imaging cracks in composites by X-ray microtomography. *Philosophical Transactions A* 374 (2016) 20160037. https://doi.org/10.1098/rsta.2016.0037.

200. Sket, F.; Seltzer, R.; Molina-Aldareguia, J. M.; Gonzales, C.; Llorca, J.: Determination of damage micromechanisms and fracture resistance of glass fiber/epoxy cross-ply laminate by means of X-ray computed microtomography. *Composites Science and Technology* 72, 2 (2012) 350–359. https://doi.org/10.1016/j.compscitech.2011.11.025.

201. Sisodia, S. M.; Garcea, S. C.; George, A. R.; Fullwood, D. T.; Spearing, S. M.; Gamstedt, E. K.: High-resolution computed tomography in resin infused woven carbon fibre composites with voids. *Composites Science and Technology* 131 (2016) 12–21. https://doi.org/10.1016/j.compscitech.2016.05.010.

202. Scott, A. E.; Sinclair, I.; Spearing, S. M.; Mavrogordato, M. N.; Hepples, W.: Influence of voids on damage mechanisms in carbon/epoxy composites determined via high resolution computed tomography. *Composites Science and Technology* 90 (2014) 147–153. https://doi.org/10.1016/j.compscitech.2013.11.004.

203. Quaresimin, M.; Carraro, P. A.; Mikkelsen, L. P.; Lucato, N.; Vivian, L.; Brøndsted, P.; Sørensen, B. F.; Varna, J.; Talreja, R.: Reprint of: Damage evolution under cyclic multiaxial stress state: A comparative analysis between glass/epoxy laminates and tubes. *Composites Part B: Engineering* 65 (2014) 2–10. https://doi.org/10.1016/j.compositesb.2014.05.004.

204. Stelzer, S.; Rieser, R.; Pinter, G.: Damage evolution in glass fibre reinforced composites. *Proceedings of the 17th European Conference on Composite Materials* (2016) 1–6.

205. Salvo, L.; Suéry, M.; Marmottant, A.; Limodin, N.; Bernard, D.: 3D imaging in material science: Application of X-ray tomography. *Comptes Rendus Physique* 11, 9–10 (2010) 641–649. https://doi.org/10.1016/j.crhy.2010.12.003.

206. Garcea, S. C.; Mavrogordato, M. N.; Scott, A. E.; Sinclair, I.; Spearing, S. M.: Fatigue micromechanism characterisation in carbon fibre reinforced polymers using synchrotron radiation computed tomography. *Composites Science and Technology* 99 (2014) 23–30. https://doi.org/10.1016/j.compscitech.2014.05.006.

207. Nixon-Pearson, O. J.; Hallett, S. R.; Withers, P. J.; Rouse, J.: Damage development in open-hole composite specimens in fatigue. Part 1: Experimental investigation. *Composite Structures* 106 (2013) 882–889. https://doi.org/10.1016/j.compstruct.2013.05.033.

208. Jespersen, K. M.; Zangenberg, J.; Lowe, T.; Withers, P. J.; Mikkelsen, L. P.: Fatigue damage assessment of uni-directional non-crimp fabric reinforced polyester composite using X-ray computed tomography. *Composites Science and Technology* 136 (2016) 94–103. https://doi.org/10.1016/j.compscitech.2016.10.006.

209. Böhm, R.; Stiller, J.; Behnisch, T.; Zscheyge, M.; Protz, R.; Radloff, S.; Gude, M.; Hufenbach, W.: A quantitative comparison of the capabilities of in situ computed tomography and conventional computed tomography for damage analysis of composites. *Composites Science and Technology* 110 (2015) 62–68. https://doi.org/10.1016/j.compscitech.2015.01.020.

210. Hufenbach, W.; Böhm, R.; Gude, M.; Berthel, M.; Hornig, A.; Ručevskis, S.; Andrich, M.: A test device for damage characterisation of composites based on in situ computed tomography. *Composites Science and Technology* 72, 12 (2012) 1361–1367. https://doi.org/10.1016/j.compscitech.2012.05.007.

211. Brunner, A. J.; Potstada, P.; Sause, M. G. R.: Microscopic damage size in fiber-reinforced polymer-matrix composites: Quantification approach via NDT-measurements. *Procedia Structural Integrity* 17 (2019) 146–153. https://doi.org/10.1016/j.prostr.2019.08.020.

212. Maire, E.; Withers, P. J.: Quantitative X-ray tomography. *International Materials Reviews* 49, 1 (2014) 1–43. https://doi.org/10.1179/1743280413Y.0000000023.

213. Scott, A. E.; Mavrogordato, M.; Wright, P.; Sinclair, I.; Spearing, S. M.: In situ fibre fracture measurement in carbon-epoxy laminates using high resolution computed tomography. *Composites Science and Technology* 71, 12 (2011) 1471–1477. https://doi.org/10.1016/j.compscitech.2011.06.004.

214. Rask, M.; Madsen, B.; Sørensen, B. F.; Fife, J. L.; Martyniuk, K.; Lauridsen, E. M.: In situ observations of microscale damage evolution in unidirectional natural fibre composites. *Composites Part A: Applied Science and Manufacturing* 43, 10 (2012) 1639–1649. https://doi.org/10.1016/j.compositesa.2012.02.007.

215. Hufenbach, W.; Gude, M.; Böhm, R.; Hornig, A.; Berthel, M.; Danczak, M.; Geske, V.; Zscheyge, M.: In situ based damage characterisation of textile-reinforced CFRP composites. *Proceedings of the 15th European Conference on Composite Materials* (2012) 1–7.

216. Wang, Y.; Garcea, S. C.; Withers, P. J.: Computed tomography of composites. *Comprehensive Composite Materials II*. Elsevier, ISBN 978-0-08-100534-7 (2018) 101–118.

217. Garcea, S. C.; Sinclair, I.; Spearing, S. M.: In situ synchrotron tomographic evaluation of the effect of toughening strategies on fatigue micromechanisms in carbon fibre reinforced polymers. *Composites Science and Technology* 109 (2015) 32–39. https://doi. org/10.1016/j.compscitech.2015.01.012.

218. Hosoi, A.; Nagata, K.; Kawada, H.: Interaction between transverse cracks and edge delamination considering free-edge effects in composite laminates. *Proceedings of the 16th International Conference on Composite Materials* (2007) 1–10.

219. Adam, T. J.; Horst, P.: Cracking and delamination of cross- and angle ply GFRP bending specimens under very high cycle fatigue loading. *Proceedings of the 20th International Conference on Composite Materials* (2015) 1–11.

220. Hosoi, A.; Arao, Y.; Kawada, H.: Transverse crack growth behavior considering free-edge effect in quasi-isotropic CFRP laminates under high-cycle fatigue loading. *Composites Science and Technology* 69, 9 (2009) 1388–1393. https://doi.org/10.1016/ j.compscitech.2008.09.003.

221. Hexcel AG: HexPly 914. https://www.hexcel.com/user_area/content_media/raw/Hex Ply_914_eu_DataSheet.pdf (2017) [Zugriff am 25.01.2020].

222. Hülsbusch, D.; Jamrozy, M.; Frieling, G.; Müller, Y.; Barandun, G. A.; Niedermeier, M.; Walther, F.: Comparative characterization of quasi-static and cyclic deformation behavior of glass fiber-reinforced polyurethane (GFR-PU) and epoxy (GFR-EP). *Materials Testing* 59, 2 (2017) 109–117. https://doi.org/10.3139/120.110972.

223. Müller, Y.; Barandun, G. A.; Hülsbusch, D.; Walther, F.: PRISCA - PUR-RTM: Polyurethane reaction injection for structural composite application. *SAMPE CH – Presentations of the 52nd Swiss Society for the Advancement of Material and Process Engineering Chapter,* Horgen, Schweiz, (2015).

224. Müller, Y.; Barandun, G. A.: Monolithische Struktur für "Nosecone". *Presentations of the 5. Project-Meeting PRISCA: Polyurethane Reaction Injection for Structural Composite Application,* Rapperswil, Schweiz, (2016).

225. Hülsbusch, D.; Müller, Y.; Barandun, G. A:; Niedermeier, M.; Walther, F.: Mechanical properties of GFR-Polyurethane and -Epoxy for impact resistant applications under service-relevant temperatures. *Presentations of the 17th European Conference on Composite Materials,* München, (2016).

226. Hülsbusch, D.; Mrzljak, S.; Walther, F.: In situ computed tomography for characterization of the damage propagation in glass fiber-reinforced polyurethane. *Materials Testing* 61, 9 (2019) 821–828. https://doi.org/10.3139/120.111389.

227. Jamrozy, M.: Charakterisierung und Validierung des Steifigkeitsverlustes an glasfaserverstärktem Polyurethan unter kombinierter quasistatischer und zyklischer Belastung. Bachelorarbeit, Technische Universität Dortmund, Dortmund, (2016).

228. Vassilopoulos, A. P.: Fatigue life modeling and prediction methods for composite materials and structures – Past, present, and future prospects. *Fatigue Life Prediction of Composites and Composite Structures.* Woodhead Publishing, Duxford, UK, (2019) 1–44. https://doi.org/10.1016/B978-0-08-102575-8.00001-2.

229. DIN EN ISO 7500–1: Prüfung von statischen Prüfmaschinen – Teil 1: Zug- und Druckprüfmaschinen – Prüfung und Kalibrierung der Kraftmesseinrichtung. Beuth Verlag, Berlin, (2004).

230. Yokozeki, T.; Hayashi, Y.; Ishikawa, T.; Aoki, T.: Edge effect on the damage development of CFRP. *Advanced Composite Materials* 10, 4 (2001) 369–376. https://doi.org/10.1163/156855101753415391.

231. Czél, G.; Jalalvand, M.; Wisnom, M. R.: Hybrid specimens elaminating stress concentrations in tensile and compressive testing of unidirectional composites. *Composites Part A: Applied Science and Manufacturing* 91, 2 (2016) 436–447. https://doi.org/10.1016/j.compositesa.2016.07.021.

232. Wisnom, M. R.; Czél, G.; Fotouhi, M.; Jalalvand, M.; Rev, T.: Determining the true tensile failure strain of carbon fibre composites and factors affecting it. *Presentations of the 22nd International Conference on Composite Materials*, Melbourne, Australien, (2019).

233. Mrzljak, S.: Entwicklung einer optimierten Versuchsmethodik zur reproduzierbaren Ermittlung der zyklisch induzierten Schädigungsentwicklung in glasfaserverstärkten Kunststoffen. Fachwissenschaftliche Projektarbeit, Technische Universität Dortmund, Dortmund, (2018).

234. Kitano, A.; Yoshikawa, K.; Noguchi, K.; Matsui, J.: Edge finishing effects on transverse cracking of cross-ply CFRP laminates. *Proceedings of the 9th International Conference on Composite Materials* (1993) 169–176.

235. Hülsbusch, D.; Jamrozy, M.; Mrzljak, S.; Walther, F.: Strain rate-related characterization of fatigue behavior of glass-fiber-reinforced polyurethane. *Proceedings of the 21st International Conference on Composite Materials* (2017) 1–10.

236. Becker, F.: Entwicklung einer Beschreibungsmethodik für das mechanische Verhalten unverstärkter Thermoplaste bei hohen Deformationsgeschwindigkeiten. Dissertation, Martin-Luther-Universität Halle-Wittenberg, Halle (Saale), (2009).

237. DIN EN ISO 9513: Kalibrierung von Längenänderungs-Messeinrichtungen für die Prüfung mit einachsiger Beanspruchung. Beuth Verlag, Berlin, (2003).

238. Wisnom, M. R.; Czél, G.; Swolfs, Y.; Jalalvand, M.; Gorbatikh, L.; Verpoest, I.: Hybrid effects in thin ply carbon/glass unidirectional laminates: Accurate experimental determination and prediction. *Composites Part A: Applied Science and Manufacturing* 88 (2016) 131–139. https://doi.org/10.1016/j.compositesa.2016.04.014.

239. Jamrozy, M.: Simulationsgestützte Lebensdauerberechnung für faserverstärkte Kunststoffe auf Grundlage energie- und spannungsbasierter Modelle. Masterarbeit, Technische Universität Dortmund, Dortmund, (2017).

240. Höpfner, M.: Advanced hysteresis method for early damage detection af fastening systems in concrete under fatigue load. *Beton- und Stahlbau* 113, S2 (2018) 80–85. https://doi.org/10.1002/best.201800037.

241. Berchtold, M.; Klopfer, I.: Fatigue testing at 1000Hz testing frequency. *Procedia Structural Integrity* 18 (2019) 532–537. https://doi.org/10.1016/j.prostr.2019.08.197.

242. Berchtold, J.: Resonanzprüfmaschine. Europa Patent EP 2 921 842 A1 (2015).

243. Singh, R.; Khamba, J. S.: Ultrasonic machining of titanium and its alloys: A review. *Journal of Materials Processing Technology* 173, 2 (2006) 125–135. https://doi.org/10.1016/j.jmatprotec.2005.10.027.

244. Hülsbusch, D.; Kohl, A.; Mrzljak, S.; Fehrenbacher, U.; Emig, J.; Striemann, P.; Niedermeier, M.; Walther, F.: An energy approach for optimized frequency selection for reproducible fatigue assessment of composites. *Proceedings of the 22nd International Conference on Composite Materials* (2019) 1–8.

245. Hülsbusch, D.; Kohl, A.; Striemann, P.; Niedermeier, M.; Strauch, J.; Walther, F.: Development of an energy-based approach for optimized frequency selection for fatigue testing on polymers – Exemplified on polyamide 6. *Polymer Testing* 81 (2020) 106260. https://doi.org/10.1016/j.polymertesting.2019.106260.

246. Thomason, J. L.: The interface region in glass fibre-reinforced epoxy resin composites: 3. Characterization of fibre surface coatings and the interphase. *Composites* 26, 7 (1995) 487–498. https://doi.org/10.1016/0010-4361(95)96806-H.

247. Hülsbusch, D.; Mrzljak, S.; Walther, F.: Charakterisierung des temperaturspezifischen Ermüdungsverhaltens glasfaserverstärkter Kunststoffe. *Presentations of the WerkstoffWoche,* Dresden, (2019).

248. Renz, R.; Szymikowski, R.: Locally resolved hysteresis measurement of advanced glassmat thermoplastic composites. *International Journal of Fatigue* 32, 1 (2010) 174–183. https://doi.org/10.1016/j.ijfatigue.2009.02.022.

249. Murakami, Y.; Nomoto, T.; Ueda, T.: Factors influencing the mechanism of superlong fatigue failure in steels. *Fatigue & Fracture of Engineering Materials & Structures* 22, 7 (1999) 581–590. https://doi.org/10.1046/j.1460-2695.1999.00187.x.

250. Bayraktar, E.; Garcias, I. M.; Bathias, C.: Failure mechanisms of automotive metallic alloys in very high cyclic fatigue range. *International Journal of Fatigue* 28, 11 (2006) 1560–1602. https://doi.org/10.1016/j.ijfatigue.2005.09.019.

251. Montesano, J.; Fawaz, Z.; Bougherara, H.: Use of infrared thermography to investigate the fatigue behavior of a carbon fiber reinforced polymer composite. *Composite Structures* 97 (2013) 76–83. https://doi.org/10.1016/j.compstruct.2012.09.046.

252. DIN EN ISO 527-4: Bestimmung der Zugeigenschaften, Teil 4: Prüfbedingungen für isotrop und anisotrop faserverstärkte Kunststoffverbundwerkstoffe. Beuth Verlag, Berlin, (1997).

253. Oskouei, A. R.; Heidary, H.; Ahmadi, M.; Farajpur, M.: Unsupervised acoustic emission data clustering for the analysis of damage mechanisms in glass/polyester composites. *Materials & Design* 37 (2012) 416–422. https://doi.org/10.1016/j.matdes.2012.01.018.

254. Ramirez-Jimenez, C. R.; Papadakis, N.; Reynolds, N.; Gan, T. H.; Purnell, P.; Pharao, M.: Identification of failure modes in glass/polypropylene composites by means of the primary frequency content of the acoustic emission event. *Composites Science and Technology* 64, 12 (2004) 1819–1827. https://doi.org/10.1016/j.compscitech.2004.01.008.

255. DIN EN ISO 14130: Bestimmung der scheinbaren interlaminaren Scherfestigkeit nach dem Dreipunktverfahren mit kurzem Balken. Beuth Verlag, Berlin, (1998).

256. ASTM D7136: Standard test method for measuring the damage resistance of a fiber-reinforced polymer matrix composite to a drop-weight impact event. West Conshohocken, USA, (2012).

257. Goodwin, A.; Howe, C.; Paton, R.: The role of voids in reducing the interlaminar shear strength in RTM laminates. *Proceedings of the 11th International Conference on Composite Materials* (1997) IV-11–19.

258. Thomason, J. L.: The interface region in glass fibre-reinforced epoxy resin composites: 1. Sample preparation, void content and interfacial strength. *Composites* 26, 7 (1995) 467–475. https://doi.org/10.1016/0010-4361(95)96804-F.

259. Suárez, J.; Molleda, F.; Güemes, A.: Void content in carbon fibre/epoxy resin composites and its effects on compressive properties. *Proceedings of the 9th International Conference on Composite Materials* 1 (1993) 589–596.

260. Siebertz, K.; van Bebber, D.; Hochkirchen, T.: Statistische Versuchsplanung. Springer-Verlag, Berlin, ISBN 978-3-642-05493-8 (2017). https://doi.org/10.1007/978-3-642-05493-8.

261. Mrzljak, S.; Hülsbusch, D.; Walther, F.: Damage initiation and propagation in glass-fiber-reinforced polyurethane during cyclic loading analyzed by in situ computed tomography. *Proceedings of the 7th International Conference on Fatigue of Composites* (2018) 1–9.